15.10

超写实人物

技术难度：★★★★★　☑专业级

实例描述：使用渐变网格绘制一幅写实效果的人物肖像。渐变网格在Illustrator中算是比较复杂的功能了，它首先要求操作者要熟练掌握路径和锚点的编辑方法，其次还要具备一定的造型能力，能够通过网格点这种特殊的形式塑造对象的形态。

THE MUSIC BEGAN TO PLAY

15.1 折叠彩条字
技术难度：★★☆☆☆　☑专业级

实例描述：本实例使用倾斜工具将文字变形，再创建为轮廓，逐一制作折叠效果。其中涉及复制和缩放对象；调整锚点的位置改变路径形状；填充渐变颜色表现笔划的明暗变化等。

插画·特效字·纹理质感·UI·包装·动漫·封面·海报·POP·写实效果·名片·吉祥物

8.11 混合拓展练习：弹簧字

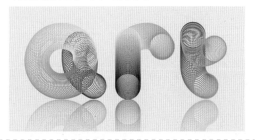

8.7 混合实例：线状特效字

15.2 炫彩3D字

8.6 混合实例：混合对象的编辑技巧

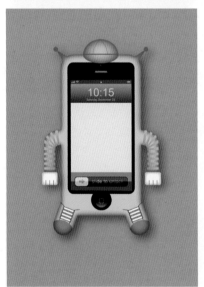

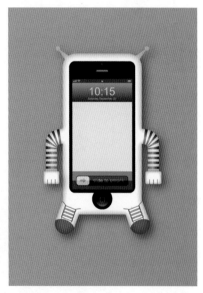

15.7 手机外壳设计

技术难度：★★★★★　　☑专业级

实例描述：本实例使用圆角矩形工具、钢笔工具和多边形工具绘制手机外壳图形，通过路径查找器对图形进行分割、挖空、合并等操作。通过蒙版对手机外壳进行遮罩，以显示出手机的屏幕。

15.9 唯美风格插画

技术难度：★★★★★ ☑专业级

实例描述：本实例使用位图图像作为素材，导入到Illustrator中，用丰富的图形对人物及背景进行装饰。画面构图生动，色彩协调，体现出矢量插画的装饰美感。涉及的功能主要有用变形工具扭曲图形；改变图案库中样本的颜色；使用渐变网格表现明暗；制作剪切蒙版对图像进行遮罩等。

15.6 包装设计
技术难度：★★★★☆ ☑专业级

实例描述： 本实例在绘制瓶帖时使用了波纹效果、收缩和膨胀效果、扩展外观等命令。制作边框时，载入了画笔库中的样本，并对样本进行色相转换，使其能符合瓶帖的整体色系，同时也增强装饰性。

3.5 图形组合实例：爱心图形

3.6 图形组合实例：眼镜图形

3.7 图形组合实例：太极图

10.8 包装设计实例：制作包装盒

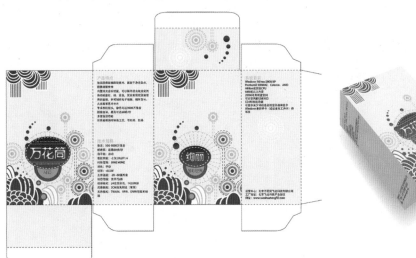

12.10 插画设计实例：圆环的演绎

技术难度：★★★★☆ ☑专业级

实例描述：符号的特点是可以快速创建大量相同的图形（符号实例），其缺点是各个符号实例的差别不太大。本实例学习怎样运用混合模式，让符号的色彩和细节变得异常丰富。

服装设计·特效·纹理质感·UI·包装·动漫·封面·海报·POP·写实效果·名片·吉祥物

6.11 服装设计实例：绘制潮流女装

13.10 卡通设计实例：绘制一组卡通形象

12.9 符号实例：花样高跟鞋

8.12 混合拓展练习：动感世界杯

微小的幸福就在身边 ♪ 容易满足就是天堂 ○
Tiny happiness is around you.
Being easily contented makes your life in heaven.

微小的幸福就在身边 ♪ 容易满足就是天堂 ○
Tiny happiness is around you.
Being easily contented makes your life in heaven.

微小的幸福就在身边 ♪ 容易满足就是天堂 ○
Tiny happiness is around you.
Being easily contented makes your life in heaven.

4.10 模版绘图实例：大嘴光盘设计
技术难度：★★★☆☆ ☑专业级

实例描述：使用钢笔工具绘制图形，通过"路径查找器"对图形进行分割；制作蒙版将多作的图形隐藏。

插画·特效字·纹理质感·UI·包装·绘图·动漫·封面·海报·POP·写实效果·名片·吉祥物

7.8 剪切蒙版实例：制作滑板

4.11 编辑路径实例：条码灵感

4.12 编辑路径实例：交错式幻象图

12.8 自定义画笔实例：彩虹字

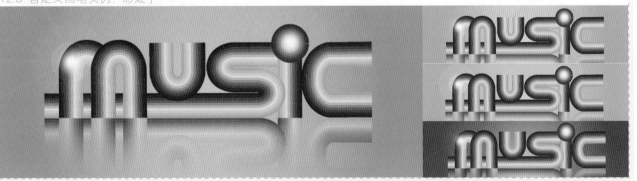

突破平面
Illustrator CC
设计与制作深度剖析

插画·特效字·纹理质感·UI·包装·动漫·封面·海报·POP·写实效果·名片·吉祥物

9.12 UI设计实例：可爱的纽扣图标
技术难度：★★★★☆　☑专业级

10.7 3D效果实例：制作3D可乐瓶
技术难度：★★★★☆　☑专业级

插画·特效字·纹理质感·UI·包装·玩具·封面·海报·POP·写实效果·名片·吉祥物

15.8 平台玩具设计

8.10 POP广告实例：便利店DM广告

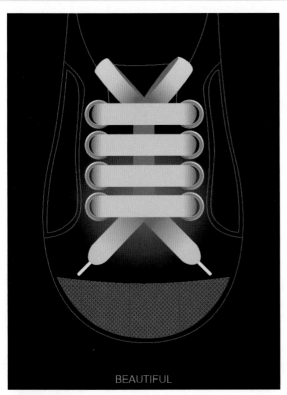

SUNSHINE

I awoke next morning to brilliant sunshine streaming into my room.

BEAUTIFUL

15.4 创意鞋带字
技术难度：★★★☆☆　☑专业级

8.8 混合实例：山峦特效字
技术难度：★★☆☆☆　☑专业级

绘图·特效·纹理·UI·包装·卡通·封面·海报·POP·写实效果·名片·吉祥物·图表

2.7 绘图实例：时尚书签

书山有路

学海无涯

7.12 剪切蒙版拓展实例：百变贴图

4.12 路径运算实例：小猫咪

3.8 变换实例：制作小徽标

15.5 舌尖上的美食

技术难度：★★★☆☆ □专业级

10.6 3D效果实例：立方体特效字

插画·特效字·纹理质感·UI·包装·动漫·封面·海报·POP·写实效果·名片·3D

7.9 剪切蒙版实例：时尚装饰字

9.11 特效字实例：多重描边字

7.10 不透明度蒙版实例：金属特效字

6.8 特效实例：图案字

11.11 文字拓展练习：毛边字

11.9 特效字实例：海报设计

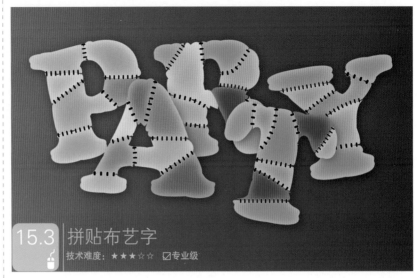

15.3 拼贴布艺字
技术难度：★★★☆☆　☑专业级

插画·特效·纹理质感·UI·包装·图案·封面·海报·POP·写实效果·名片·吉祥物

2.6 绘图实例：开心小贴士

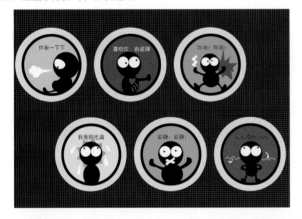

6.7 特效实例：分形图案

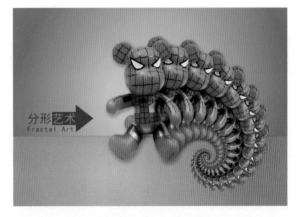

9.9 效果实例：涂鸦艺术

4.8 铅笔绘图实例：变成喵星人

7.11 书籍装帧设计实例：数码插画设计

技术难度：★★☆☆☆ ☑专业级

5.6 渐变实例：玉玲珑

技术难度：★★☆☆☆ ☑专业级

服装画·特效·纹理·UI·包装·动漫·封面·海报·POP·写实效果·名片·吉祥物·图表

9.10 质感实例：水晶按钮

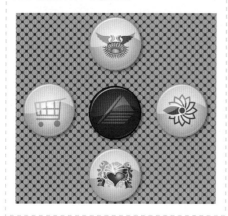

9.13 效果拓展练习：金属球反射效果

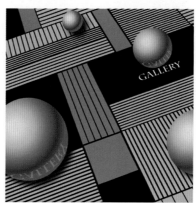

6.10 特效实例：布贴画

8.9 封套扭曲实例：艺术花瓶

12.7 画笔描边实例：老磁带

5.7 渐变网格实例：创意蘑菇灯

安妮美容沙龙

安妮 总经理

地址：北京市朝阳区0086号
邮编：100021
电话：(010)67000000
E-mail:annie@vip.sina.com

13.11 拓展练习：制作名片和三折页

Wonderful Life ●●●

❤ =lili

lili

4.14 VI设计实例：卡通吉祥物

插画·特效字·纹理质感·UI·包装·动漫·封面·海报·POP·写实效果·名片·图表

6.9 特效实例：丝织蝴蝶结

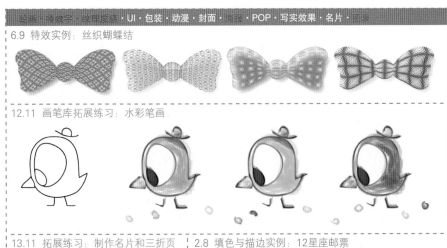

12.11 画笔库拓展练习：水彩笔画

13.11 拓展练习：制作名片和三折页

2.8 填色与描边实例：12星座邮票

11.7 文本绕排实例：宝贝最爱的动画片

宝贝最喜爱的动画片
BAO BEI ZUI XI AI DE DONG HUA PIAN

11.10 图表实例：替换图例

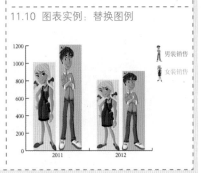

男装销售
女装销售

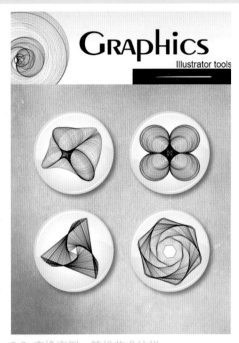

3.9 变换实例：随机艺术纹样

4.15 VI设计实例：小鸟Logo

插画·特效·纹理质感·UI·包装·动画·封面·海报·POP·写实效果·名片·吉祥物

6.5 图案实例：单独纹样

4.16 绘图拓展练习：
基于网格绘制图形

3.10 变换拓展练习：妙手生花

3.11 变换拓展练习：制作纸钞纹样

4.9 钢笔绘图实例：带围脖的小企鹅

10.9 拓展练习：3D棒棒糖

13.7 图像描摹实例：将照片转换为版画

14.6 动画实例：舞动的线条

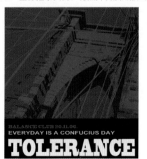

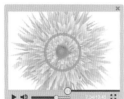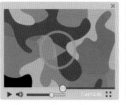

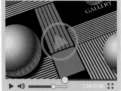

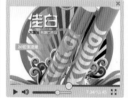

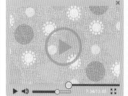

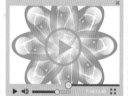

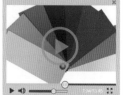

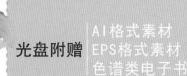

光盘附赠 | AI格式素材
　　　　　 EPS格式素材
　　　　　 色谱类电子书

AI格式素材

动物1.ai　动物2.ai　动物3.ai　动物4.ai　风景7.ai　风景8.ai　风景9.ai　风景10.ai　蝴蝶1.ai　蝴蝶2.ai　蝴蝶3.ai

动物5.ai　动物6.ai　动物7.ai　动物8.ai　蝴蝶4.ai　蝴蝶5.ai　花纹1.ai　花纹2.ai　花纹3.ai　花纹4.ai　花纹5.ai

动物9.ai　动物10.ai　动物11.ai　动物12.ai　花纹6.ai　花纹7.ai　花纹8.ai　花纹9.ai　花纹10.ai　花纹11.ai　花纹12.ai

动物13.ai　动物14.ai　动物15.ai　风景1.ai　花纹13.ai　花纹14.ai　花纹15.ai　花纹16.ai　花纹17.ai　花纹18.ai　花纹19.ai

EPS格式素材

1.eps　2.eps　3.eps　4.eps　5.eps　1.eps　2.eps　3.eps　4.eps　5.eps　1.eps

6.eps　7.eps　8.eps　9.eps　10.eps　6.eps　7.eps　8.eps　9.eps　10.eps　6.eps

11.eps　12.eps　13.eps　14.eps　15.eps　11.eps　12.eps　13.eps　14.eps　15.eps　11.eps

16.eps　17.eps　18.eps　19.eps　20.eps　16.eps　17.eps　18.eps　19.eps　20.eps　16.eps

色谱表（电子书）

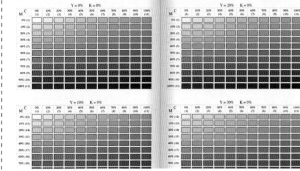

CMYK色谱手册（电子书）

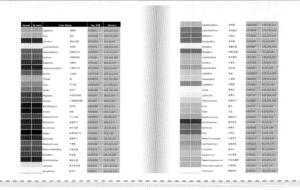

平面设计与制作

突破平面

Illustrator CC

设计与制作深度剖析

李金蓉／编著

清华大学出版社
北京

内 容 简 介

　　本书采用从设计欣赏到软件功能讲解、再到案例制作的渐进过程，将Illustrator功能与平面设计实践紧密结合。书中通过84个典型实例和17个拓展练习教学视频，由浅入深地剖析了平面设计制作流程和Illustrator的各项功能，其中既有绘图、封套、符号、网格、效果、3D等Illustrator功能学习型实例；也有UI、VI、POP、封面、海报、包装、插画、动漫、动画、CG等设计项目实战案例。本书技法全面、案例经典，具有较强的针对性和实用性。读者在动手实践的过程中可以轻松掌握软件使用技巧，了解设计项目的制作流程，充分体验Illustrator学习和使用乐趣，真正做到学以致用。

　　本书适合广大Illustrator爱好者，以及从事广告设计、平面创意、包装设计、插画设计、网页设计、动画设计人员学习参考，亦可作为高等院校相关专业的教材。

图书在版编目（CIP）数据

突破平面Illustrator CC设计与制作深度剖析/李金蓉 编著. —北京：清华大学出版社，2015（2024.2重印）
（平面设计与制作）
ISBN 978-7-302-37920-1

Ⅰ.①突… Ⅱ.①李… Ⅲ.①图形软件 Ⅳ.①TP391.41

中国版本图书馆CIP数据核字（2014）第204987号

责任编辑：陈绿春
封面设计：潘国文
责任校对：胡伟民
责任印制：刘海龙

出版发行：清华大学出版社
　　　　网　　　址：https://www.tup.com.cn，https://www.wqxuetang.com
　　　　地　　　址：北京清华大学学研大厦A座　　　　邮　　编：100084
　　　　社 总 机：010-83470000　　　　　　　　　邮　　购：010-62786544
　　　　投稿与读者服务：010-62776969，c-service@tup.tsinghua.edu.cn
　　　　质量反馈：010-62772015，zhiliang@tup.tsinghua.edu.cn

印 装 者：天津鑫丰华印务有限公司
经　　销：全国新华书店
开　　本：203mm×260mm　　　印　张：16.5　　　插　页：8　　　字　数：495千字
　　　　　（附DVD1张）
版　　次：2015年3月第1版　　　印　次：2024年2月第13次印刷
定　　价：68.00元

产品编号：056312-01

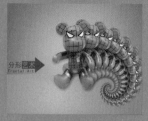

前 言
QIANYAN

笔者非常乐于钻研Illustrator，因为它就像是阿拉丁神灯，可以帮助我们实现自己的设计梦想，因而学习和使用Illustrator都是一件令人愉快的事。本书力求在一种轻松、愉快的学习氛围中带领读者逐步深入地了解软件功能，学习Illustrator使用技巧以及其在平面设计领域的应用。

设计案例与软件功能完美结合是本书的一大特色。每一章的开始部分，首先介绍设计理论，并提供作品欣赏，然后讲解软件功能，最后再针对软件功能的应用制作不同类型的设计案例，使读者在动手实践的过程中可以轻松掌握软件使用技巧，了解设计项目的制作流程。82个不同类型的设计案例和88个视频教学录像能够让读者充分体验Illustrator学习和使用乐趣，真正做到学以致用。

充实的内容和丰富的信息是本书的另一特色。在"小知识"项目中，读者可以了解到与设计相关的人物和故事；通过"提示"可以了解案例制作过程中的注意事项；通过"小技巧"可以学习大量的软件操作技巧；"高级技巧"项目展现了各种关键技术在实际应用中发挥的作用，分析了相关效果的制作方法，让大家充分分享笔者的创作经验。此外，每一章的结束部分还提供了拓展练习，可以让读者巩固所学知识。这些项目不仅可以开拓读者的眼界，也使得本书的风格轻松活泼，简单易学，充满了知识性和趣味性。

全书共分为15章。第1章简要介绍了创意设计知识和Illustrator基本操作方法。

第2~14章讲解了色彩设计、图形设计、版面设计、工业设计、服装设计、装帧设计、POP广告、UI、包装设计、字体设计、插画设计、卡通和动漫设计、网页和动画设计的创意与表现方法，并通过案例巧妙地将Illustrator各项功能贯串其中，包括绘图功能、钢笔工具、渐变网格、图案、图层、蒙版、混合、封套扭曲、效果、外观、图形样式、3D、透视网格、文字、图表、画笔、符号、实时描摹、高级上色，以及Illustrator与其他设计软件的协作。

第15章为综合实例，通过10个具有代表性的案例全面地展现了Illustrator的高级应用技巧，突出了综合使用多种功能进行艺术创作的特点。

前 言
QIANYAN

本书的配套光盘中包含了案例的素材文件、最终效果文件、部分案例的视频教学录像，同时，还附赠了精美矢量素材、电子书、75个视频教学录像。

本书由李金蓉主笔，此外，参与编写工作的还有李金明、贾一、徐培育、包娜、李宏宇、李哲、郭霖蓉、周倩文、王淑英、李保安、李慧萍、王树桐、王淑贤、贾占学、周亚威、王丽清、白雪峰、贾劲松、宋桂华、于文波、宋茂才、姜成增、宋桂芝、尹玉兰、姜成繁、王庆喜、刑云龙、赵常林、杨山林、陈晓利、杨秀英、于淑兰、杨秀芝、范春荣等。由于作者水平有限，书中难免有疏漏之处。如果您有各种意见或者在学习中遇到问题，请与我们联系，我们的Email：ai_book@126.com。

作 者

目　录

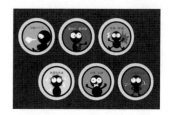

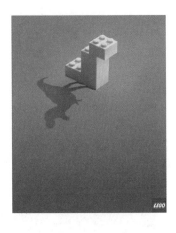

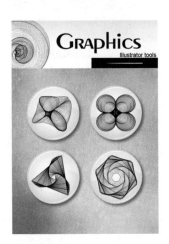

第 4 章 VI设计：钢笔工具与路径

第 5 章　工业产品设计：渐变与渐变网格

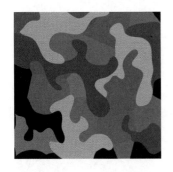

第 8 章　POP广告设计：混合与封套扭曲

第 9 章　UI设计

第 10 章 包装设计：3D与透视网格

第 11 章　文字和图表设计：文字与图表的应用

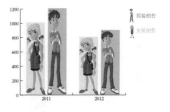

第 12 章　插画设计：画笔与符号

第 13 章 卡通和动漫设计：图像描摹与高级上色

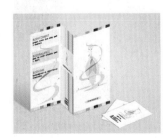

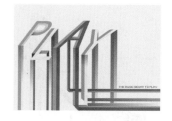

第1章

旋转创意的魔方：初识Illustrator CC

1.1 创意魔方

广告大师威廉·伯恩巴克曾经说过："当全部人都向左转，而你向右转，那便是创意"。创意离不开创造性思维。思维是人脑对客观事物本质属性和内在联系的概括和间接反映，以新颖、独特的思维活动揭示事物本质及内在联系，并指引人去获得新的答案，从而产生前所未有的想法称为创造性思维。

1.1.1 创造性思维

1 多向思维

多向思维也叫发散思维，它表现为思维不受点、线、面的限制，不局限于一种模式。例如图1-1、图1-2所示为Galeria Inno商场广告。鲜花、金鱼与时尚女郎巧妙融合，创意新颖，令人印象深刻。

2 侧向思维

侧向思维又称旁通思维，是指沿着正向思维旁侧开拓出新思路的一种创造性思维。例如，正向思维遇到问题是从正面去想，而侧向思维则会避开问题的锋芒，在次要的地方做文章。如图1-3所示为LG洗衣机广告，有些生活情趣是不方便让外人知道的，LG洗衣机可以帮你，不用再使用晾衣绳，自然也不用为生活中的某些情趣感到不好意思了。

图1-1　　　　　图1-2　　　　　图1-3

3 逆向思维

日常生活中，人们往往养成一种习惯性思维方式，即只看事物的一方面，而忽视另一方面。如果逆转一下正常的思路，从反面想问题，便能得出创新性的设想。如图1-4所示为奔驰B级出租广告：够宽敞。广告画面中并没有出现宽大的汽车，而是运用逆向思维，展示了出租车的"乘客"：超大个的狗狗和它的主人，用"乘客"来反证奔驰汽车乘坐空间的宽敞和舒适，起到了良好的效果。

4 联想思维

联想思维是指由某一事物联想到与之相关的其他事物的思维过程。如图1-5所示为宜家（IKEA）鞋柜广告，两只套在一起的鞋子让人联想到宜家鞋柜可以节省更多的空间。如图1-6所示为Schick Razors 舒适剃须刀广告。画面中的男士有着婴儿般嫩滑的脸蛋，传递出的信息是：Schick Razors 不仅舒适耐用，还有着神奇般的美容效果。

图1-4　　　　　　　　图1-5

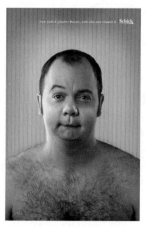

图1-6

小知识：广告大师威廉·伯恩巴克

威廉·伯恩巴克：DDB广告公司创始人。他与大卫·奥格威（奥美广告公司创始人）、李奥·贝纳被誉为20世纪60年代美国广告"创意革命"的三大旗手。想象奇特，以情动人是伯恩巴克广告作品中最突出的特点，其代表作有艾维斯出租汽车公司广告"我们是第二"，大众甲壳虫汽车系列广告等。后者是幽默广告的巅峰之作。以下是该系列广告中"送葬车队"篇的绝妙创意。

创作背景：60年代的美国汽车市场是大型车的天下，而甲壳虫汽车形似甲壳虫，马力小，还曾经被希特勒作为纳粹辉煌的象征，因而一直受到美国消费者的冷落。1960年，DDB（恒美广告公司的前身）接手为甲壳虫车打开在美国市场的销路进行广告策划，伯恩巴克提出"think small（想想小的好处）"的主张，运用广告的力量，使美国人认识到小型车的优点，拯救了大众的甲壳虫。

广告画面：豪华的送葬车队。

解说词：迎面驶来的是一个豪华的送葬车队，每辆车的乘客都是以下遗嘱的受益者。

"遗嘱"者的旁白：我，麦克斯韦尔·E·斯内佛列，趁健在清醒时发布以下遗嘱：给我那花钱如流水的妻子留下100美元和一本笔记本；我的儿子罗德内和维克多把我的每一枚五分币都花在时髦车和放荡女人身上，我给他们留下50美元的五分币；我的生意合伙人朱尔斯的座右铭是"花！花！花！"，我什么也"不给！不给！不给！"；我的其他朋友和亲属从未理解过一美元的价值，我留给他们1美元；最后是我的侄子哈罗德，他常说"省一分钱等于赚一分钱"，还说"麦克斯叔叔买了一辆大众车，肯定很值"，我呀，把我所有的1000亿美元财产留给他。

1.1.2 创意方法

1 夸张

夸张是为了表达上的需要，故意言过其实，对客观的人和事物尽力作扩大或缩小的描述，如图1-7所示为生命阳光牛初乳广告：不可思议的力量（戛纳广告节铜狮奖）。

2 幽默

广告大师波迪斯说过："巧妙地运用幽默，就没有卖不出去的东西。"幽默的创意具有很强的戏剧性、故事性和趣味性，能够带给人会心的一笑，让人感到轻松愉快，如图1-8所示为VUEGO SCAN描仪广告，如图1-9所示为Bynolyt望远镜广告。

图1-7 图1-8 图1-9

3 悬念

以悬疑的手法或猜谜的方式调动和刺激受众，使其产生疑惑、紧张、渴望、揣测、担忧、期待、欢乐等一系列心理，并持续和延伸，以达到释疑团并寻根究底的效果，如图1-10所示为感冒药广告：没有任何疾病能够威胁到你。

4 比较

通常情况下，人们在作出决定之前，都会习惯性进行事物间的比较，以帮助自己作出正确的判断。通过比较得出的结论往往具有很强的信服力，如图1-11所示为Ziploc保鲜膜广告。

图1-10 图1-11

5 拟人

将自然界的事物进行拟人化处理，赋予其人格和生命力，能够让受众迅速地在心理产生共鸣，如图1-12所示。

图1-12

6 比喻、象征

比喻和象征属于"婉转曲达"的艺术表现手法，能够带给人以无穷的回味。比喻需要创作者借题发挥、进行延伸和转化。象征可以使抽象的概念形象化，使复杂的事理浅显化，引起人们的联想，提升作品的艺术感染力和审美价值，如图1—13所示为Hall（瑞典）音乐厅海报：一个阉伶的故事。

7 联想

联想表现法也是一种婉转的艺术表现方法，

它通过两个在本质上不同、但在某些方面有相似性的事物给人以想象的空间，进而产生"由此及彼"的联想效果，意味深远，回味无穷，如图1—14所示为消化药广告：快速帮助你的胃消化。

图1-13　　　图1-14

1.2　让Illustrator CC为创意助力

Adobe公司的Illustrator是目前使用最为广泛的矢量图形软件之一。它功能强大、操作简便，深受艺术家、插画家以及电脑美术爱好者的青睐。

1.2.1　强大的绘图工具

Illustrator提供了钢笔、铅笔、画笔、矩形、椭圆、多边形、极坐标网格等数量众多的专业绘图工具，以及标尺、参考线、网格和测量等辅助工具，可以绘制任何图形，表现各种效果，如图1—15～图1—17所示。

图1-15　　　图1-16　　图1-17

1.2.2　完美的插画技术支持

Illustrator的图形编辑功能十分强大，例如，绘制基本图形后，可通过混合功能将图形、路径甚至文字等混合，使其产生从颜色到形状的全面过渡效果；通过剪切蒙版和不透明蒙版可以遮盖对象，创建图形合成效果；使用封套扭曲可以让对象按照封套图形的形状产生变形；使用效果可以为图形添加投影、发光灯特效，还可以将其转换为3D对象。有了这些工具的帮助，就可以创建不同风格、不同美感的矢量插画，如图1—18～图1—20所示。

图1-18　　　图1-19　　　图1-20

1.2.3　可打造相片级效果的渐变和网格工具

渐变工具可以创建细腻的颜色过渡效果，渐变网格则更为强大，通过对网格点着色，精确控制颜色的混合位置，可以绘制出照片级的写实效果，如图1—21所示为机器人效果及网格结构图，如图1—22所示为玻璃杯和玻璃球的效果及网格结构图。

图1-21

图1-22

1.2.4 精彩的3D和效果

3D功能可以将二维图形创建为可编辑的三维图形，还可以添加光源、设置贴图，特别适合制作立体模型、包装立体效果图。此外，Illustrator还提供了大量效果，可以创建投影、发光、变形等特效，而"像素化"、"模糊"、"画笔描边"等效果则更是与Photoshop中相应的滤镜完全相同，如图1-23所示为通过旋转路径生成的3D可乐瓶，如图1-24所示为使用"投影"等效果制作的特效字。

图1-23　　　　　　　图1-24

1.2.5 灵活的文字和图表

Illustrator的文字工具可以在一个点、一个图形区域或一条路径上创建文字，而且文字的编辑方法也非常灵活，可以轻松应对排版、装帧、封面设计等任务，如图1-25、图1-26所示为文字在书籍封面上的应用，如图1-27所示为通过路径文字制作的中国结。

图1-25　　　图1-26　　　图1-27

Illustrator提供了9种图表工具，可以创建柱形图、堆积柱形图、条形图、堆积条形图、折线图、面积图、散点图、饼图、雷达图等不同类型的图表。此外，也可以用绘制的图形替换图表中的图例，使图表更加美观，如图1-28所示。

图1-28

1.2.6 简便而高效的符号

需要绘制大量相似的图形，如花草、地图上的标记、技术图纸时，可以将一个基本的图形定义为符号，再通过符号来快速、大量地创建类似的对象，既省时又省力。需要修改时，只需编辑"符号"面板中的符号样本即可，如图1-29、图1-30所示为符号在插画和地图上的应用。

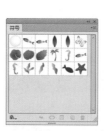

图1-29

图1-30

1.2.7 丰富的模板和资源库

Illustrator提供了200多个专业设计模版，使用模板中的现成内容，可以快速创建名片、信封、标签、证书、明信片、贺卡和网站。此外，Illustrator中还包含数量众多的资源库，如画笔库、符号库、图形样式库、色板库等，为创作提供了极大的方便，如图1-31～图1-34所示。

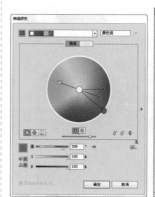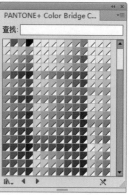

图1-31　　　　　　　图1-32

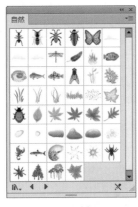

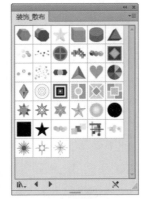

图1-33　　　　　　　　图1-34

1.3 数字化图形

在计算机世界里，图像和图形等都是以数字方式记录、处理和存储的。它们分为两大类，一类是位图，另一类是矢量图。

1.3.1 位图与矢量图

位图是由像素组成的，数码相机拍摄的照片、扫描的图像等都属于位图。位图的优点是可以精确地表现颜色的细微过渡，也容易在各种软件之间交换。缺点是占用的存储空间较大，而且会受到分辨率的制约，进行缩放时图像的清晰度会下降。例如图1-35所示为一张照片及放大后的局部细节，可以看到，图像已经变得有些模糊了。

矢量图由数学对象定义的直线和曲线构成，因而占的存储空间非常小，而且它与分辨率无关，任意旋转和缩放图形都会保持清晰、光滑，如图1-36所示。矢量图的这种特点非常适合制作图标、Logo等需要按照不同尺寸使用的对象。

图1-35

图1-36

位图软件主要有Photoshop、Painter等。Illustrator是矢量图形软件，它也可以处理位图，而且还能够灵活地将位图和矢量图互相转换。矢量图的色彩虽然没有位图细腻，但其独特的美感是位图无法表现的。

> **小知识：像素与分辨率**
>
> 像素是组成位图图像最基本的元素，分辨率是指单位长度内包含的像素点的数量，它的单位通常为像素/英寸（ppi）。分辨率越高，包含的像素越多，图像就越清晰。

1.3.2 颜色模式

颜色模式决定了用于显示和打印所处理图稿颜色的方法。Illustrator支持灰度、RGB、HSB、CMYK和Web安全RGB模式。执行"窗口>颜色"命令，打开"颜色"面板，单击右上角的▼≡按钮打开面板菜单，如图1-37所示，在菜单中可以选择需要的颜色模式。

图1-37

◎ **灰度模式**：只有256级灰度颜色，没有彩色信息，如图1-38所示。

图1-38

◎ RGB模式：由红（Red）、绿（Green）和蓝（Blue）三个基本颜色组成，每种颜色都有256种不同的亮度值，因此，可以产生约1670余万种颜色（256×256×256），如图1-39所示。RGB模式主要用于屏幕显示，如电视、电脑显示器等都采用该模式。

图1-39

◎ HSB模式：利用色相（Hue）、饱和度（Saturation）和亮度（Brightness）来表现色彩。其中H用于调整色相；S可调整颜色的纯度；B可调整颜色的明暗度。

◎ CMYK模式：由青（Cyan）、品红（Magenta）、黄（Yellow）和黑（Black）四种基本颜色组成，它是一种印刷模式，被广泛应用在印刷的分色处理上。

◎ Web安全RGB模式：Web安全色是指能在不同操作系统和不同浏览器之中同时安全显示的216种RGB颜色。进行网页设计时，需要在该模式下调色。

小技巧：设置和转换文档的颜色模式

执行"文件>新建"命令创建文档时，可在打开的对话框中为文档设置颜色模式。如果要修改一个现有文档的颜色模式，可以使用"文件>文档颜色模式"下拉菜单中的命令进行转换。标题栏的文件名称旁会显示文档所使用的颜色模式。

1.3.3 文件格式

文件格式决定了图稿的存储内容、存储方式，以及其是否能够与其他应用程序兼容。在

Illustrator中编辑图稿以后，可以执行"文件>存储"命令，将图稿存储为四种基本格式：AI、PDF、EPS 和 SVG，如图1-40所示。这些格式可以保留所有的Illustrator数据，它们是Illustrator的本机格式。如果要以其他文件格式导出图稿，以便在其他程序中使用，可以执行"文件>导出"命令来选择文件格式，如图1-41所示。

图1-40

图1-41

小技巧：文件格式选择技巧

如果文件用于其他矢量软件，可以保存为AI或EPS格式，它们能够保留 创建的所有图形元素；如果要在Photoshop中对文件进行处理，可以保存为PSD格式，这样，将文件导入Photoshop中后，图层、文字、蒙版等都可以继续编辑。此外，PDF格式主要用于网上出版；TIFF是一种通用的文件格式，几乎所有的扫描仪和绘图软件都支持；JPEG用于存储图像，可以压缩文件（有损压缩）；GIF是一种无损压缩格式，可应用在网页文档中；SWF是基于矢量的格式，被广泛地应用在Flash中。

1.4 Illustrator CC新增功能

Illustrator CC新增了大量实用性较强的功能，可以让用户体验更加流畅的创作流程，随着灵感快速设计出色的作品。值得一提的是，现在通过同步色彩、同步设置、存储至云端，能够让多台电脑之间的色彩主题、工作区域、设置专案保持同步。除此之外，在Illustrator CC中还可以直接将作品发布到Behance，并立即从世界各地的创意人士那里获得意见和回应。

1.4.1 "新增功能"对话框

启动Illustrator时会显示"新增功能"对话框。该对话框中列出了Illustrator CC增加的部分新功能，以及每项功能的说明和相关视频，如图1-42所示。单击视频缩略图，即可在"新增功能"对话框中播放与该功能相关的视频短片。

1.4.2 新增的修饰文字工具

新增的修饰文字工具可以编辑文本中的每一个字符，并进行移动、缩放或旋转操作。这种创造性的文本处理方式，可以创建更加美观和突出的文字效果，如图1-43、图1-44所示。

图1-42 "新增功能"对话框

图1-43 正常的文本　　图1-44 用修饰文字工
　　　　　　　　　　　具编辑后的效果

1.4.3 增强的自由变换工具

使用自由变换工具时，会显示一个窗格，其中包含了可以在所选对象上执行的操作，如透视扭曲、自由扭曲等，如图1-45所示。

提示

修饰文字工具、自由变换工具支持触控设备（触控笔或触摸驱动设备）。此外，操作系统支持的操作现在也可以在触摸设备上得到支持。例如，在多点触控设备上，可以通过合并/分开手势来进行放大/缩小；将两个手指放在文档上，同时移动两个手指可在文档内平移；轻扫或轻击可以在画板中导航；在画板编辑模式下，使用两个手指可以将画板旋转90°。

1.4.4 在Behance上共享作品

通过Illustrator CC可以将作品直接发布到Behance上（"文件>在Behance上共享"命令），如图1-46所示。Behance是一个展示作品和创意的在线平台。在这个平台上，不仅可以大范围、高效率地传播作品，还可以选择从少数人、或者从任何具有Behance帐户的人中，征求他们对作品的反馈和意见。

图1-45　　　　　　　　　图1-46

1.4.5 云端同步设置

使用多台计算机工作时,管理和同步首选项可能很费时,并且容易出错。Illustrator CC可以将工作区设置(包括首选项、预设、画笔和库)同步到Creative Cloud,此后使用其他计算机时,只需将各种设置同步到计算机上,即可享受始终在相同工作环境中工作的无缝体验。同步操作只需单击Illustrator文档窗口左下角的 图标,打开一个菜单,然后单击"立即同步设置"按钮即可。

1.4.6 多文件置入功能

新增的多文件置入功能("文件>置入"命令)可以同时导入多个文件。导入时可以查看文件的预览缩略图,还可以定义文件置入的精确位置和范围。

1.4.7 自动生成边角图案

Illustrator CC可以非常轻松地创建图案画笔。例如,以往要获得最佳的边角拼贴效果需要繁琐的调整(尤其是在使用锐角或形状时),现在则可以自动生成,并且边角与描边也能够很好地匹配,如图1-47所示。

图1-47

1.4.8 可包含位图的画笔

定义艺术、图案和散点类型的画笔时,可以包含栅格图像(位图),如图1-48所示。并可调整图像的形状或进行必要的修改,轻松地创建出衔接完美、浑然天成的设计图案。

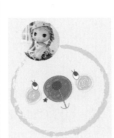

图1-48

1.4.9 可自定义的工具面板

在Illustrator CC中,可以根据自己的使用习惯,灵活定义工具面板,可以将常用的工具整合到一个新的工具面板中。

1.4.10 可下载颜色资源的Kuler面板

将电脑连接到互联网后,可以通过"Kuler"面板访问和下载由在线设计人员社区所创建的数千个颜色组,为配色提供参考。

1.4.11 可生成和提取CSS代码

CSS即级联样式表。它是一种用来表现HTML(标准通用标记语言的一个应用)或XML(标准通用标记语言的一个子集)等文件样式的计算机语言。使用Illustrator CC创建 HTML 页面的版面时,可以生成和导出基础CSS代码,这些代码决定了页面中组件和对象的外观。CSS可以控制文本和对象的外观(与字符和图形样式相似)。

1.4.12 可导出CSS 的 SVG图形样式

当多名设计人员合作创建图稿时,设计人员会遵循一个主题。例如,设计网站时创建的各种资源在样式以及外观和风格方面密切关联。一名设计人员可以使用其中的某些样式,而另一名设计人员则使用其他样式。在Illustrator CC中,使用"文件>存储为"命令,将图稿存储为SVG格式时,可以将所有CSS样式与其关联的名称一同导出,以便于不同的设计人员识别和重复使用。

1.5　Illustrator CC工作界面

Illustrator CC的工作界面由文档窗口、工具面板、控制面板、面板、菜单栏和状态栏等组件组成。

1.5.1　文档窗口

文档窗口包含画板和暂存区，如图1-49所示。黑色矩形框内部是画板，画板是绘图区域，也是可以打印的区域。画板外部为暂存区，暂存区也可以绘图，但这里的图稿在打印时看不到。执行"视图>显示/隐藏画板"命令，可以显示或隐藏画板。

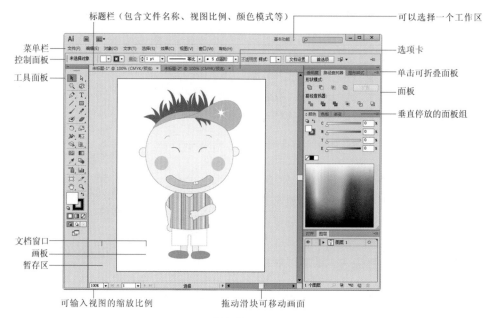

图1-49

如果同时打开多个文档，就会创建多个文档窗口，它们停放在选项卡中。单击一个文件的名称，可将其设置为当前窗口，如图1-50所示。按下Ctrl+Tab键，可以循环切换各个窗口。将一个窗口从选项卡中拖出，它便成为可以任意移动位置的浮动窗口（拖动标题栏可移动），如图1-51所示。也可以将其拖回到选项卡中。如果要关闭一个窗口，可单击其右上角的 ✖ 按钮；如果要关闭所有窗口，可在选项卡上单击右键，选择快捷菜单中的"关闭全部"命令。

图1-50　　　　　　　图1-51

提示

执行"编辑>首选项>用户界面"命令，打开"首选项"对话框，在"亮度"选项中可以调整界面亮度（从黑色到浅灰色共4种）。

1.5.2 工具面板

Illustrator的工具面板中包含用于创建和编辑图形、图像和页面元素的各种工具，如图1-52所示。单击工具面板顶部的双箭头按钮 ◄◄，可将其切换为单排或双排显示。

图1-52

单击一个工具即可选择该工具，如图1-53所示。右下角带有三角形图标的工具表示这是一个工具组，在这样的工具上按住鼠标按键可以显示隐藏的工具，如图1-54所示，将光标移动到一个工具上，即可选择该工具，如图1-55所示。

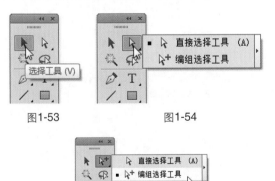

图1-53   图1-54

图1-55

如果单击工具右侧的拖出按钮，如图1-56所示，则会弹出一个独立的工具组面板，如图1-57所示。将光标放在面板的标题栏上，单击并向工具面板边界处拖动，可以将其与工具面板停放在一起，如图1-58所示。

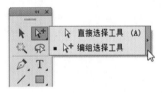

图1-56

图1-57   图1-58

在Illustrator中，还可以通过快捷键来选择工具，例如，按下P键，可以选择钢笔工具 ✐。如果要了解工具的快捷键，可将光标停放在相应的工具上停留片刻，就会显示工具名称和快捷键信息。此外，执行"编辑>键盘快捷键"命令还可以自定义快捷键。

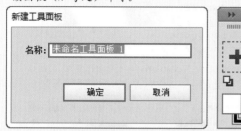

小技巧：将常用的工具放在一个面板中

如果经常使用某些工具，可以将它们整合到一个新的工具面板中，以方便使用。操作方法很简单，只需执行"窗口>工具>新建工具面板"命令，在打开的对话框中单击"确定"按钮，创建一个工具面板，然后将所需工具拖入该面板（加号处）即可。

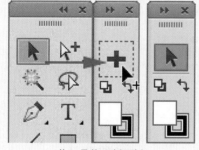

单击"确定"按钮创建工具面板

将工具拖入新面板

1.5.3 控制面板

位于窗口顶部的控制面板集成了"画笔"、"描边"、"图形样式"等常用面板，如图1-59所示，因此不必打开这些面板就可以在控制面板中完成相应的操作，而且控制面板还会随着当前工具和所选对象的不同而变换选项内容。

图1-59

单击带有下划线的蓝色文字，可以显示相关的面板或对话框，如图1-60所示。单击菜单箭头按钮▼，可以打开下拉菜单或下拉面板，如图1-61所示。

图1-60

图1-61

1.5.4 其他面板

在Illustrator中，很多的编辑操作都需要借助于相应的面板才能完成。执行"窗口"菜单中的命令可以打开需要的面板。默认情况下，面板都是成组停放在窗口的右侧，如图1-62所示。

◎ 折叠和展开面板：单击面板右上角的 ◀◀ 按钮，可以将面板折叠成图标状，如图1-63所示。单击一个图标，可以展开该面板，如图1-64所示。

图1-62　　　　图1-63

图1-64

12

◎ 分离与组合面板：将面板组中的一个面板向外侧拖动，如图1-65所示，可将其从组中分离出来，成为浮动面板。在一个面板的标题栏上单击并将其拖动到另一个面板的标题栏上，当出现蓝线时放开鼠标，可以将面板组合在一起，如图1-66、图1-67所示。

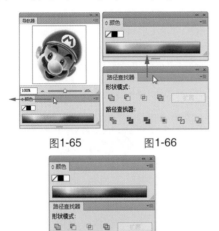

图1-65　　　　图1-66

图1-67

◎ 单击面板中的 ✿ 按钮，可以逐级隐藏/显示面板选项，如图1-68～图1-70所示。

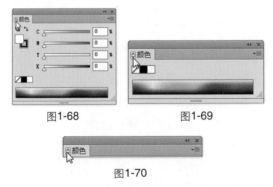

图1-68　　　　图1-69

图1-70

◎ 拉伸面板：将光标放在面板底部或右下角，单击并拖动鼠标可以将面板拉长、拉宽，如图1-71、图1-72所示。

◎ 打开面板菜单：单击面板右上角的 ▼≡ 按钮，可以打开面板菜单，如图1-73所示。

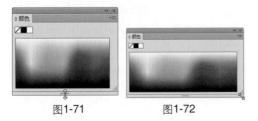

图1-71　　　　图1-72

图1-73

◎ 关闭面板：如果要关闭浮动面板，可单击它右上角的 ✕ 按钮；如果要关闭面板组中的面板，可在它上面单击右键，在弹出的菜单中选择"关闭"命令。

提示

按下Tab键，可以隐藏工具面板、控制面板和其他面板；按下Shift+Tab键，可以单独隐藏面板。再次按下相应的按键可重新显示被隐藏的组件。

1.5.5 菜单命令

Illustrator有9个主菜单，如图1-74所示，每个菜单中都包含着不同类型的命令。例如，"文字"菜单中包含的是与文字处理有关的命令，"效果"菜单中包含的是可以制作特效的各种效果。

图1-74

单击一个菜单的名称可以打开该菜单，带有黑色三角标记的命令表示还包含下一级的子菜单，如图1-75所示。选择菜单中的一个命令即可执行该命令。如果命令后面有快捷键，如图1-76所示，可以通过快捷键来执行命令。例如，按下Ctrl+G快捷键可以执行"对象>编组"命令。此外，在窗口的空白处、在对象上或面板的标题栏上单击右键，可以显示快捷菜单，如图1-77所示，它显示的是与当前工具或操作有关的命令，可以节省操作时间。

图1-75

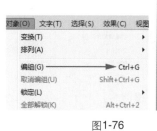

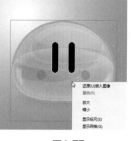

图1-76　　　　　　　　图1-77

小知识：菜单中的字母以及省略号代表什么

在菜单中，有些命令右侧也有一些字母，这表示它们也可通过快捷方式执行。操作方法是按下Alt键+主菜单的字母，打开主菜单，再按下该命令的字母，执行这一命令。例如，按下Alt+S+I键，可以执行"选择>反向"命令。如果命令右侧有"…"，则表示执行该命令时会弹出对话框。

1.6 Illustrator CC基本操作方法

1.6.1 文件的基本操作方法

（1）新建空白文档

执行"文件>新建"命令，或按下Ctrl+N快捷键，打开"新建文档"对话框，如图1-78所示，输入文件的名称，设置大小和颜色模式等选项，单击"确定"按钮，即可创建一个空白文档。如果要制作名片、小册子、标签、证书、明信片、贺卡等，可执行"文件>从模板新建"命令，打开"从模板新建"对话框，如图1-79所示，选择Illustrator提供的模板文件，该模板中的字体、段落、样式、符号、裁剪标记和参考线等都会加载到新建的文档中，这样可以节省创作时间，提高工作效率。

图1-78　　　　　　图1-79

（2）打开文件

如果要打开一个文件，可以执行"文件>打开"命令，或按下Ctrl+O快捷键，在弹出的"打开"对话框中选择文件，如图1-80所示，单击"打开"按钮或按下回车键即可将其打开。

（3）保存文件

在Illustrator中绘图时，应该养成随时保存文件的良好习惯，以免因断电、死机等意外而丢失文件。

◎ 保存文件：编辑过程中，可随时执行"文件>存储"命令，或按下Ctrl+S快捷键保存对文件所做的修改。如果这是一个新建的文档，则会弹出的"存储为"对话框，如图1-81所示，在该对话框中可以为文件输入名称，选择文件格式和保存位置。

图1-80　　　　　　图1-81

◎ 另存文件：如果要将当前文档以另外一个名称、另一种格式保存，或者保存在其他位置，可使用"文件>存储为"命令来另存文件。

◎ 存储副本：如果不想保存对当前文档所做的修改，可执行"文件>存储副本"命令，基于当前编辑效果保存一个副本文件，再将原文档关闭即可。

◎ 保存为模板：执行"文件>存储为模板"命令，可以将当前文档保存为模板。文档中设定的尺寸、颜色模式、辅助线、网格、字符与段落属性、画笔、符号、透明度和外观等都可以存储在模板中。

1.6.2 查看图稿

绘图或编辑对象时，为了更好地观察和处理对象的细节，需要经常放大或缩小视图、调整对象在窗口中的显示位置。

（1）使用缩放工具

打开一个文件，如图1-82所示，使用缩放工具 🔍 在画面中单击可放大视图的显示比例，如图1-83所示；单击并拖出一个矩形框，如图1-84所示，则可将矩形框内的图稿放大至整个窗口，如图1-85所示；如果要缩小窗口的显示比例，可按住Alt键单击。

图1-82　　　图1-83　　　图1-84　　　图1-85

（2）使用抓手工具

放大或缩小视图比例后，使用抓手工具 ✋ 在窗口单击并拖动鼠标可以移动画面，可以让对象的不同区域显示在画面的中心，如图1-86所示。

图1-86

提示

使用绝大多数工具时，按住键盘中的空格键都可以切换为抓手工具 ✋ 。

（3）使用"导航器"面板

编辑对象细节时，"导航器"面板可以帮助用户快速定位画面位置，只需在该面板的对象缩览图上单击，就可以将点定位为画面的中心，如图1-87所示。此外，移动面板中的三角滑块，或在数值栏中输入数值并按下回车键，可以对视图进行缩放。

图1-87

提示

"视图"菜单中包含窗口缩放命令。其中，"画板适合窗口大小"命令可以将画板缩放至适合窗口显示的大小；"实际大小"命令可将画面显示为实际的大小，即缩放比例为100%。这些命令都有快捷键，可通过快捷键来操作，这要比直接使用缩放工具和抓手工具更加方便，例如，可以按下Ctrl++或Ctrl+-快捷键调整窗口比例，然后按住空格键移动画面。

小技巧：编辑对象细节的同时观察整体效果

编辑图稿的细节时，如果想要同时观察整体效果，可以执行"窗口>新建窗口"命令，复制出一个窗口，再单击窗口顶部的排列文档按钮打开菜单，选择平铺选项，让这两个窗口平铺排列，并为每个窗口设置不同的显示比例，这样就可以一边编辑图形，一边观察整体效果了。

（4）切换屏幕模式

单击工具面板底部的 ⬚ 按钮，可以显示一组用于切换屏幕模式的命令，如图1-88所示，屏幕效果如图1-89～图1-91所示。也可以按下F键，在各个屏幕模式之间循环切换。

图1-88

图1-89

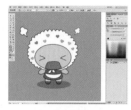

图1-90

图1-91

1.6.3 还原与重做

在编辑图稿的过程中，如果操作出现了失误，或对创建的效果不满意，可以执行"编辑>还原"命令，或按下Ctrl+Z快捷键，撤销最后一步操作。连续按下Ctrl+Z快捷键，可连续撤销操作。如果要恢复被撤销的操作，可以执行"编辑>重做"命令，或按下Shift+Ctrl+Z快捷键。

1.6.4 使用辅助工具

标尺、参考线和网格是Illustrator提供的辅助工具，在进行精确绘图时，可以借助这些工具来准确定位和对齐对象，或进行测量操作。

（1）标尺

标尺可以帮助用户精确进行定位和测量画板中的对象。执行"视图>显示标尺"命令，窗口顶部和左侧即可显示标尺，如图1-92所示。标尺上的0点位置称为原点，在原点单击并拖动鼠标可以拖出十字线，如图1-93所示；将它拖放到需要的位置，即可将该处设置为标尺的新原点，如图1-94所示。如果要将原点恢复到默认位置，可在窗口左上角水平标尺与垂直标尺的相交处双击。

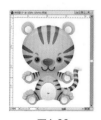

图1-92

图1-93

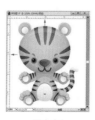

图1-94

（2）参考线

参考线可以帮助用户对齐文本和图形。显示标尺后，如图1-95所示，将光标放在水平或垂直标尺上，单击并向画面中拖动鼠标，即可拖出水平或垂直参考线，如图1-96所示。按住Shift键拖动，可以使参考线与标尺上的刻度对齐。此外，在标尺上双击可在标尺的特定位置创建一个参考线；按住Shift键双击，则在该处创建的参考线会自动与标尺上最接近的刻度线对齐。

执行"视图>智能参考线"命令，可以启用智能参考线，当进行移动、旋转、缩放等操作时，它便会自动出现，并显示变换操作的相关数据，如图1-97所示。

图1-95

图1-96

图1-97

（3）网格

对称布置图形时，网格非常有用。打开一个文件，如图1-98所示，执行"视图>显示网格"命令，可以在图形后面显示网格，如图1-99所示。显示网格后，可执行"视图>对齐网格"命令启用对齐功能，此后创建图形或进行移动、旋转、缩放等操作时，对象的边界会自动对齐到网格点上。

如果要查看对象是否包含透明区域，以及透明程度如何，可以执行"视图>显示透明度网格"命令，将对象放在透明度网格上观察，如图1-100所示。

图1-98

图1-99

图1-100

提示

按下Ctrl+R快捷键可显示或隐藏标尺；按下Ctrl+;快捷键可显示或隐藏参考线；按下Alt+Ctrl+;快捷键可锁定或解除锁定参考线；按下Ctrl+U快捷键可显示或隐藏智能参考线；按下Ctrl+"快捷键可显示或隐藏网格。

第2章

色彩设计：绘图与上色

2.1 色彩的属性

现代色彩学按照全面、系统的观点，将色彩分为有彩色和无彩色两大类。有彩色是指红、橙、黄、绿、蓝、紫这六个最基本的色相，以及由它们混合所得到的所有有彩色。无彩色是指黑色、白色和各种纯度的灰色。无彩色只有明度变化，但在色彩学中，无彩色也是一种色彩。

2.1.1 色相

色相是指色彩的相貌。不同波长的光给人的感觉是不同的，将这些感受赋予名称，也就有了红色、黄色、蓝色……光谱中的红、橙、黄、绿、蓝、紫为基本色相。色彩学家将它们以环行排列，再加上光谱中没有的红紫色，形成一个封闭的圆环，就构成了色相环。色相环一般以5、6、8个主要色相为基础，求出中间色，分别可做出10、12、16、18、24色色相环，如图2-1所示为10色色相环，如图2-2所示为蒙塞尔色立体。

图2-1

图2-2

小知识：色立体

色相环虽然建立了色彩在色相关系上的表示方法，但二维的平面无法同时表达色相、明度和彩度这三种属性。色彩学家发明了色立体，构成了三维立体色彩体系。孟塞尔色立体是由美国教育家、色彩学家、美术家孟塞尔创立的色彩表示法，它是一个三维的、类似球体的空间模型。

2.1.2 明度

明度是指色彩的明暗程度，也可以称作是色彩的亮度或深浅。无彩色中明度最高的是白色，明度最低的是黑色。有彩色中，黄色明度最高，它处于光谱中心，紫色明度最低，处于光谱边缘。有彩色中加入白色时，会提高明度，加入黑色则降低明度。即便是一个色相，也有自己的明度变化，如深绿、中绿、浅绿，如图2-3、图2-4所示为有彩色的明度色阶。

图2-3　　　　　　　　图2-4

2.1.3 彩度

彩度是指色彩的鲜艳程度，也称饱和度。人类眼睛能够辨认的有色相的色彩都具有一定的鲜艳度。如绿色，当它混入白色时，它的鲜艳程度就会降低，但明度提高了，成为淡绿色；当它混入黑色时，鲜艳度降低了，明度也变暗了，成为暗绿色；当混入与绿色明度相似的中性灰色时，它的明度没有改变，但鲜艳度降低了，成为灰绿色，如图2-5、图2-6所示为有彩色的彩度色阶。有色彩中，红、橙、黄、绿、蓝、紫等基本色相的饱和度最高。无彩色没有色相，因此，彩度为零。

图2-5　　　　　　　　图2-6

2.2 色彩的配置原则

德国心理学家费希纳提出，色彩美"是复杂中的秩序"；古希腊哲学家柏拉图认为，色彩美"是变化中表现统一"。由此可见，色彩配置应强调色与色之间的对比和协调关系。

2.2.1 对比的色彩搭配

色彩对比是指两种或多种颜色并置时，因其性质的不同而呈现出的一种色彩差别现象。它包括明度对比、纯度对比、色相对比、面积对比几种方式。

因色彩三要素中的明度差异而呈现出的色彩对比效果为明度对比。

因色彩三要素中的纯度（饱和度）差异而呈现出的色彩对比效果为纯度对比。

因色彩三要素中的色相差异而呈现出的色彩对比效果为色相对比。色相对比的强弱取决于色相在色相环上的位置。以24色或12色色相环做对比参照，任取一色作为基色，则色相对比可以分为同类色对比、邻近色对比、对比色对比、互补色对比等基调，如图2-7所示为12色色相环，如图2-8所示为色相环对比基调示意图，如图2-9～图2-12所示为各种色相对比效果。

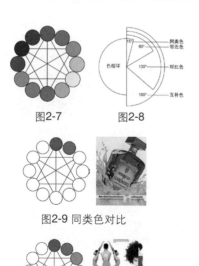

图2-7　　　　　图2-8

图2-9 同类色对比

图2-10 邻近色对比

图2-11 对比色对比

图2-12 互补色对比

面积对比是指色域之间大小或多少的对比现象。色彩面积的大小对色彩对比关系的影响非常大。如果画面中两块或更多的颜色在面积上保持近似大小，会让人感觉呆板，缺少变化。色彩面积改变以后，就会给人的心理遐想和审美观感带来截然不同的感受。

2.2.2 调和的色彩搭配

色彩调和是指两种或多种颜色秩序而协调地组合在一起，使人产生愉悦、舒适感觉的色彩搭配关系。色彩调和的常见方法是选定一组邻近色或同类色，通过调整纯度和明度来协调色彩效果，保持画面的秩序感、条理性，如图2-13～图2-15所示。

图2-13

图2-14　　　　　图2-15

小贴示　小知识：色彩的易见度

在进行色彩组合时常会出现这种情况，白底上的黄字（或图形）没有黑字（或图形）清晰。这是由于在白底上，黄色的易见度弱而黑色强。色彩的易见度是色彩感觉的强弱程度，它是色相、明度和彩度对比的总反应，属于人的生理反应。在色彩的易见度方面，日本的左藤亘宏做出过如下归纳：

● 黑色底的易见度强弱次序：白→黄→黄橙→黄绿→橙
○ 白色底的易见度强弱次序：黑→红→紫→紫红→蓝
● 蓝色底的易见度强弱次序：白→黄→黄橙→橙
● 黄色底的易见度强弱次序：黑→红→蓝→蓝紫→绿
● 绿色底的易见度强弱次序：白→黄→红→黑→黄橙
● 紫色底的易见度强弱次序：白→黄→黄绿→橙→黄橙
● 灰色底的易见度强弱次序：黄→黄绿→橙→紫→蓝紫

2.3　绘制基本图形

直线段工具、矩形工具、椭圆工具等是Illustrator中最基本的绘图工具，它们的使用方法非常简单，选择一个工具后，只需在画板中单击并拖动鼠标即可绘制出相应的图形。如果想要按照指定的参数绘制图形，可在画板中单击，然后在弹出的对话框中进行设定。

2.3.1　绘制线段

1 直线

直线段工具 ／ 用于创建直线。在绘制的过程中按住Shift键，可创建水平、垂直或以45°角方向为增量的直线，如图2-16所示；按住Alt键，直线会以单击点为中心向两侧延伸。在画板中单击，可以打开"直线段工具选项"对话框设置直线的长度和角度，如图2-17所示。

图2-16　　　　　　　　　图2-17

2 弧线

弧形工具 ／ 用于创建弧线。在绘制的过程中按下X键，可以切换弧线的凹凸方向，如图2-18所示；按下C键，可在开放式图形与闭合图形之间切换，如图2-19所示为创建的闭合图形；按住Shift键，可以保持固定的角度；按下"↑、↓、←、→"键可以调整弧线的斜率。如果要创建更为精确的弧线，可在画板中单击，在打开的对话框中设置参数，如图2-20所示。

图2-18 按下X键切换方向

图2-19 按下C键创建闭合图形　　图2-20　"弧线段工具选项"对话框

3 螺旋线

螺旋线工具 ◎ 用于创建螺旋线，如图2-21所示。在绘制的过程中按下R键，可以调整螺旋线的方向；按住Ctrl键可调整螺旋线的紧密程度；按下"↑"或"↓"键，可增加或减少螺旋；移动光标，可以旋转螺旋线。

如果要更加精确地绘制图形，可在画板中单击，打开"螺旋线"对话框设置参数，如图2-22所示。其中，"衰减"用来指定螺旋线的每一螺旋相对于上一螺旋应减少的量，该值越小，螺旋的间距越小；"段数"决定了螺旋线路径段的数量，如图2-23、图2-24所示是分别设置该值为5和10时创建的螺旋线。

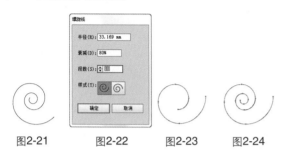

图2-21　　　图2-22　　　图2-23　　　图2-24

2.3.2　绘制矩形和圆形

1 矩形

矩形工具 用于创建矩形和正方形。选择该工具后，单击并拖动鼠标可以创建任意大小的矩形；按住Alt键（光标变为 状），可由单击点为中心向外绘制矩形；按住Shift键，可创建正方形；按住Shift+Alt键，可由单击点为中心向外创建正方形。如果要自定义图形的大小，可在画板中单击，打开"矩形"对话框设置参数，如图2-25、图2-26所示。

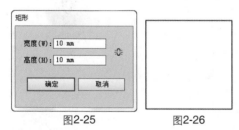

图2-25　　　　　　图2-26

2 圆角矩形

圆角矩形工具 用于创建圆角矩形，它的使用方法与矩形工具相同。区别在于，绘制图形的过程中按下"↑"键，可增加圆角半径直至成为圆形，如图2-27所示；按下"↓"键则减少圆角半径直至成为方形；按下"←"或"→"键，可在方形与圆形之间切换。如果要自定义图形参数，可在画板中单击，打开"圆角矩形"对话框进行设置，如图2-28所示。

图2-27　　　　　　图2-28

3 椭圆形和圆形

椭圆工具 用于创建椭圆形和圆形。选择该工具后，单击并拖动鼠标可以绘制任意大小的椭圆形，如图2-29所示；按住Shift键可创建圆形，如图2-30所示；按住Alt键，可由单击点为中心向外绘制椭圆形；按住Shift+Alt键，则由单击点为中心向外绘制圆形。如果要自定义图形大小，可在画板中单击，打开"椭圆"对话框设置参数，如图2-31所示。

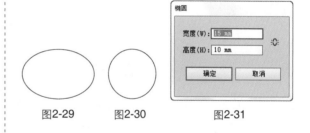

图2-29　　　图2-30　　　图2-31

2.3.3　绘制多边形和星形

1 多边形

多边形工具 用于创建三边和三边以上的多边形，如图2-32所示。在绘制的过程中按下"↑"键或"↓"键，可增加或减少边数；移动光标可以旋转多边形；按住Shift键操作可以锁定一个不变的角度。如果要自定义多边形的边数，可在画板中单击，打开"多边形"对话框进行设置，如图2-33所示。

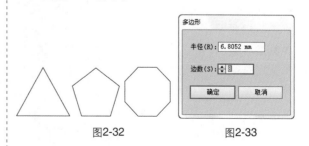

图2-32　　　　　　图2-33

2 星形

星形工具 ☆ 用于创建各种形状的星形，如图2-34~图2-37所示。在绘制的过程中，按下"↑"和"↓"键可增加和减少星形的角点数；拖动鼠标可以旋转星形；按住Shift键，可锁定图形的角度；按下Alt键，可以调整星形拐角的角度。如果要自定义星形的大小和角点数，可在希望作为星形中心的位置单击，打开"星形"对话框进行设置。

图2-34 按下↑键 图2-35 按下
增加边数 ↓键减少边数

图2-36 按住Shift 图2-37 按住
键锁定角度 Shift+Alt键

2.3.4 绘制网格

1 矩形网格

矩形网格工具 ▦ 用于创建网格状矩形。在绘制的过程中，按住Shift键可创建正方形网格；按住Alt键，会以单击点为中心向外绘制网格；按下F键，水平网格线间距会由下至上以10%的倍数递减；按下V键，水平网格线的间距会由上至下以10%的倍数递减；按下X键，垂直网格线的间距会由左至右以10%的倍数递减；按下C键，垂直网格线的间距会由右至左以10%的倍数递减；按下"↑"键或"↓"键，可增加或减少网格中直线的数量；按下"→"键或"←"键，可增加或减少垂线的数量。

如果要创建精确的网格图形，可在画板中单击，打开"矩形网格工具选项"对话框设置参数，如图2-38、图2-39所示。选择"填色网格"选项后，可以使用工具面板中的当前颜色填充网格，如图2-40所示。

图2-38 图2-39 图2-40

2 极坐标网格

极坐标网格工具 ⊕ 用于创建带有分隔线的同心圆。在绘制的过程中，按住Shift键可创建圆形网格；按住Alt键，会以单击点为中心向外绘制极坐标网格；按下"↑"键或"↓"键，可增加或减少同心圆的数量；按下"→"键或"←"键，可增加或减少分隔线的数量；按下X键，同心圆会向网格中心聚拢；按下C键，同心圆会向边缘聚拢；按下V键，分隔线会沿顺时针方向聚拢；按下F键，分隔线会沿逆时针方向聚拢。

如果要自定义极坐标网格的大小、同心圆和分隔线的数量，可在画板中单击，打开"极坐标网格工具选项"对话框进行设置，如图2-41、图2-42所示。

图2-41 图2-42

提示

"同心圆分隔线"选项中的"倾斜"数值为0%时，同心圆的间距相等；该值大于0%时，同心圆向边缘聚拢；小于0%时，同心圆向中心聚拢。当"径向分隔线"选项中"倾斜"的数值为0%时，分隔线的间距相等；该值大于0%时，分隔线会逐渐向逆时针方向聚拢；小于0%时，分隔线会逐渐向顺时针方向聚拢。

2.3.5 绘制光晕图形

光晕工具 可以创建由射线、光晕、闪光中心和环形等组件组成的光晕图形，如图2-43所示。光晕图形中还包含中央手柄和末端手柄，手柄可以定位光晕和光环，中央手柄是光晕的明亮中心，光晕路径从该点开始。

光晕的创建方法是：首先在画面中单击，放置光晕中央手柄，然后拖动鼠标设置中心的大小和光晕的大小并旋转射线角度（按下"↑"或"↓"键可以添加或减少射线）；放开鼠标按键，在画面的另一处再次单击并拖动鼠标，添加光环并放置末端手柄（按下"↑"或"↓"键可以添加或减少光环）；最后放开鼠标按键，即可创建光晕图形，如图2-44、图2-45所示。

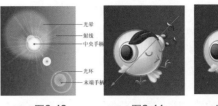

图2-43　　　　图2-44　　　　图2-45

提示

首先使用选择工具 选择光晕图形，然后选择光晕工具 ，拖动中央手柄或末端手柄，可以调整光晕方向和长度。如果双击光晕工具 ，可打开"光晕工具选项"对话框修改光晕参数。

2.4 对象的基本操作方法

在Illustrator中创建图形对象后，可以移动位置、调整堆叠顺序、编组，以及进行对齐和分布操作。

2.4.1 选择与移动

（1）选择对象

矢量图形由锚点、路径或成组的路径构成，编辑这些对象前，需要先将其准确选择。Illustrator针对不同的对象提供了相应的选择工具。

◎ **选择工具** ：将光标放在对象上方（光标变为 状），如图2-46所示，单击鼠标即可将其选择，所选对象周围会出现一个定界框，如图2-47所示。如果单击并拖出一个矩形选框，则可以选择矩形框内的所有对象，如图2-48所示。如果要取消选择，可在空白区域单击。

图2-46　　　图2-47　　　　图2-48

◎ **魔棒工具** ：在一个对象上单击，即可选择与其具有相同属性的所有对象，具体属性可以在"魔棒"面板中设置。例如，勾选"混合模式"选项，如图2-49所示，然后在一个图形上单击，如图2-50所示，可同时选择与该图形混合模式相同的所有对象，如图2-51所示。

图2-49　　　　图2-50　　　　图2-51

提示

"容差"值决定了范围的大小，该值越高，对图形相似性的要求程度越低，因此，选择范围就越广。

◎ **编组选择工具** ：当图形数量较多时，通常会将多个对象编到一个组中。如果要选择组中的一个图形，可以使用该工具单击它；双击则可选择对象所在的组。

◎"选择"菜单命令:"选择>对象"下拉菜单中包含选择命令,可以选择文档中特定类型的对象。

◎锚点和路径选择工具:套索工具 和直接选择工具 可以选择锚点和路径。

小贴示 小技巧:选择多个对象

使用选择工具 、魔棒工具 、编组选择工具 选择对象后,如果要添加选择其他对象,可按住 Shift 键分别单击它们;如果要取消某些对象的选择,可按住 Shift 键再次单击。此外,选择对象后,按下Delete键可将其删除。

选择一个对象　　按住Shift键单　　按住Shift键单
　　　　　　　　击其他对象　　　击选中的对象

（2）移动对象

使用选择工具 在对象上单击并拖动鼠标即可移动对象,如图2-52、图2-53所示;按住Shift键拖动鼠标,可沿水平、垂直或对角线方向移动。按下键盘中的"→、←、↑、↓"键,可以将所选对象朝相应方向轻微移动1个点的距离;如果按住Shift键再按方向键,则可移动10点的距离。按住Alt键(光标变为 状)拖动鼠标,则可以复制对象,如图2-54所示。

图2-52　　　　图2-53

图2-54

2.4.2 调整图形的堆叠顺序

在Illustrator中绘图时,最先创建的图形被放置在最底层,以后创建的对象会依次堆叠在它上方,如图2-55所示。如果要调整堆叠顺序,可以选择图形,如图2-56所示,然后执行"对象>排列"下拉菜单中的命令进行调整操作,如图2-57所示。如图2-58所示为执行"置于顶层"命令后的排列效果。

图2-55　图2-56　　　　图2-57　　　　图2-58

2.4.3 编组

复杂的图稿往往由许多个图形组成,如图2-59所示。为了便于选择和管理,可以选择多个对象,如图2-60所示,执行"对象>编组"命令(快捷键为Ctrl+G),将它们编为一组。进行移动和变换操作时,组中的对象会一同变化,例如图2-61所示是将牛头翻转后的效果。编组后对象还可以与其他对象再次编组,这样的组称为嵌套结构的组。

图2-59　　　　　图2-60　　　　　图2-61

如果要移动组中的对象,可以使用编组选择工具 在对象上单击并拖动鼠标。如果要取消编组,可以选择组对象,然后执行"对象>取消编组"命令(快捷键为Shift+Ctrl+G)。对于包含多个组的编组对象,则需要多次按下该快捷键才能解散所有的组。

小贴示 提示

编组有时会改变图形的堆叠顺序。例如,将位于不同图层上的对象编为一个组时,这些图形会调整到同一个图层中。

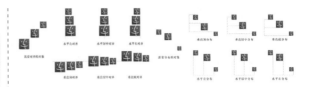

图2-63　　　　　　图2-64

图2-63　　　　　　　　　图2-64

小技巧：在隔离模式下编辑图形

使用选择工具 ↖ 双击编组的对象，可进入隔离模式。在隔离状态下，当前对象（称为"隔离对象"）以全色显示，其他内容则变暗，此时可轻松选择和编辑组中的对象，而不受其他图形的干扰。如果要退出隔离模式，可单击文档窗口左上角的 ← 按钮。

使用选择工具　　　　进入隔离模式

↖ 双击编组的对象

2.4.4 对齐与分布

如果要对齐多个图形，或者让它们按照一定的规则分布，可先将其选择，再单击"对齐"面板中的按钮，如图2-62所示。这些按钮分别是：水平左对齐 ▐，水平居中对齐 ♣，水平右对齐 ▐，垂直顶对齐 ▔，垂直居中对齐 ▯，垂直底对齐 ▁，垂直顶分布 ▔，垂直居中分布 ▭，垂直底分布 ▁，水平左分布 ▐▏，水平居中分布 ▐▌，水平右分布 ▐▏。如图2-63、图2-64所示分别为图形的对齐和分布效果。

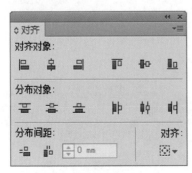

图2-62

小技巧：按照设定的距离分布对象

选择多个对象，然后单击其中的一个图形，在"分布间距"选项中输入数值，此后单击垂直分布间距按钮 ▤ 或水平分布间距按钮 ▐，即可让所选图形按照设定的数值均匀分布。

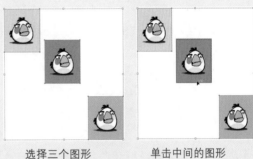

选择三个图形　　　　单击中间的图形

设置分布间距为10mm　　单击垂直分布间距按钮 ▤

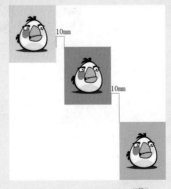

单击水平分布间距按钮 ▐

2.5 填色与描边

填色是指在图形内部填充颜色、渐变或图案，描边则是指将路径设置为可见的轮廓，使其呈现不同的外观。

2.5.1 填色与描边设置方法

要为对象设置填色或描边，首先应选择对象，然后单击工具面板底部的填色或描边图标，将其中的一项设置为当前编辑状态，此后便可在"色板"面板、"渐变"面板、"描边"面板等设置填色和描边内容，如图2-65所示。

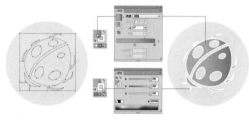

图2-65

单击默认填色和描边按钮 ，可以将填色和描边颜色设置为默认的颜色（黑色描边、填充白色），如图2-66所示；单击互换填色和描边按钮 ，可以互换填色和描边内容，如图2-67所示；单击颜色按钮 ，可以使用单色进行填色或描边；单击渐变按钮 ，可以用渐变色进行填色或描边；单击无按钮 ，可删除填色或描边内容。

图2-66　　图2-67

提示

按下X键可以将工具面板中的填色或描边切换为当前编辑状态；按下Shift+X键可以互换填色和描边，例如，如果填色为白色，描边为黑色，则按下Shift+X键后，填色变为黑色，描边变为白色。

小技巧：拾取其他图形的填色和描边

选择一个对象，使用吸管工具 在另外一个对象上单击，可拾取该对象的填色和描边属性并将其应用到所选对象上。如果没有选择任何对象，使用吸管工具 在一个对象上单击（可拾取填色和描边属性），然后按住Alt键单击其他对象，可将拾取的属性应用到该对象中。

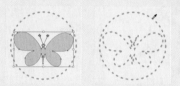

选择图形，拾取其他图形的填色和描边

在图形上单击，按住Alt键单击另一图形

2.5.2 色板面板

"色板"面板中包含了Illustrator预置的颜色、渐变和图案，如图2-68所示。选择对象后，单击一个色板，即可将其应用到对象的填色或描边中。用户自己调出的颜色、渐变或绘制的图案也可以保存到该面板中。例如，创建一个图案后，如图2-69所示，将其选择，单击新建色板按钮 ，或直接将其拖动到"色板"面板中，即可保存该图案，如图2-70所示。

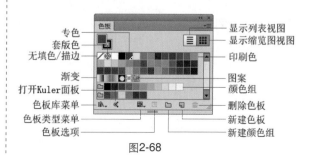

图2-68

专色
套版色
无填色/描边
渐变
打开Kuler面板
色板库菜单
色板类型菜单
色板选项

显示列表视图
显示缩览图视图
印刷色
图案
颜色组
删除色板
新建色板
新建颜色组

图2-69 　　　　　　　　图2-70

为方便用户使用，Illustrator还提供了大量的色板库、渐变库和图案库。单击"色板"面板底部的按钮，打开下拉菜单，即可找到它们，如图2-71所示。其中，"色标簿"下拉菜单中包含了印刷中常用的PANTONE颜色，如图2-72所示。打开一个色板库后，单击面板底部的◀或▶按钮，可切换到相邻的色板库中，如图2-73、图2-74所示。

图2-71 　　　　　　　　图2-72

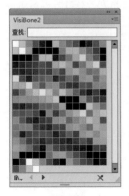

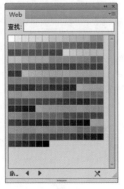

图2-73 　　　　　　　　图2-74

小知识：颜色图标及名词

打开"色板"面板菜单，选择"小列表视图"或"大列表视图"命令，即可以列表和图标的形式显示不同类型的颜色。

● **套版色色板**：使用它填色或描边的对象可以在 PostScript 打印机进行分色打印。例如，套准标记使用"套版色"，印版就可以在印刷机上精确对齐。

● **CMYK符号**：该符号代表了印刷色，它是使用四种标准的印刷色油墨组合成的颜色，这四种油墨是青色、洋红色、黄色和黑色。在默认情况下，Illustrator 会将新色板定义为印刷色。

● **专色**：多指 CMYK 四色油墨无法混合出的一些特殊油墨，如金属色、荧光色、霓虹色等。

● **全局色**：将一种颜色定义为全局色后，编辑该颜色时，所有使用它的对象都会自动更新。在Illustrator中，所有专色都是全局色。

2.5.3 颜色面板

在"颜色"面板中，单击填色或描边图标，将其设置为当前编辑状态，如图2-75所示，然后拖动滑块即可调整颜色，如图2-76所示。如果知道颜色的数值，则可以在文本框中输入颜色值并按下回车键来精确定义颜色。如果要将颜色调深或调浅，可以按住 Shift键拖动一个颜色滑块，其他滑块会同时移动，如图2-77所示。

图2-75 　　　　　　图2-76 　　　　　　图2-77

拖动面板底部可将面板拉长，如图2-78所示。在色谱上（光标变为 ✐ 状）单击可以拾取颜色，如图2-79所示。如果要取消填色或描边，可以单击面板左下角的 ⊘ 图标。

调整颜色时，如果出现溢色警告 ⚠，如图2-80所示，就表示当前颜色超出了CMYK色域范围，不能被准确打印。单击警告右侧的颜色块，Illustrator会使用与其最为接近的CMYK颜色来替换溢色；如果出现超出Web颜色警告 ⬢，则表示当前颜色超出了Web安全色的颜色范围，不能在网上正确显示，单击它右侧的颜色块，Illustrator会使用与其最为接近的Web安全色来替换溢色。

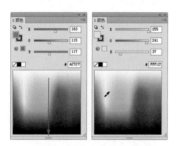

图2-78　　　　图2-79

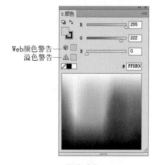

图2-80

2.5.4　颜色参考面板

在"色板"面板中选择一个色板，或使用"颜色"面板调出一种颜色后，"颜色参考"面板会自动生成一系列与之协调的颜色方案，可作为激发颜色灵感的工具。例如图2-81所示为当前设置的颜色，单击"颜色参考"面板右上角的 ▾ 按钮打开下拉菜单，选择"单色"选项，即可生成包含所有相同色相，但饱和度级别不同的颜色组，如图2-82所示；选择"高对比色"选项，则可生成一个包含对比色，视觉效果更加强烈的颜色组，如图2-83所示。

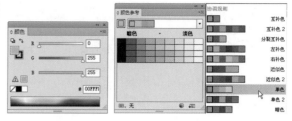

图2-81　　　　　图2-82

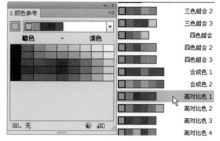

图2-83

2.5.5　描边面板

对图形应用描边之后，可以在"描边"面板中设置路径的宽度（粗细）、端点类型、斜角样式等属性，如图2-84所示。

（1）基本选项

◎ 粗细：用来设置描边线条的宽度，该值越高，描边越粗。

◎ 端点：可设置开放式路径两个端点的形状。按下平头端点按钮 ▣，路径会在终端锚点处结束，如图2-85所示，如果要准确对齐路径，该选项非常有用；按下圆头端点按钮 ▣，路径末端呈半圆形圆滑效果，如图2-86所示；按下方头端点按钮 ▣，会向外延长到描边"粗细"值一半的距离结束描边，如图2-87所示。

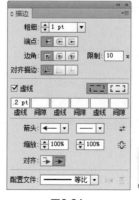

图2-84

图2-85　　图2-86　　图2-87

◎ 边角：用来设置直线路径中边角处的连接方式，包括斜接连接 ⌐，圆角连接 ⌐，斜角连接 ⌐，如图2-88所示。

斜接连接　　　圆角连接　　　斜角连接

图2-88

◎ 限制：用来设置斜角的大小，范围为1～500。

◎ 对齐描边：如果对象是封闭的路径，可按下相应的按钮来设置描边与路径对齐的方式，包括使描边居中对齐 ⊥，使描边内侧对齐 ⊥，使描边外侧对齐 ⊥，如图2-89所示。

使描边居　使描边内　使描边外
中对齐　　侧对齐　　侧对齐

图2-89

（2）用虚线描边

◎ 虚线：选择图形，如图2-90所示，勾选"虚线"选项，然后在"虚线"文本框中设置虚线线段的长度，在"间隙"文本框中设置虚线线段的间距，即可用虚线描边路径，如图2-91、图2-92所示。

图2-90　　　图2-91 　　　图2-92

◎ 按下 ⌐ 按钮，可以保留虚线和间隙的精确长度，如图2-93所示；按下 ⌐ 按钮，可以使虚线与边角和路径终端对齐，并调整到适合的长度，如图2-94所示。

图2-93 　　　　图2-94

小技巧：修改虚线的样式

创建虚线描边后，在"端点"选项中可以修改虚线的端点，使其呈现不同的外观。按下 ⌐ 按钮，可创建具有方形端点的虚线；按下 ⌐ 按钮，可创建具有圆形端点的虚线；按下 ⌐ 按钮，可扩展虚线的端点。

方形端点　　　圆形端点　　　扩展虚线端点

（3）为路径起点和终点添加箭头

◎ 在"箭头"选项中可以为路径的起点和终点添加箭头，如图2-95、图2-96所示；单击 ⇄ 按钮，可互换起点和终端箭头。如果要删除箭头，可在"箭头"下拉列表中选择"无"选项。

◎ 在"缩放"选项中可以调整箭头的缩放比例，按下 ⌐ 按钮，可同时调整起点和终点箭头缩放比例。

◎ 按下 ⌐ 按钮，箭头会超过到路径的末端，如图2-97所示；按下 ⌐ 按钮，可将箭头放置于路径的终点处，如图2-98所示。

图2-95 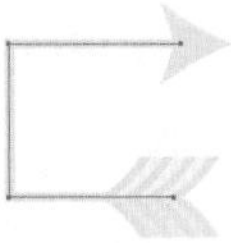　　图2-96　　图2-97　　图2-98

◎ 配置文件：选择一个配置文件，可以让描边的宽度发生变化；单击 ⋈ 按钮，可进行纵向翻转；单击 ⋈ 按钮，可进行横向翻转。

小技巧：自由调整描边宽度

使用宽度工具 [icon] 可自由调整描边宽度，让描边呈现粗细变化。选择该工具后，将光标放在图形的轮廓上，单击并拖动鼠标即可将描边拉宽、拉窄，还可以移动描边的变化位置。

将光标放在　　将描边拉宽　　将描边拉窄　　移动位置
轮廓上

2.6 绘图实例：开心小贴士

（1）选择极坐标网格工具 [icon]，在画面中拖动鼠标创建网格图形，在拖动过程中按下"←"键减少径向分隔线的数量，按下"↑"键增加同心圆分隔线数量，直至呈现如图2-99所示的外观；不要放开鼠标，按住Shift键使网格图形的外形为圆形；放开鼠标，在控制面板中设置描边粗细为0.525pt，如图2-100所示。

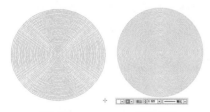

图2-99　　　　图2-100

（2）使用椭圆工具 [icon] 按住Shift键创建一个圆形，填充黄色，设置描边粗细为7pt，颜色为黑色，如图2-101所示。按下Ctrl+A快捷键选取这两个图形，单击控制面板中的水平居中对齐按钮 [icon]、垂直居中对齐按钮 [icon]，使两个图形居中对齐。使用文字工具 [icon] 输入文字，再使用椭圆工具 [icon]、铅笔工具 [icon] 根据主题绘制有趣的图形，效果如图2-102所示。

图2-101　　　　图2-102

（3）采用同样方法制作出不同主题的小贴示，效果如图2-103所示。

图2-103

（4）选择矩形网格工具 [icon]，在画面中拖动鼠标创建网格，在拖动的过程中按下"↑"键增加水平分隔线，按下"→"键增加垂直分隔线，放开鼠标完成网格的创建，填充黑色，然后在"色板"中拾取深灰色作为描边颜色，如图2-104所示。按下Shift+Ctrl+[快捷键将网格图形移至底层作为背景，效果如图2-105所示。

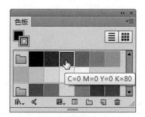

图2-104

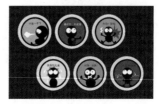

图2-105

2.7 绘图实例：时尚书签

（1）用矩形工具 ▭ 创建一个深灰色的矩形，用圆角矩形工具 ▢ 在它上面创建一个白色的圆角矩形（可按下"↑"和"↓"键调整圆角），如图2-106所示。用矩形网格工具 ▦ 创建一个矩形网格，在绘制时按住"←"键删除垂直网格线，按下"↑"键，增加水平网格线，在控制面板中修改它的描边粗细和颜色，如图2-107所示。

图2-106　　　　　图2-107

（2）用极坐标网格工具 ⊕ 创建一个极坐标网格，在绘制时按住"↓"键删除同心圆，按下"→"键增加分隔线的数量，如图2-108所示。在它下面再创建一个极坐标网格（可按下方向键调整同心圆的数量），如图2-109所示。

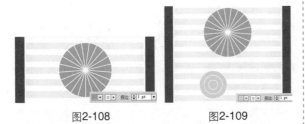

图2-108　　　　　　　　图2-109

（3）用钢笔工具 ✎ 绘制一个水滴状图形，填充线性渐变，用椭圆工具 ◯ 按住Shift键创建两个圆形，如图2-110所示。用选择工具 ▶ 按住Shift键分别单击这三个图形，将它们选择，按下Ctrl+G快捷键编组，然后按住Alt键拖动鼠标进行复制。用直接选择工具 ▷ 选择水滴状图形，在"渐变"面板中修改它的渐变颜色，如图2-111所示，然后按住Shift键拖动定界框中的控制点，对图形进行缩放，如图2-112所示。

图2-110　　　　图2-111　　　　图2-112

（4）用圆角矩形工具 ▢ 创建一个圆角矩形，如图2-113所示，用星形工具 ☆ 在它上面创建一个五角星，填充线性渐变，如图2-114所示。再绘制几个圆形作为卡通人的头和眼睛，如图2-115所示。用直线段工具 ╱ 创建两条直线作为卡通人的眼眉，如图2-116所示。

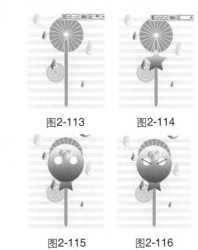

图2-113　　　　图2-114

图2-115　　　　图2-116

（5）用极坐标网格工具 ⊕ 在画面的下方创建一个网格，如图2-117所示。在它上面创建一个白色的矩形，选择文字工具 T，在矩形上单击，然后输入文字，设置文字的描边为1px，颜色为绿色，如图2-118所示。选择这三个对象，按下Ctrl+G快捷键编组。

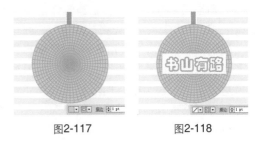

图2-117　　　　图2-118

（6）用极坐标网格工具  创建几组不同颜色的同心圆，如图2-119所示。用星形工具 ☆ 在卡通人的头顶创建两个星形，填充线性渐变，如图2-120所示。再用极坐标网格工具  创建几个极坐标网格，在绘制时按下"↓"键和"→"键，删除同心圆、增加分隔线，如图2-121所示。如图2-122所示为采用同样方法制作的另一种效果的书签。

图2-119　　　图2-120　　　图2-121　　　图2-122

2.8 填色与描边实例：12星座邮票

（1）按下Ctrl+O快捷键，弹出"打开"对话框，选择光盘中的素材文件，将其打开，如图2-123所示。单击"图层"面板底部的 按钮，新建"图层2"，如图2-124所示。将光标放在该图层上，单击并向下方拖动，将它移动到"图层1"下方，如图2-125所示。

图2-126　　　图2-127　　　图2-128　　　图2-129

（3）在"描边"面板中设置描边"粗细"为2.5pt，勾选"虚线"选项，设置"虚线"为0.2pt，间隙为4pt，生成邮票齿孔效果，如图2-130、图2-131所示。

（4）使用选择工具 ▶ 按住Shift键单击先前创建的白色矩形，将它与齿孔矩形一同选取，如图2-132所示，按下Ctrl+G快捷键编组。按住Alt键向旁边拖动，将其复制到另一个图形下方，然后修改齿孔图形的填充颜色，如图2-133所示。采用同样方法为每一个星座图形都复制一个邮票背景。

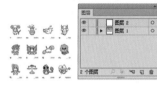

图2-123　　　　图2-124　　　　图2-125

（2）使用矩形工具 创建一个矩形，填充白色，无描边，如图2-126、图2-127所示。按下Ctrl+C快捷键复制，按下Ctrl+B快捷键将图形粘贴在后方，设置填充颜色为米黄色，描边颜色为白色，如图2-128所示。按住Shift+Alt键拖动控制点，将图形放大，如图2-129所示。

图2-130　　　图2-131　　　图2-132　　　图2-133

2.9 拓展练习：有机玻璃透明效果图标

打开光盘中的素材文件，如图2-134所示，这些图形都是用最基本的绘图工具制作的。执行"窗口>图形样式库>照亮样式"命令，打开该样式库，如图2-135所示。使用选择工具 ▶ 选择一个图形，然后单击面板中的样式，为图形添加样式。采用相同的方法为所有图形都添加样式，即可快速制作出具有真实质感的有机玻璃效果，如图2-136所示。

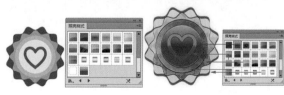

图2-134　　　图2-135　　　　　图2-136

第3章

图形设计：图形编辑技巧

3.1 图形创意方法

图形（graphics）是一种说明性的视觉符号，是介于文字和绘画艺术之间的视觉语言形式。人们常把图形喻为"世界语"，因为它能普遍被人们所看懂。其原因在于，图形比文字更形象、更具体、更直接，它超越了地域和国家，无需翻译，便能实现广泛的传播效应。

图3-5 乐高玩具广告　3-6 网站广告　图3-7 Evian矿泉水广告

3.1.1 同构图形

所谓同构图形，指的是两个或两个以上的图形组合在一起，共同构成一个新图形，这个新图形并不是原图形的简单相加，而是一种超越或突变，形成强烈的视觉冲击力，如图3-1～图3-4所示。

图3-1 西班牙剪影海报　图3-2 日本JAPENGO餐厅广告　图3-3 wella美发连锁店广告　图3-4 BIMBO Mizup 方便面广告

3.1.2 异影同构图形

客观物体在光的作用下，会产生与之对应的投影，如果投影产生异常的变化，呈现出与原物不同的对应物就叫做异影图形，如图3-5所示。

3.1.3 肖形同构图形

所谓"肖"即为相像、相似的意思。肖形同构是以一种或几种物形的形态去模拟另一种物形的形态。它既可以是二维平面的物形组成的肖形图形，也可以是三维立体的肖形图形，即由生活中现成的对象组成，如图3-6所示。

3.1.4 置换同构图形

置换同构是将对象的某一特定元素与另一种本不属于其物质的元素进行非现实的构造（偷梁换柱），产生一个具有新意的、奇特的图形，如图3-7所示。这种对物形元素的置换会破坏事物正常的逻辑关系。

3.1.5 解构图形

解构图形是指将物象分割、拆解，使其化整为零，再进行重新排列组合，产生新的图形，如图3-8所示。解构并不添加新的视觉内容，而是仅以原形元素的重复或重构组合来创造图形。

3.1.6 减缺图形

减缺图形是指用单一的视觉形象去创作简化的图形，使图形在减缺形态下，仍能充分体现其造型特点，并利用图形的缺失、不完整，来强化想要突出的特征，如图3-9所示。

3.1.7 正负图形

正负图形是指正形与负形相互借用，造成在一个大图形结构中隐含着其他小图形的情况，如图3-10所示。

图3-8 Scrabble拼字游戏图　3-9 Blue Soft Drink 蓝色软饮　图3-10 插画师Tang Yau Hoong作品

3.1.8 双关图形

双关图形是指一个图形可以解读为两种不同的物形，并通过这两种物形直接的联系产生意义，传递高度简化的视觉信息，如图3-11所示。

3.1.9 文字图形

文字图形是指分析文字的结构，进行形态的重组与变化，以点、线、面方式让文字构成抽象或具象的有某种意义的图形，使其产生新的含义，如图3-12所示。

3.1.10 叠加图形

将两个或多个图形以不同的形式进行叠加处理，产生不同效果的手法称为叠加，如图3-13所示。

图3-11 双关图形：男人、女人

图3-12 澳大利亚邮政局广告

图3-13 德国Beate Uhse电视台广告

经过叠合后的图形能彻底打破现实视觉与想象图形间的沟通障碍，让人们在对图形的理性辨识中去理解图形所表现的含义。

3.1.11 矛盾空间图形

矛盾空间是创作者刻意违背透视原理，利用平面的局限性以及视觉的错觉，制造出的实际空间中无法存在的空间形式。在矛盾空间中出现的、同视觉空间毫不相干的矛盾图形，称为矛盾空间图形，如图3-14~图3-16所示。

图3-14 相对性（埃舍尔）

图3-15 大众汽车广告

图3-16 松屋百货招贴（福田繁雄）

小知识：埃舍尔与矛盾空间

埃舍尔（1898年出生于荷兰）是最擅长表现矛盾空间的杰出画家，他专门从事木版画和平版画创作，其作品《凸与凹》、《上和下》、《观景楼》、《瀑布》等以非常精巧考究的细节写实手法，生动地表达出各种荒谬的结果，其作品风格独树一帜。矛盾空间主要包含以下构成方法：

● 共用面：将两个不同视点的立体形，以一个共用面紧紧的联系在一起。

● 矛盾连接：利用直线、曲线、折线在空间中的不定性，使形体矛盾地连接起来。

● 交错式幻象图：将形体的空间位置进行错位处理，使后面的图形又处于前面，形成彼此的交错性效果。

● 边洛斯三角形：利用人的眼睛在观察形体时，不可能在一瞬间全部接受形体各个部分的刺激，需要有一个过程转移的现象，将形体的各个面逐步转变方向。

共用面　　矛盾连接　交错式幻象图 边洛斯三角形

3.1.12 有趣的错视现象

在视觉活动中，常常会出现看到的对象与客观事物不一致的现象，这种知觉称为错视。错视一般分为由图像本身构造而导致的几何学错视、由感觉器官引起的生理错视、以及心理原因导致的认知错视。如图3-17所示为几何学错视——弗雷泽图形，它是一个产生角度、方向错视的图形，被称作错视之王，漩涡状图形实际是同心圆。如图3-18所示为生理错视——赫曼方格，单看这是一个个黑色的方块，而整张图一起看，则会发现方格与方格之间的对角出现了灰色的小点。如图3-19所示为认知错视——鸭兔错觉，它既可以看作是一只鸭子的头，也可以看作是一只兔子的头。

图3-17

图3-18

图3-19

3.2 组合图形

在Illustrator中，很多看似复杂的图稿，往往是由多个简单的图形组合而成的，这要比直接绘制复杂对象简单的多。选择两个或更多的图形后，单击"路径查找器"面板中的按钮，即可组合对象，如图3-20所示。

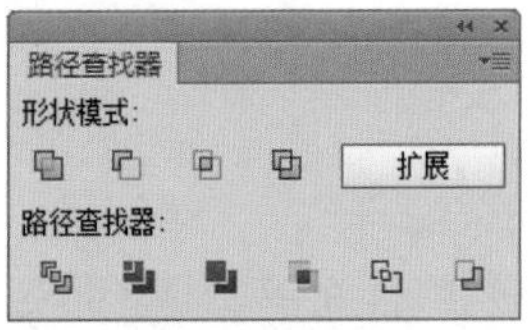

图3-20

3.2.1 路径查找器面板

◎ 联集 ：将选中的多个图形合并为一个图形。合并后，轮廓线及其重叠的部分融合在一起，最前面对象的颜色决定了合并后的对象的颜色，如图3-21、图3-22所示。

图3-21 　　　图3-22

◎ 减去顶层：用最后面的图形减去它前面的所有图形，可保留后面图形的填充和描边，如图3-23、图3-24所示。

图3-23 　　　图3-24

◎ 交集 ：只保留图形的重叠部分，删除其他部分，重叠部分显示为最前面图形的填色和描边，如图3-25、图3-26所示。

图3-25 　　　图3-26

◎ 差集 ：只保留图形的非重叠部分，重叠部分被挖空，最终的图形显示为最前面图形的填色和描边，如图3-27、图3-28所示。

图3-27 　　　图3-28

◎ 分割 ：对图形的重叠区域进行分割，使之成为单独的图形，分割后的图形可保留原图形的填色和描边，并自动编组。图3-29所示为在图形上创建的多条路径，图3-30所示为对图形进行分割后填充不同颜色的效果。

图3-29 　　　图3-30

◎ 修边 ：将后面图形与前面图形重叠的部分删除，保留对象的填色，无描边，如图3-31、图3-32所示。

图3-31 　　　图3-32

◎ 合并 ：不同颜色的图形合并后，最前面的图形保持形状不变，与后面图形重叠的部分将被删除。如图3-33所示为原图形，如图3-34所示为合并后将图形移动开的效果。

图3-33　　　　图3-34

◎裁剪▣：只保留图形的重叠部分，最终的图形无描边，并显示为最后面图形的颜色，如图3-35、图3-36所示。

图3-35　　　　图3-36

◎轮廓▣：只保留图形的轮廓，轮廓的 颜色为它自身的填色，如图3-37、图3-38所示。

图3-37　　　　图3-38

◎减去后方对象▣：用最前面的图形减去它后面的所有图形，保留最前面图形的非重叠部分及描边和填色，如图3-39、图3-40所示。

图3-39　　　　图3-40

3.2.2 复合形状

在"路径查找器"面板中，最上面一排是"形状模式"按钮。打开一个文件，如图3-41所示。选择画板中的图形以后，单击这些按钮，即可组合对象并改变图形的结构。例如单击联集按钮▣，如图3-42所示，这两个图形会合并为一个图形，如图3-43所示。

如果按住Alt键单击联集按钮▣，则可以创建复合形状。复合形状能够保留原图形各自的轮廓，它对图形的处理是非破坏性的，如图3-44所示。可以看到，图形的外观虽然变为一个整体，但两个图形的轮廓都完好无损。

图3-41　　　图3-42　　　图3-43　　　图3-44

创建复合形状后，单击"扩展"按钮，可以删除多余的路径。如果要释放复合形状，即将原有图形重新分离出来，可以选择对象，打开"路径查找器"面板菜单，选择其中的"释放复合形状"命令。

> **提示**
>
> "效果"菜单中包含各种"路径查找器"效果，使用它们组合对象以后，也可以选择和编辑原始对象，并且可通过"外观"面板修改或删除效果。但这些效果只能应用于组、图层和文本对象。

3.2.3 复合路径

复合路径是由一条或多条简单的路径组合而成的图形，它可以产生挖空效果，即路径的重叠处会呈现孔洞。图3-45所示为两个图形，将它们选择，执行"对象>复合路径>建立"命令，即可创建复合路径，它们会自动编组，并应用最后面对象的填充内容和样式，如图3-46所示。

使用直接选择工具▣或编组选择工具▣选择部分对象进行移动时，复合路径的孔洞也会随之变化，如图3-47所示。

图3-45　　　图3-46　　　图3-47

如果要释放复合路径，可以选择对象，执行"对象>复合路径>释放"命令。

提示

创建复合路径时，所有对象都使用最后面对象的填充内容和样式。此时不能改变单独一个对象的外观属性、图形样式和效果，也无法在"图层"面板中单独处理对象。

小知识：复合形状与复合路径的区别

● 复合形状是通过"路径查找器"面板组合而成的图形，可以生成相加、相减、相交等不同的运算结果，而复合路径只能创建挖空效果。

● 图形、路径、编组对象、混合、文本、封套、变形、复合路径，以及其他复合形状都可以用来创建复合形状，复合路径则只能由一条或多条简单的路径组成。

● 由于要保留原始图形，复合形状要比复合路径的文件更大，并且，在显示包含复合形状的文件时，计算机要一层一层地从原始对象读到现有的结果，因此，屏幕的刷新速度就会变慢。如果要制作简单的挖空效果，可以用复合路径代替复合形状。

● 释放复合形状时，其中的各个对象可恢复为创建前的效果，释放复合路径时，所有对象可恢复为原来各自独立的状态，但它们不能恢复为创建复合路径前的填充内容和样式。

| 原图形 | 复合形状生成的挖空效果 | 复合路径生成的挖空效果 | 释放复合形状 | 释放复合路径 |

3.2.4 形状生成器工具

形状生成器工具 可以合并或删除图形。选择多个图形后，如图3-48所示，使用该工具在一个图形上方单击，然后向另一个图形拖动鼠标，即可将这两个图形合并，如图3-49、图3-50所示。按住Alt键单击一个图形，可将其删除，如图3-51所示。

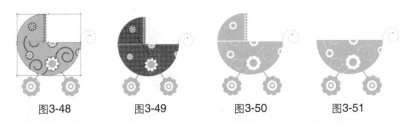

图3-48　　　　　图3-49　　　　　图3-50　　　　　图3-51

3.3 变换操作

变换操作是指对图形进行移动、旋转、缩放、镜像和倾斜等操作。如果要进行自由变换，拖动对象的定界框即可；如果要精确变换，可以通过各种变换工具的选项对话框或"变换"面板来完成。

3.3.1 中心点和参考点

使用选择工具 单击对象时，其周围会出现一个定界框，如图3-52所示。定界框四周的小方块是控制点，中央的 ■ 状图标是中心点，拖动控制点时，对象会以中心点为基准产生旋转或缩放，如图3-53所示为旋转效果。

图3-52　　　　　图3-53

使用旋转工具 、镜像工具 、比例缩放工具 、倾斜工具 时，在窗口中单击并拖动鼠标，会基于中心点变换对象。如果要让对象围绕其他参考点变换，可以在画板中的任意一点单击，重新定义参考点（ ✛ 状图标）的位置，如图3-54所示，然后再拖动鼠标进行相应的变换操作，如图3-55所示。此外，如果按住Alt键单击，则会弹出一个对话框，在对话框中可以设置缩放比例、旋转角度等选项，从而实现精确变换。

图3-54　　　　　图3-55

提示

如果要将参考点重新恢复到对象的中心，可双击旋转等变换工具，在打开的对话框中单击"取消"按钮。

小知识：可以改变颜色的定界框

在Illustrator中，定界框可以为红色、黄色、蓝色等不同颜色，这取决于图形所在图层是什么样的颜色。因此，修改图层的颜色时，定界框的颜色也会随之改变。如果要隐藏定界框，可以执行"视图>隐藏定界框"命令。

图层和定界框同为蓝色

双击图层可修改定界框颜色

3.3.2 移动对象

使用选择工具 在对象上方单击并拖动鼠标即可移动对象，如图3-56、图3-57所示。按住Shift键可沿水平、垂直或对角线方向移动。如果要精确定义移动距离，可先选择对象，然后双击选择工具 ，打开"移动"对话框设置参数，如图3-58所示。

图3-56　　　图3-57　　　图3-58

3.3.3 旋转对象

（1）使用选择工具操作

使用选择工具 选择对象，如图3-59所示，将光标放在定界框外，当光标变为 ↻ 状时，单击并拖动鼠标即可旋转对象，如图3-60所示。

（2）使用旋转工具操作

选择对象后，使用旋转工具 ○ 在窗口中单击并拖动鼠标即可旋转对象。如果要精确定义旋转角度，可双击该工具，打开"旋转"对话框进行设置，如图3-61所示。

图3-59　　　　　图3-60　　　　　图3-61

小技巧：复位定界框

进行旋转操作后，对象的定界框也会发生旋转。如果要复位定界框，可以执行"对象>变换>重置定界框"命令。

3.3.4 缩放对象

（1）使用选择工具操作

使用选择工具 ▶ 选择对象，如图3-62所示，将光标放在定界框边角的控制点上，当光标变为 ↔、↕、↖、↗状时，单击并拖动鼠标可以拉伸对象；按住Shift键操作可进行等比缩放，如图3-63所示。

（2）使用比例缩放工具操作

选择对象后，使用比例缩放工具 在窗口中单击并拖动鼠标即可拉伸对象，按住Shift键操作可进行等比缩放。如果要精确定义缩放比例，可双击该工具，打开"比例缩放"对话框设置参数，如图3-64所示。

图3-62　　　　　图3-63　　　　　图3-64

3.3.5 镜像对象

（1）使用选择工具操作

使用选择工具 ▶ 选择对象后，将光标放在定界框中央的控制点上，单击并向图形另一侧拖动鼠标即可翻转对象。

（2）使用镜像工具操作

选择对象后，使用镜像工具 在窗口中单击，指定镜像轴上的一点（不可见），如图3-65所示，放开鼠标按键，在另一处位置单击，确定镜像轴的第二个点，此时所选对象便会基于定义的轴进行翻转；按住Alt键操作可复制对象，制作出倒影效果，如图3-66所示；按住Shift键拖动鼠标，可限制角度为45°。如果要准确定义镜像轴或旋转角度，可双击该工具，打开"镜像"对话框设置参数，如图3-67所示。

图3-65　　　　　图3-66　　　　　图3-67

3.3.6 倾斜对象

选择对象，如图3-68所示，使用倾斜工具 在窗口中单击，向左、右拖动鼠标（按住 Shift键可保持其原始高度）可沿水平轴倾斜对象，如图3-69所示；上、下拖动鼠标（按住 Shift 键可保持其原始宽度）可沿垂直轴倾斜对象，如图3-70所示；按住Alt键操作可以复制对象，这种方法特别适合制作投影效果，如图3-71所示。如果要精确定义倾斜方向和角度，可以双击该工具，打开"倾斜"对话框设置参数，如图3-72所示。

图3-68　图3-69　图3-70　　图3-71　　　图3-72

小技巧：使用自由变换工具进行变换操作

自由变换工具 ![] 可以灵活地对所选对象进行变换操作。在移动、旋转和缩放时，与通过定界框操作完全相同。该工具的特别之处是可以进行斜切、扭曲和透视变换。

● 斜切：在边角的控制点上单击，然后按住Ctrl+Alt键拖动鼠标即可进行斜切操作。

● 扭曲：在边角的控制点上单击，然后按住Ctrl键拖动鼠标即可进行扭曲操作。

● 透视扭曲：在边角的控制点上单击，然后按住Shift+Alt+Ctrl键拖动鼠标即可进行透视扭曲。

小技巧：单独变换图形、图案、描边和效果

如果对象设置了描边、填充了图案或添加了效果，可以在"移动"、"旋转"、"比例缩放"和"镜像"对话框中设置选项，单独对描边、图案和效果应用变换而不影响图形，也可以单独变换图形，或者同时变换所有内容。

● 比例缩放描边和效果：选择该选项后，描边和效果会与对象一同变换；取消选择时，仅变换对象。

● 变换对象/变换图案：选择"变换对象"选项时，仅变换对象，图案保持不变；选择"变换图案"选项时，仅变换图案，对象保持不变；两项都选择，则对象和图案会同时变换。

圆形添加了　　　"比例缩放"　　　仅缩放圆
图案和描边　　　对话框　　　　　形图形

缩放描边和图案　　同时缩放所有内容

3.3.7 变换面板

"变换"面板可以进行精确的变换操作，如图3-73所示。选择对象后，只需在面板的选项中输入数值并按下回车键即可进行变换处理。此外，选择菜单中的命令可以对图案、描边等单独应用变换，如图3-74所示。

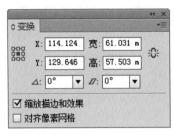

图3-73

图3-74

◎ 参考点定位器 ![]：进行移动、旋转或缩放操作时，对象以参考点为基准进行变换。在默认情况下，参考点位于对象的中心，如果要改变它的位置，可单击参考点定位器上的空心小方块。

◎ X/Y：分别代表了对象在水平和垂直方向上的位置，在这两个选项中输入数值可精确定位对象在文档窗口中的位置。

◎ 宽/高：分别代表了对象的宽度和高度，在这两个选项中输入数值可以将对象缩放到指定的宽度和高度。如果按下选项右侧的 ![] 按钮，可以进行等比缩放。

◎ 旋转 ![]：输入对象的旋转角度。

◎ 倾斜 ![]：输入对象的倾斜角度。

◎ 缩放描边和效果：对描边和效果应用变换。

◎ 对齐像素网格：将对象对齐到像素网格上，使对齐效果更加精准。

3.4 变形操作

Illustrator的工具面板中有7种液化类工具，可以进行变形操作，如图3-75所示。使用这些工具时，在对象上方单击或单击并拖动鼠标涂抹即可按照特定的方式扭曲对象，如图3-76所示。

图3-75 液化类工具

选择一个　　用变形工具　　用旋转扭曲　　用缩拢工具
图形　　　　处理　　　　工具处理　　　处理

用膨胀工具　　用扇贝工具　　用晶格化　　　用皱褶工具
处理　　　　　处理　　　　工具处理　　　处理

图3-76

◎ 变形工具 ：可自由扭曲对象。

◎ 旋转扭曲工具 ：可以产生漩涡状的变形效果。

◎ 缩拢工具 ：可以使对象产生向内收缩效果。

◎ 膨胀工具 ：可以使对象产生向外膨胀效果。

◎ 扇贝工具 ：可以在对象的轮廓上添加随机弯曲的细节，创建类似贝壳表面的纹路效果。

◎ 晶格化工具 ：可以在对象的轮廓上添加随机锥化的细节。该工具与扇贝工具的作用相反，扇贝工具产生向内的弯曲，而晶格化工具产生向外的尖锐凸起。

◎ 皱褶工具 ：可以在对象的轮廓上添加类似于皱褶的细节，产生不规则的起伏。

小技巧：液化工具使用注意事项

● 使用任意一个液化工具时，在文档窗口中按住Alt键拖动鼠标可以调整工具的大小。

● 使用各种液化工具时，不必选择对象便可直接进行处理。如果要将扭曲限定为一个或者多个对象，可以先选择这些对象，然后再对其进行扭曲。

● 使用除变形工具 以外的其他工具时，在对象上方单击时，按住鼠标按键的时间越长，扭曲效果越强烈。

● 液化工具不能扭曲链接的文件或包含文本、图形以及符号的对象。

小技巧：制作装饰纹样

创建一个黑色的椭圆形，用旋转扭曲工具 向下拖动鼠标对图形进行扭曲，用变形工具 改变形状，再用旋转扭曲工具 细致加工，制作出装饰纹样，配合一些基本图形，即可完成一幅新锐的矢量风格插画。

3.5 图形组合实例：爱心图形

（1）按下Ctrl+N快捷键新建一个文档。使用椭圆工具 按住Shift键创建一个圆形，填充粉色，无描边，如图3-77所示。使用选择工具 ，按住快捷键Alt+Shift沿水平方向拖动该图形进行复制，如图3-78所示。

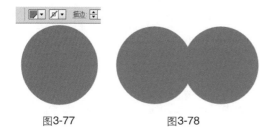

图3-77　　　　　图3-78

（2）使用选择工具 ↖ 拖出一个选框，选取这两个图形，如图3-79所示，单击"路径查找器"面板中的 ⬛ 按钮，将这两个图形合并，如图3-80、如图3-81所示。

图3-79　　　　图3-80　　　　图3-81

（3）选择钢笔工具 ✎，将光标放在如图3-82所示的锚点上，单击鼠标删除该锚点，如图3-83所示；将另一个锚点也删除，如图3-84、图3-85所示。

图3-82　　图3-83　　图3-84　　图3-85

（4）选择转换锚点工具 ⌐，将光标放在如图3-86所示的锚点上，单击鼠标将锚点的方向线删除，如图3-87所示。选择直接选择工具 ▷，将光标放在锚点上，如图3-88所示，单击并按

住Shift键向下方拖动鼠标移动锚点，如图3-89所示。

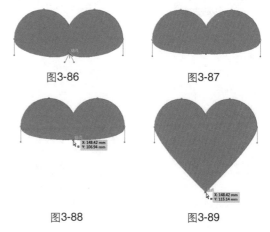

图3-86　　　　　图3-87

图3-88　　　　　图3-89

（5）将光标放在方向点上，如图3-90所示，单击并按住Shift键向下拖动鼠标，移动方向点，如图3-91所示；采用同样方法拖动另一侧的方向点，如图3-92、图3-93所示。

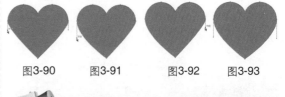

图3-90　　图3-91　　图3-92　　图3-93

提示

关于锚点的更多编辑方法，请参阅"4.9编辑路径"。

3.6 图形组合实例：眼镜图形

（1）按下Ctrl+O快捷键，打开上一个实例的效果文件。用选择工具 ↖ 选取心形，如图3-94所示，将它的填充颜色设置为黄色，如图3-95、图3-96所示。

（2）按下Ctrl+C快捷键复制图形，按下Ctrl+F快捷键粘贴到前面。执行"窗口>色板库>图案>基本图形>基本图形_点"命令，打开该面板。单击如图3-97所示的图案，为图形填充该图案，如图3-98所示。

（3）双击比例缩放工具 ⬚，打开"比例缩放"对话框，设置缩放数值并勾选"变换图案"选项，如图3-99所示，将图案放大，如图3-100所示。

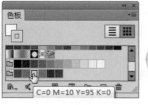

C=0 M=10 Y=95 K=0

图3-94　　　　图3-95　　　　图3-96

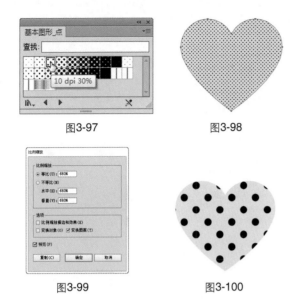

图3-97　　　　　　　图3-98

图3-99　　　　　　　图3-100

（4）使用圆角矩形工具 ▢ 创建一个圆角矩形，如图3-101所示，在它旁边再创建一个大一些的圆角矩形，如图3-102所示。使用选择工具 ▸ 选取这两个图形，单击"路径查找器"面板中的 ▢ 按钮，将它们合并，如图3-103、图3-104所示。

图3-101　　图3-102　　　　图3-103　　　　　图3-104

（5）再创建一个圆角矩形，如图3-105所示，按下Ctrl+C快捷键复制该图形。用选择工具 ▸ 选取图形，如图3-106所示，单击"路径查找器"面板中的 ▢ 按钮，进行相减运算，如图3-107、图3-108所示。

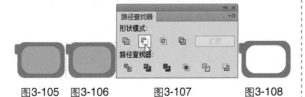

图3-105　　图3-106　　　　图3-107　　　　图3-108

（6）按下Ctrl+F快捷键粘贴图形，如图3-109所示。用选择工具 ▸ 选取图形，选择镜像工具 ◺，将光标放在如图3-110所示的位置，按住Alt键单击鼠标，弹出"镜像"对话框，选择"垂直"选项，如图3-111所示，单击"复制"按钮，复制图形，如图3-112所示。

图3-109 图3-110　　　　图3-111　　　　　图3-112

（7）使用直线段工具 ╱ 按住Shift键创建一条直线，如图3-113所示。选择宽度工具 ▨，将光标放在直线中央，如图3-114所示，单击并拖动鼠标，将直线中央的宽度调窄，如图3-115所示。

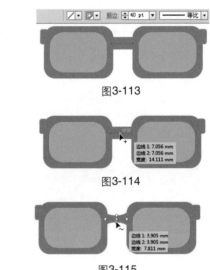

图3-113

图3-114

图3-115

（8）执行"对象＞路径＞轮廓化描边"命令，将路径创建为轮廓，如图3-116所示。使用选择工具 ▸，按住Shift键单击两个眼镜框图形，将这两个图形与横梁同时选取，如图3-117所示，单击"路径查找器"面板中的 ▢ 按钮，将它们合并，如图3-118所示。

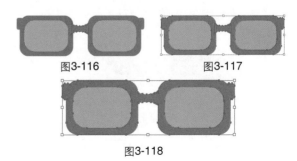

图3-116　　　　　　　图3-117

图3-118

（9）选取眼镜片图形，如图3-119所示，在"透明度"面板中设置不透明度为40%，如图3-120所示，最后将眼镜拖动到心形图形上，如图3-121所示。

图3-119

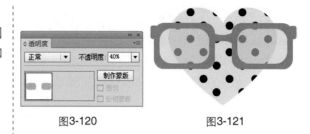

图3-120 　　　　　　　图3-121

3.7 图形组合实例：太极图

（1）使用椭圆工具 ⬭ 按住Shift键创建一个圆形，如图3-122所示。用选择工具 ▶ 按住Alt+Shift键拖动图形进行复制，如图3-123所示。

（2）在这两个圆形的外侧创建一个大圆，如图3-124所示。按下Shift+Ctrl+[快捷键，将大圆移动到最底层，如图3-125所示。

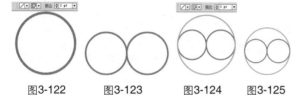

图3-122 　　图3-123 　　图3-124 　　图3-125

（3）执行"视图>智能参考线"命令，启用智能参考线。选择直接选择工具 ▷，将光标放在路径上捕捉锚点，如图3-126所示，单击鼠标选取锚点，如图3-127所示，按下Delete键删除锚点，如图3-128所示。选取另一个圆形的锚点并删除，如图3-129、图3-130所示。

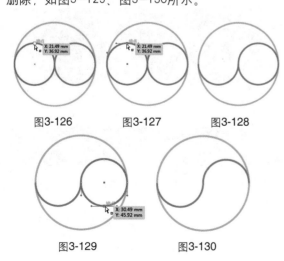

图3-126 　　　图3-127 　　　图3-128

图3-129 　　　　　图3-130

（4）使用选择工具 ▶，按住Shift键单击这两个半圆图形，将它们选择，如图3-131所示。按下Ctrl+J快捷键将路径连接在一起，按住Shift键单击外侧的大圆，将它同时选中，如图3-132所示。单击"路径查找器"面板中的 ⬚ 按钮，如图3-133所示，用线条分割圆形，如图3-134所示。

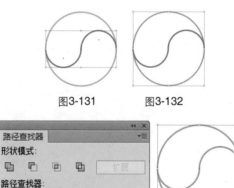

图3-131 　　　　　图3-132

图3-133 　　　　　图3-134

（5）使用编组选择工具 ▶⁺ 单击下方的图形，将其选择，如图3-135所示，修改它的填充颜色，如图3-136、图3-137所示。最后，将前一小节制作心形图形拖放到该文档中，完成太极图形的制作，如图3-138所示。

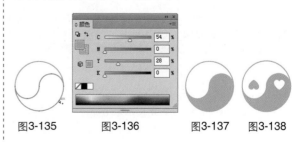

图3-135 　　图3-136 　　图3-137 　　图3-138

3.8 变换实例：制作小徽标

（1）按下Ctrl+N快捷键新建一个文档。选择星形工具 ⭐，在画板中心单击鼠标，弹出"星形"对话框，设置参数如图3-139所示，创建一个星形，设置填充颜色为黄色，描边宽度为5pt，如图3-140所示。

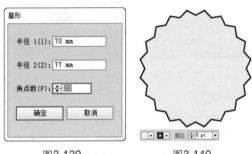

图3-139　　　　　图3-140

（2）保持图形的选取状态，按下Ctrl+C快捷键复制，按下Ctrl+B快捷键贴在原图形后面，按住Alt+Shift键拖动控制点，将图形等比例放大，如图3-141所示，再进行旋转，如图3-142所示。

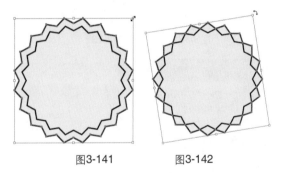

图3-141　　　　　图3-142

（3）将图形的填充颜色设置为蓝色，如图3-143所示。采用相同的方法再复制出一个图形，即按下Ctrl+C快捷键复制图形，按下Ctrl+B快捷键贴在原图形后面，再放大并旋转，设置填充颜色为红色，如图3-144所示。

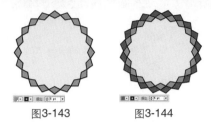

图3-143　　　　　图3-144

（4）使用椭圆工具 ⬭，按住Shift键创建一个圆形，设置描边颜色为红色，宽度为4pt，无填色，如图3-145所示。勾选"描边"面板中的"虚线"选项并设置参数，创建虚线描边效果，如图3-146、图3-147所示。

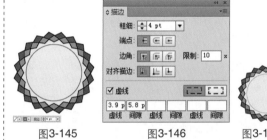

图3-145　　　图3-146　　　图3-147

（5）按下Ctrl+A快捷键选择所有图形，分别单击"对齐"面板中的水平居中对齐 ⯐和垂直居中对齐 ⯐按钮，将图形对齐。最后，可以用矩形工具 ▭创建一个矩形作为背景，再打开光盘中的素材，将装饰图形加入画面中，效果如图3-148所示。

图3-148

3.9 变换实例：随机艺术纹样

（1）按下Ctrl+N快捷键新建一个文档。选择多边形工具 ⬡，下面的操作要一气呵成，中间不能放开鼠标。先拖动鼠标创建一个六边形（可按下↑键增加边数，按下↓键减少边数），如图3-149所示；不要放开鼠标，按下"~"键，然后迅速向外、向下拖动鼠标形成一条弧线，随着鼠标的移动会产生更多的六边形，如图3-150所示；继续拖动鼠标，使鼠标的移动轨迹呈螺旋状向外延伸，这样就可以得到如图3-151所示的图形。按下Ctrl+G快捷键编组。

（2）将描边宽度设置为0.2pt，如图3-152所示。

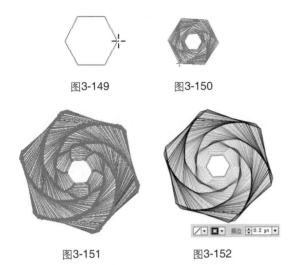

图3-149　　　　　　图3-150

图3-151　　　　　　图3-152

（3）再用同样方法制作出另一种效果。所不同的是这次使用椭圆工具 ，鼠标的移动轨迹类似菱形。先创建一个椭圆形，如图3-153所示；按下"～"键向左上方拖动鼠标，产生如图3-154所示的图形；拖移鼠标的速度越慢，生成的图形越多，再向右上方拖移鼠标，如图3-155所示；向右下方拖移鼠标，如图3-156所示；向左下方拖移鼠标，回到起点处，如图3-157所示，效果如图3-158所示。可以尝试使用三角形、螺旋线等不同的对象来制作图案。

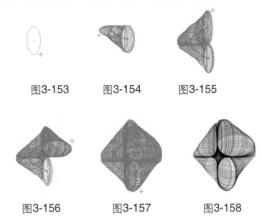

图3-153　　　图3-154　　　图3-155

图3-156　　　图3-157　　　图3-158

（4）打开光盘中的素材文件，如图3-159所示。将所制作的图案复制并粘贴到文件中，效果如图3-160所示。

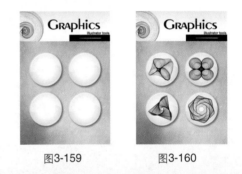

图3-159　　　　　　图3-160

3.10 变换拓展练习：妙手生花

打开光盘中的图形素材，如图3-161所示，将它选择，通过"分别变换"命令将图形旋转并缩小，如图3-162所示，然后连续按下Ctrl+D快捷键就可以得到一个完整的花朵图形，如图3-163所示。对它应用效果还可以制作出更多类型的花朵，如图3-164、图3-165所示。

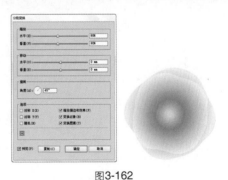

图3-162

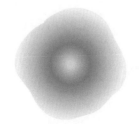

图3-161

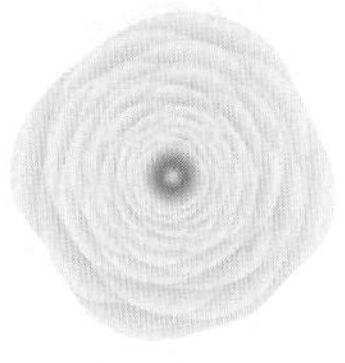

图3-163

图3-164

图3-165

3.11 变换拓展练习：制作纸钞纹样

使用极坐标网格工具 在画板中单击，弹出"极坐标网格工具选项"对话框，设置参数创建网格图形，如图3-166所示。选择旋转工具 ，将光标放在网格图形的底边上，如图3-167所示。按住Alt键单击弹出"旋转"对话框，设置"角度"为45°，单击"复制"按钮复制图形，关闭对话框后连续按下Ctrl+D快捷键变换并复制图形即可制作出纸钞纹样，如图3-168所示。

使用椭圆工具 创建一个圆形，在"透明度"面板中调整它的不透明度和混合模式，如图3-169所示。采用同样方法复制图形，当图形堆叠在一起时，会呈现出特殊的花纹效果，如图3-170所示。也可以修改花朵颜色。具体操作方法，请参见视频教学录像。

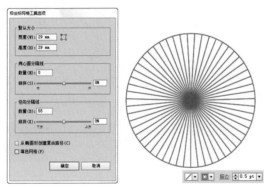

图3-166

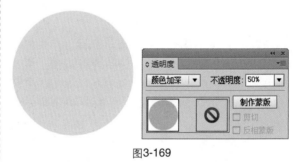

图3-169

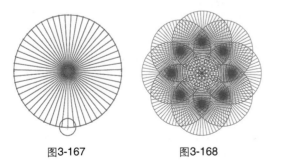

图3-167　　　　图3-168

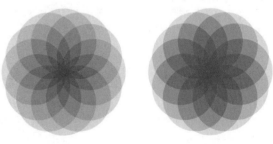

图3-170

第4章

VI设计：钢笔工具与路径

4.1 VI设计

VI（企业视觉识别系统）是CIS（企业识别系统）的重要组成部分，它以标志、标准字和标准色为核心，将企业理念、企业文化、服务内容、企业规范等抽象概念转化为具体符号，从而塑造出独特的企业形象。

4.1.1 标志

VI由基础设计系统和应用设计系统两部分组成。基础设计系统包括标志、企业机构简称、标准字体、标准色彩、辅助图形、象征造型符号和宣传标语口号等基础设计要素。

标志是具有象征意义的符号。从表现形式上可分文字标志和图形标志两类。文字标志是以文字或字母构成的标志，传达信息一目了然，如图4-1所示。图形标志是以图形构成的标志，构成形式多种多样，可以是具象图形也可以是抽象图形，如图4-2所示。

图4-1

图4-2

小知识：CIS与VI的区别

CIS是英文Corporate Identity System 的缩写，即企业识别系统，它主要由企业理念识别（Mind Identity,简称MI）、企业行为识别(Behavior Identity, 简称BI)和企业视觉识别(Visual Identity, 简称VI)三个部分构成。CIS是运用整体传达系统（特别是视觉传达系统），将企业经营理念与精神文化等讯息传达给企业内部和社会大众，使其对企业产生一致的价值认同感和凝聚力。

VI是企业视觉识别系统，它是CI工程中形象性最鲜明的一部分。形象一点说，CI就是一支军队；MI是军心，是军队投入战争的指导思想，是最不可动摇的一部分；VI是军旗，是军队所到之处的形象标志；而BI则是军纪，它是军队取得战争胜利的重要保证。

4.1.2 企业简称及标准字体

企业简称可以准确传达其主要的信息特征，易于识别和记忆，而字体的个性化视觉处理本身就具有造型形象的识别性，因此，企业的简称、名称的字体、品牌字体、广告字体等规范化处理是重要的基础内容，如图4-3所示。

企业的简称主要与标志组合使用，通常会使用专用的标准字体。企业的全称字体应端庄、清晰，不宜有较多的变化，简称字体则可以作较大的变化处理，以增强符号效果。在设计时可在字库中选择字体，也可以设计开发专用的字体，一方面应具有可读性和识别性，另一方面要适合标志，与标志的风格相协调。

4.1.3 标准色

标准色的配色方案应符合企业、组织机构形象的行业特征，视觉效果应突出，并易于识别，如图4-4所示。企业形象机构的标准色处理可分为单色和复色两种处理方式，单色简洁清晰，但容易产生雷同；复色易于进行区别，但颜色的数量也不宜过多，在标准色的应用上，通常会设定标准的色彩数值并提供色样。

图4-3

图4-4

4.1.4 辅助图形

辅助图形是企业识别系统中的辅助性视觉要素，它包括企业造型、象征图案和版面编排三个方面的设计。辅助图形的作用是提升基础设计系统的表现力，使意义的表达更为充分和完整，从而达到强化组织形象的目的。

4.1.5 应用设计系统的开发

应用设计系统是基础设计系统在所有视觉项目中的应用设计开发，主要包括办公事务用品、产品、包装、标识、环境、交通运输工具、广告、公关礼品、制服、展示陈列设计等。

4.2 认识锚点和路径

矢量图形是由称作矢量的数学对象定义的直线和曲线构成的，每一段直线和曲线都是一段路径，所有的路径通过锚点连接。

4.2.1 锚点和路径

路径可以是直线，也可以是曲线，如图4-5所示；可以是开放式的路径段，如图4-6所示，也可以是闭合式的矢量图形，如图4-7所示；可以是一条单独的路径段，也可以包含多个路径段。

图4-5 锚点和路径构成矢量图形　　图4-6 开放式路径　　图4-7 闭合式路径

路径的形状由锚点控制。锚点分为两种，一种是平滑点，一种是角点。平滑的曲线由平滑点连接而成，如图4-8所示，直线和转角曲线由角点连接而成，如图4-9、图4-10所示。

图4-8 平滑点连接而成的曲线　　图4-9 角点连接而成的直线　　图4-10 角点连接而成的转角曲线

4.2.2 贝塞尔曲线

Illustrator中的曲线也称作贝塞尔曲线，它是由法国工程师皮埃尔·贝塞尔（Pierre Bézier）于1962年开发的。这种曲线的锚点上有一到两根方向线，方向线的端点处是方向点（也称手柄），如图4-11所示，拖动该点可以调整方向线的角度，进而影响曲线的形状，如图4-12、图4-13所示。

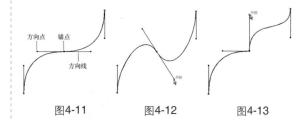

图4-11　　　　图4-12　　　　图4-13

 提示

贝塞尔曲线是电脑图形学中重要的参数曲线，它使得无论是直线还是曲线都能够在数学上予以描述，从而奠定了矢量图形学的基础。贝塞尔曲线具有精确和易于修改的特点，被广泛地应用在计算机图形领域。像Photoshop、CorelDraw、Flash、3ds Max等软件中都有可以绘制贝塞尔曲线的工具。

4.3 使用铅笔工具绘图

铅笔工具 可以徒手绘制路径，就像用铅笔在纸上画画一样。它适合绘制比较随意的路径，不能创建精确的直线和曲线。

4.3.1 用铅笔工具徒手绘制路径

选择铅笔工具 ，在画板中单击并拖动鼠标即可绘制路径，如图4-14所示；拖动到路径的起点处放开鼠标，则可闭合路径，如图4-15所示；拖动鼠标时按住Alt键，可以绘制出直线和以45°角为增量的斜线。

图4-14 　　　　　图4-15

4.3.2 用铅笔工具编辑路径

双击铅笔工具 ，打开"铅笔工具首选项"对话框，勾选"编辑所选路径"选项，如图4-16所示，此后便可使用铅笔工具修改路径。

◎ 改变路径形状：选择一条开放式路径，将铅笔工具放在路径上（光标右侧的"*"消失时，表示工具与路径非常接近），如图4-17所示，单击并拖动鼠标可以改变路径的形状，如图4-18、图4-19所示。

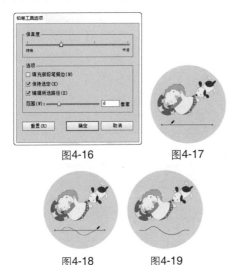

图4-16　　　　　图4-17

图4-18　　　　　图4-19

◎ 延长与封闭路径：在路径的端点上单击并拖动鼠标，可延长该段路径，如图4-20、图4-21所示，如果拖至路径的另一个端点上，则可封闭路径。

图4-20 　　　　　图4-21

◎ 连接路径：选择两条开放式路径，使用铅笔工具单击一条路径上的端点，如图4-22所示，然后拖动鼠标至另一条路径的端点上，即可将两条路径连接在一起，如图4-23所示。

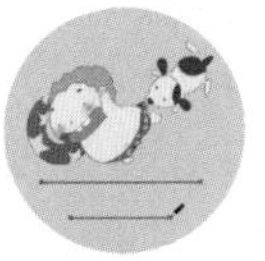

图4-22 　　　　　图4-23

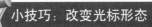

小技巧：改变光标形态

使用铅笔、画笔、钢笔等绘图工具时，大部分工具的光标在画板中都有两种显示状态，一是显示为工具的形状，另外则显示为"×"状。按下键盘中的Caps Lock键，可在这两种显示状态间切换。

工具状光标　　　　　　　　"×"状光标

4.4　使用钢笔工具绘图

钢笔工具是Illustrator最核心的工具，它可以绘制直线、曲线和各种形状的图形。尽管初学者在开始学习时会遇到些困难，但能够灵活、熟练地使用钢笔工具绘图，是每一个Illustrator用户必须跨越的门槛。

4.4.1 绘制直线

选择钢笔工具 ，在画板中单击创建锚点，如图4-24所示；将光标移至其他位置单击，即可创建由角点连接的直线路径，如图4-25所示；按住Shift键单击，可绘制出水平、垂直或以45°角为增量的直线，如图4-26所示；如果要结束开放式路径的绘制，可按住Ctrl键（切换为直接选择工具 ）在远离对象的位置单击，或者选择工具面板中的其他工具；如果要封闭路径，可将光标放在第一个锚点上（光标变为 状），如图4-27所示，单击鼠标闭合路径，如图4-28所示。

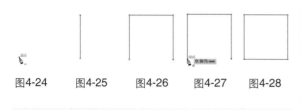

图4-24 图4-25 图4-26 图4-27 图4-28

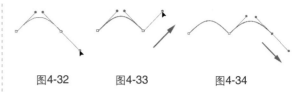

图4-32 图4-33 图4-34

4.4.2 绘制曲线

使用钢笔工具 ✐ 单击并拖动鼠标可以创建平滑点，如图4-29所示；在另一处单击并拖动鼠标即可创建曲线，在拖动鼠标同时还可以调整曲线的斜度。如果向前一条方向线的相反方向拖动鼠标，可创建"C"形曲线，如图4-30所示；如果按照与前一条方向线相同的方向拖动鼠标，则可创建"S"形曲线，如图4-31所示。绘制曲线时，锚点越少，曲线越平滑。

4.4.4 在直线后面绘制曲线

用钢笔工具 ✐ 绘制一段直线路径，将光标放在最后一个锚点上（光标会变为 ✎ 状），如图4-35所示，单击并拖出一条方向线，如图4-36所示，在其他位置单击并拖动鼠标，即可在直线后面绘制曲线，如图4-37、图4-38所示。

图4-29 图4-30 图4-31

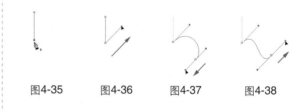

图4-35 图4-36 图4-37 图4-38

4.4.3 绘制转角曲线

如果要绘制与上一段曲线之间出现转折的曲线（即转角曲线），就需要在创建新的锚点前改变方向线的方向。

用钢笔工具 ✐ 绘制一段曲线，将光标放在方向点上，单击并按住Alt键向相反方向拖动，如图4-32、图4-33所示，通过拆分方向线的方式将平滑点转换成角点（方向线的长度决定了下一条曲线的斜度）；放开Alt键和鼠标按键，在其他位置单击并拖动鼠标创建一个新的平滑点，即可绘制出转角曲线，如图4-34所示。

4.4.5 在曲线后面绘制直线

用钢笔工具 ✐ 绘制一段曲线路径，将光标放在最后一个锚点上（光标会变为 ✎ 状），如图4-39所示，单击鼠标，将该平滑点转换为角点，如图4-40所示。在其他位置单击（不要拖动鼠标），即可在曲线后面绘制直线，如图4-41所示。

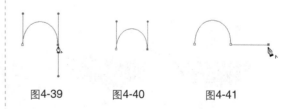

图4-39 图4-40 图4-41

4.5 高级技巧：关注光标形态

使用钢笔工具 ✐ 绘图时，光标在画板、路径和锚点上会呈现不同的显示状态，通过对光标的观察可以判断出钢笔工具此时具有何种功能。

◎ 光标为 ✎ 状：选择钢笔工具后，光标在画板中会显示为 ✎ 状，此时单击可创建一个角点，单击并拖动鼠标可创建一个平滑点。

◎ 光标为 ✎₊/✎₋ 状：选择一条路径，将光标放在路径上，光标会变为 ✎₊ 状，此时单击可添加锚点。将光标放在锚点上，光标会变为 ✎₋ 状，此时单击可删除锚点。

◎ 光标为 ✎ 状：绘制路径的过程中，将光标放在起始位置的锚点上，光标变为 ✎ 状时单击可闭合路径。

◎ 光标为 ◢ 状：绘制路径的过程中，将光标放在另外一条开放式路径的端点上，光标会变为 ◢ 状，如图4-42所示，单击可连接这两条路径，如图4-43所示。

◎ 光标为 ◢ 状：将光标放在一条开放式路径的端点上，光标会变为 ◢ 状，如图4-44所示，单击鼠标，便可以继续绘制该路径，如图4-45所示。

图4-42　　　　图4-43

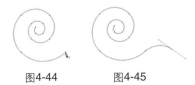

图4-44　　　　图4-45

4.6　高级技巧：钢笔工具常用快捷键

使用钢笔工具 ✎ 时，可通过快捷键切换为转换锚点工具 ⌐ 或直接选择工具 ▷，在绘制路径的同时编辑路径。放开快捷键后，可恢复为钢笔工具 ✎ 继续绘制图形。

◎ 按住Alt键可切换为转换锚点工具 ⌐，此时在平滑点上单击，可将其转换为角点，如图4-46、图4-47所示；在角点上单击并拖动鼠标，可将其转换为平滑点，如图4-48、图4-49所示。

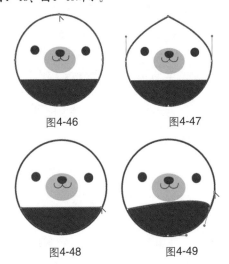

图4-46　　　　图4-47

图4-48　　　　图4-49

◎ 按住Alt键（切换为转换锚点工具 ⌐）拖动曲线的方向点，可以调整方向线一侧的曲线的形状，如图4-50所示；按住Ctrl键（切换为直接选择工具 ▷）拖动方向点，可同时调整方向线两侧的曲线，如图4-51所示。

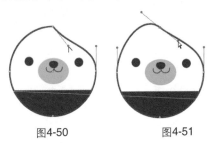

图4-50　　　　图4-51

◎ 将光标放在路径段上，按住Alt键（光标变为 ▷ 状）单击并拖动鼠标可以将直线路径转换为曲线路径，如图4-53所示，或调整曲线的形状，如图4-53所示。

图4-52　　　　图4-53

◎ 按住Ctrl键（切换为直接选择工具 ▷）单击锚点可以选择锚点；按住Ctrl键单击并拖动锚点可以移动其位置。

◎ 绘制直线时，可按住Shift键创建水平、垂直或以45°角为增量的直线。

◎ 选择一条开放式路径，使用钢笔工具 ✎ 在它的两个端点上单击，即可封闭路径。

◎ 如果要结束开放式路径的绘制，可按住Ctrl键（切换为直接选择工具 ▷）在远离对象的位置单击。

小技巧：创建锚点的同时移动锚点

使用钢笔工具在画板上单击后，按住鼠标按键不放，然后按住键盘中的空格键并同时拖动鼠标，可以重新定位锚点的位置。

4.7 编辑路径

使用椭圆、矩形、铅笔、钢笔等工具绘制图形和路径后，可随时对锚点和路径形状进行编辑修改。

4.7.1 选择与移动锚点和路径

（1）选择与移动锚点

直接选择工具 ▷ 用于选择锚点。将该工具放在锚点上方，光标会变为 ▷。状，如图4-54所示，单击鼠标即可选择锚点（选中的锚点为实心方块，未选中的为空心方块），如图4-55所示；单击并拖出一个矩形选框，可以将选框内的所有锚点选中。在锚点上单击以后，按住鼠标按键拖动，即可移动锚点，如图4-56所示。

如果需要选择的锚点不在一个矩形区域内，则可以使用套索工具 ◌◌ 单击并拖动出一个不规则选框，将选框内的锚点选中，如图4-57所示。

图4-54　　　　图4-55　　　　图4-56　　　　图4-57

> **提示：**
>
> 使用直接选择工具 ▷ 和套索工具 ◌◌ 时，如果要添加选择其他锚点，可以按住Shift键单击它们（套索工具 ◌◌ 为绘制选框）。按住Shift键单击（绘制选框）选中的锚点，则可取消对其的选择。

（2）选择与移动路径段

使用直接选择工具 ▷ 在路径上单击，即可选择路径段，如图4-58所示。单击路径段并按住鼠标按键拖动，可以移动路径，如图4-59所示。

图4-58　　　　图4-59

> **提示：**
>
> 如果路径进行了填充，使用直接选择工具 ▷ 在路径内部单击，可以选中所有锚点。选择锚点或路径后，按下"→、←、↑、↓"键可以轻移所选对象；如果同时按下方向键和Shift键，则会以原来的10倍距离轻移对象；按下Delete键，则可将它们删除。

> **小技巧：用整形工具移动锚点**
>
> 使用直接选择工具 ▷ 选择锚点后，用整形工具 ↘ 调整锚点的位置，可以最大程度地保持路径的原有形状。
>
>
>
> 选择锚点　　用整形工具　　用直接选择
> 　　　　　移动锚点　　工具移动锚
> 　　　　　　　　　　　点
>
> 调整曲线路径时，整形工具 ↘ 与直接选择工具 ▷ 也有很大的区别。例如，用直接选择工具 ▷ 移动曲线的端点时，只影响该锚点一侧的路径段；如果用选择工具 ▶ 选择图形，再用整形工具 ↘ 移动锚点，就可以拉伸曲线。
>
>
>
> 原图形　　　用整形工具　　用直接选择
> 　　　　　移动锚点　　工具移动锚
> 　　　　　　　　　　　点

4.7.2 添加与删除锚点

选择一条路径，如图4-60所示，使用钢笔工具 ◌ 在路径上单击即可添加一个锚点。如果这是一段直线路径，添加的锚点是角点，如图4-61所示；如果是曲线路径，则添加的是平滑点，如图4-62所示。使用钢笔工具 ◌ 单击锚点可删除锚点。

图4-60　　　　图4-61　　　　图4-62

提示

使用添加锚点工具 在路径上单击可添加锚点；使用删除锚点工具 单击锚点，可删除锚点。如果要在所有路径段的中间位置添加锚点，可以执行"对象>路径>添加锚点"命令。

小技巧：清除游离点

在绘图时，由于操作不当会产生一些没有用处的独立的锚点，这样的锚点称为游离点。例如，使用钢笔工具在画板中单击，然后切换为其他工具，就会生成单个锚点。另外，在删除路径和锚点时，没有完全删除对象，也会残留一些锚点。游离点会影响对图形的编辑，它们很难选择，执行"对象>路径>清理"命令可以将它们清除。

画面中存在游离点　　"清理"对话框　　清除游离点

4.7.3 平均分布锚点

选择多个锚点，如图4-63所示，执行"对象>路径>平均"命令，打开"平均"对话框，如图4-64所示。

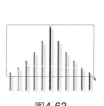 

图4-63　　　　　图4-64

◎ 水平：选择该项，锚点会沿同一水平轴均匀分布，如图4-65所示。

◎ 垂直：选择该项，锚点会沿同一垂直轴均匀分布，如图4-66所示。

◎ 两者兼有：选择该项，锚点会集中到同一个点上，如图4-67所示。

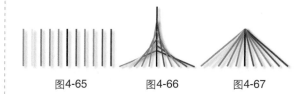

图4-65　　　图4-66　　　图4-67

4.7.4 改变路径形状

选择曲线上的锚点时，会显示方向线和方向点，拖动方向点可以调整方向线的方向和长度。方向线的方向决定了曲线的形状，如图4-68、图4-69所示；方向线的长度则决定了曲线的弧度。当方向线较短时，曲线的弧度较小，如图4-70所示；方向线越长，曲线的弧度越大，如图4-71所示。

图4-68　　图4-69　　图4-70　　图4-71

使用直接选择工具 移动平滑点中的一条方向线时，会同时调整该点两侧的路径段，如图4-72、图4-73所示；使用转换锚点工具 移动方向线时，只调整与该方向线同侧的路径段，如图4-74所示。

图4-72　　　图4-73　　　图4-74

平滑点始终有两条方向线，而角点可以有两条、一条或者没有方向线，具体取决于它分别连接两条、一条还是没有连接曲线段。角点的方向线无论是用直接选择工具 还是转换锚点工具 调整，都只影响与该方向线同侧的路径段，如图4-75~图4-77所示。

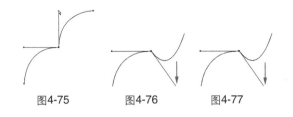

图4-75　　　图4-76　　　图4-77

4.7.5 偏移路径

选择一条路径，执行"对象>路径>偏移路径"命令，可基于它偏移出一条新的路径，要创建同心圆或制作相互之间保持固定间距的多个对象时，偏移路径特别有用，如图4-78所示为"偏移路径"对话框，"连接"选项用来设置拐角的连接方式，如图4-79～图4-81所示。"尖角限度"用来设置拐角的变化范围。

图4-78　"偏移路径"　图4-79　图4-80　图4-81
对话框　　　　　斜接　　斜接　　斜角

4.7.6 平滑路径

选择一条路径，使用平滑工具 ✐ 在路径上单击并反复拖动鼠标，可以对路径进行平滑处理，Illustrator会删除部分锚点，并且尽可能地保持路径原有的形状，如图4-82、图4-83所示。双击该工具，可以打开"平滑工具选项"对话框，如图4-84所示。"保真度"滑块越靠近"平滑"一端，平滑效果越明显，但路径形状的改变也就越大。

图4-82　　　　　图4-83

图4-84

4.7.7 简化路径

当锚点数量过多时，曲线会变得不够光滑，会给选择与编辑带来不便。选择此类路径，如图4-85所示，执行"对象>路径>简化"命令，打开"简化"对话框，调整"曲线精度"值，可以对锚点进行简化，如图4-86、图4-87所示。调整时，可勾选"显示原路径"选项，在简化的路径背后显示原始路径，以便于观察图形的变化幅度。

 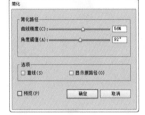

图4-85　　　　图4-86　　　　图4-87

4.7.8 裁剪路径

使用剪刀工具 ✂ 在路径上单击可以剪断路径，如图4-88所示。用直接选择工具 ▸ 将锚点移开，可观察到路径的分割效果，如图4-89所示。

图4-88　　　　　图4-89

使用刻刀工具 ✐ 在图形上单击并拖动鼠标，可以将图形裁切开。如果是开放式的路径，经该裁切后会成为闭合式路径，如图4-90、图4-91所示。

图4-90　　　　　图4-91

小技巧：在所选锚点处剪切路径

使用直接选择工具选择锚点，单击控制面板中的按钮，可在当前锚点处剪断路径，原锚点会变为两个，其中的一个位于另一个的正上方。

小技巧：有机玻璃的裂痕

用刻刀工具裁剪填充了渐变颜色的对象时，如果渐变的角度为0°，则每裁切一次，就会自动调整渐变角度，使之始终保持0°，因此，裁切后对象的颜色会发生变化，进而生成碎玻璃般的效果。

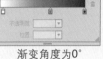

图形素材　　　渐变角度为0°　　　裁剪图形　裁剪效果

4.7.9 分割下方对象

选择一个图形，如图4-92所示，执行"对象>路径>分割下方对象"命令，可以用该图形分割它下方的图形，如图4-93所示。这种方法与刻刀工具 产生的效果相同，但要比刻刀工具 更容易控制形状。

图4-92　　　　　　　　图4-93

小技巧：将图形分割为网格

选择一个图形，执行"对象>路径>分割为网格"命令，打开"分割为网格"对话框，设定矩形网格的大小和间距，可将其分割为网格。

4.7.10 擦除路径

选择一个图形，如图4-94所示，使用路径橡皮擦工具 在路径上涂抹即可擦除路径，如图4-95、图4-96所示。如果要将擦除的部分限定为一个路径段，可以先选择该路径段，然后再使用路径橡皮擦工具 擦除。

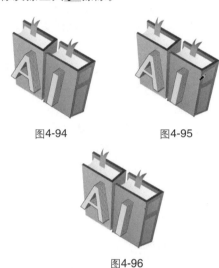

图4-94　　　　　　　　图4-95

图4-96

使用橡皮擦工具 在图形上涂抹可擦除对象，如图4-97所示；按住Shift键操作，可以将擦除方向限制为水平、垂直或对角线方向；按住Alt键操作，可以绘制一个矩形区域，并擦除该区域内的图形，如图4-98、图4-99所示。

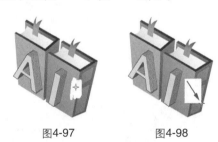

图4-97　　　　　　　　图4-98

图4-99

4.8　铅笔绘图实例：变成猫星人

（1）新建一个文档。执行"文件>置入"命令，置入光盘中的素材文件，如图4-100所示。使用铅笔工具 ✐ 在嘴巴上面绘制小猫脸的轮廓，两个鼻孔正好是小猫的耳朵，如图4-101所示。

图4-100　　　　图4-101

（2）绘制小猫的胡须、身体和尾巴，如图4-102所示。绘制眼睛、鼻子和头发时，图形都填充了不同的颜色。小猫的牙齿是开放式路径，如图4-103所示。

图4-102　　　　图4-103

（3）在尾巴上绘制一个紫色的图形，无描边颜色，如图4-104所示。继续绘制，以不同颜色的图形填满尾巴，如图4-105所示。

图4-104　　　　图4-105

（4）选取组成尾巴的彩色图形，按下Ctrl+G快捷键编组，打开"透明度"面板，设置混合模式为"正片叠底"，如图4-106、图4-107所示。

图4-106　　　　图4-107

（5）在小猫的身上绘制一些粉红色的圆点，设置混合模式为"正片叠底"。在脸上绘制紫色花纹和黄色的圆脸蛋，如图4-108所示。在画面左下角输入文字，并为文字绘制一个粉红色的背景和一个不规则的黑色描边作为装饰，如图4-109所示。

图4-108　　　　图4-109

4.9　钢笔绘图实例：带围脖的小企鹅

（1）选择钢笔工具 ✐，在画板中单击并拖动鼠标创建平滑点，绘制一个闭合式路径图形，填充黑色，无描边，如图4-110所示。按住Ctrl键在空白处单击，取消选择，再绘制三个图形，填充白色，如图4-111所示。

（2）用钢笔工具 ✐ 和椭圆工具 ⬭ 绘制小企鹅的眼睛，如图4-112所示。

（3）按住Ctrl键单击企鹅的身体图形，将其选择，用钢笔工具 ✐ 在如图4-113所示的路径上单击，添加锚点。用直接选择工具 ▷ 向左侧拖动锚点，改变路径形状，如图4-114所示。

图4-110　　　图4-111　　　图4-112

图4-113　　　　图4-114

（4）选择铅笔工具 ，在如图4-115所示的路径上单击并拖动鼠标，改变原路径的形状，绘制出小企鹅的头发，如图4-116所示。在放开鼠标前，一定要沿小企鹅身体的路径拖动鼠标，使新绘制的路径与原路径重合，以便路径能更好地对接在一起，效果如图4-117所示。

图4-115　　　　图4-116　　　　图4-117

（5）绘制一条路径，设置描边颜色为白色，无填充，如图4-118所示。绘制一个图形，作为围巾，如图4-119所示。

图4-118　　　　　　　图4-119

（6）执行"窗口>色板库>图案>自然>自然_动物皮"命令，打开该色板库，单击如图4-120所示的图案，围巾效果如图4-121所示。用椭圆工具 绘制两个椭圆形作为投影，填充浅灰色。将这两个椭圆形选择，按下Shift+Ctrl+[快捷键，将它们移动到企鹅的后面，如图4-122所示。

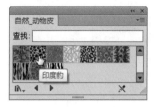

图4-120

图4-121　　　　图4-122

4.10 模版绘图实例：大嘴光盘设计

（1）按下Ctrl+O快捷键，打开光盘中的素材文件，如图4-123所示。这是一个光盘模版文件，盘面是椭圆工具绘制的，选择"视图>参考线>建立参考线"命令将其创建为参考线，参考线位于"图层1"中，并处于锁定状态，如图4-124所示。下面根据盘面图形参考线绘制光盘。

图4-123　　　　图4-124

（2）单击"图层"面板底部的 按钮，新建"图层2"，如图4-125所示。先来绘制光盘盘面上的圆形，根据参考线的位置，使用椭圆工具 按住Shift键绘制两个圆形，分别填充浅黄色和橙黄色，如图4-126、图4-127所示。

图4-125　　　图4-126　　　图4-127

（3）使用钢笔工具 绘制一个嘴巴图形，如图4-128所示。在里面绘制一个深棕色的圆形，如图4-129所示。根据参考线的位置绘制出光盘中心最小的圆形，填充白色，如图4-130所示。

图4-128　　　图4-129　　　图4-130

（4）按下Ctrl+A快捷键全选，如图4-131所示，单击"路径查找器"面板中的分割按钮 ，如图4-132所示。使用直接选择工具 单击最小的白色圆形，如图4-133所示，按下Delete键将其删除。

图4-131　　　　图4-132　　　　图4-133

（5）新建一个图层，如图4-134所示。使用钢笔工具 绘制舌头，如图4-135所示。

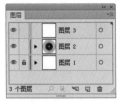

图4-134　　　　　　图4-135

（6）绘制牙齿，如图4-136、图4-137所示。使用选择工具 ，按住Shift键选取所有牙齿图形，按下Ctrl+G快捷键编组，按住Alt键向上拖动编组图形进行复制，如图4-138所示。将光标放在定界框的一角，拖动鼠标调整图形角度，使它符合上嘴唇的弧度，如图4-139所示。

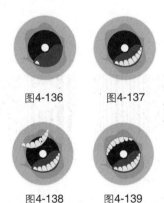

图4-136　　　　　图4-137

图4-138　　　　　图4-139

（7）使用编组选择工具 单击深棕色图形将其选取，如图4-140所示，在"图层"面板中会自动跳转到该图形所在的图层，在"图层3"后面单击，如图4-141所示。按住Alt键向上拖动该图标到"图层3"，如图4-142所示，可将深棕色图形复制到"图层3"，如图4-143所示。

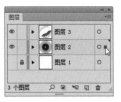

图4-140　　　　　　图4-141

图4-142　　　　　　图4-143

（8）单击"图层"面板底部的 按钮，建立剪切蒙版，深棕色圆形会变为无填充和描边的对象，超出其范围以外的图形被隐藏，牙齿就这样被装进嘴巴里了，如图4-144、图4-145所示。

图4-144　　　　　　图4-145

（9）新建一个图层。使用多边形工具 绘制一个六边形，如图4-146所示。执行"效果>扭曲和变换>收缩和膨胀"命令，设置参数为62%，如图4-147所示，使图形产生膨胀，形成花瓣一样的效果，如图4-148所示。在图形中间绘制一个白色的圆形，如图4-149所示。

图4-146　　　　　图4-147　　　　图4-148　图4-149

（10）使用钢笔工具 绘制眼睛图形，如图4-150所示；使用椭圆工具 画出黑色的眼珠和浅黄色的高光，如图4-151、图4-152所示。

图4-150　　　　　图4-151　　　　　图4-152

（11）选取组成眼睛的三个图形，按下Ctrl+G快捷键编组。双击镜像工具 ，打开"镜像"对话框，选择"垂直"选项，单击"复制"按钮，如图4-153所示，复制图形并作镜像处理，如图4-154所示。按住Shift键将图形向右侧拖动，如图4-155所示。

圆形上，单击设置插入点，如图4-159所示，输入文字，效果如图4-160所示。

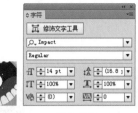

图4-157　　图4-158　　图4-159　图4-160

图4-153　　图4-154　　图4-155

（12）将花朵和眼睛放在光盘的相应位置。再用钢笔工具 绘制出嘴角的纹理，根据光盘结构设计出的卡通人物就完成了，如图4-156所示。

图4-156

（13）在嘴巴里绘制一个圆形，如图4-157所示。选择路径文字工具 ，在"字符"面板中设置字体及大小，如图4-158所示。将光标放在

提示

在图形或路径上输入文字，按下Esc键结束文字的编辑后，将光标放在文字框的一角，可以通过拖动鼠标调整文字框的角度从而改变文字的位置。

（14）最后，在光盘下方输入其他文字，如图4-161所示。可以尝试改变卡通人的表情，填充不同的颜色，制作出如图4-162、图4-163所示的效果。

图4-161　　图4-162　　图4-163

4.11 编辑路径实例：条码灵感

（1）使用矩形工具 创建一个矩形，填充为黑色，无描边。使用选择工具 ，按住Alt+Shift键将创建的矩形沿水平方向复制，如图4-164所示。使用椭圆工具 创建一个椭圆形，填充白色，无描边，如图4-165所示。

图4-166　　　图4-167

（3）创建一个黑色的圆形，如图4-168所示。用钢笔工具 创建一个三角形。按住Ctrl键单击圆形，将它与三角形同时选中，如图4-169所示。单击"路径查找器"面板中的 按钮，如图4-170所示，得到如图4-171所示的图形。

图4-164　　　　图4-165

（2）按住Shift键创建一个圆形，填充白色，黑色描边，作为眼睛，如图4-166所示。再创建一个圆形，填充黑色，无描边，作为鼻孔，如图4-167所示。

图4-168　图4-169　　　图4-170　　　　图4-171

（4）将图形拖动到条码上，作为眼珠，如图4-172所示。使用选择工具 ▶ 按住Ctrl键单击眼睛和鼻孔图形，将它们选中，如图4-173所示，按住Shift+Alt键沿水平方向拖动，进行复制，如图4-174所示。

图4-172　　　　图4-173　　　　图4-174

（5）使用椭圆工具 ⬭ 创建两个椭圆形，填充白色，黑色描边，如图4-175所示。使用选择工具 ▶ 将它们选择，单击"路径查找器"面板中的 ⬜ 按钮，得到牛角状图形，设置图形的填充颜色为黑色，无描边，如图4-176所示。

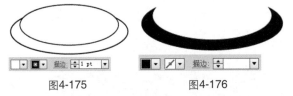

图4-175　　　　　　图4-176

（6）使用选择工具 ▶ 将图形放到条码上方，如图4-177所示。使用钢笔工具 ✍ 绘制一条曲线，作为眼眉，如图4-178所示。保持眼眉的选取状态，选择镜像工具 ◸，按住Alt键在图形中央单击，如图4-179所示，弹出"径向"对话框，选择"垂直"选项，单击"复制"按钮，如图4-180所示，复制路径，如图4-181所示。

图4-177　　　　　　　图4-178

图4-179　　　　图4-180　　　　图4-181

（7）选择文字工具 T，打开"字符"面板选择黑体字体并设置大小为9.5pt，如图4-182所示，在条码底部输入一行数字，如图4-183所示。

图4-182　　　　　　图4-183

4.12 编辑路径实例：交错式幻象图

（1）使用圆角矩形工具 ⬭ 创建3个圆角矩形，如图4-184所示。选择这几个图形，单击"对齐"面板中的 ⬒ 按钮和 ⬗ 按钮，将它们对齐。

图4-184

（2）保持图形的选取状态，执行"对象>路径>添加锚点"命令，在路径的中央添加锚点，如图4-185所示。再执行两遍该命令，继续添加锚点，如图4-186、图4-187所示。

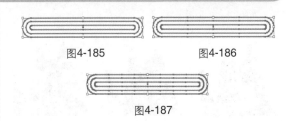

图4-185　　　　　　　图4-186

图4-187

（3）选择删除锚点工具 ✍，将光标放在路径中间的锚点上，如图4-188所示，单击鼠标删除锚点，如图4-189所示。

图4-188　　　　　　　图4-189

（4）按住Ctrl键单击中间的圆角矩形，将其选择，如图4-190所示。放开Ctrl键单击中间的锚点，删除该锚点，如图4-191所示。采用同样方法将下面几条路径中央的锚点也删除，如图4-192所示。

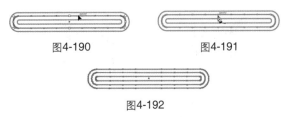

图4-190　　　　　　　图4-191

图4-192

（5）使用直接选择工具 ⬇ 单击并拖出一个选框，选择图形右半边的锚点，如图4-193所示，将光标放在路径上，如图4-194所示，按住Shift键向下拖动鼠标移动锚点，如图4-195所示。

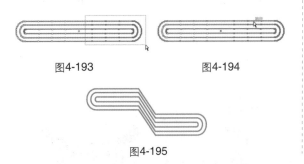

图4-193　　　　　　　图4-194

图4-195

（6）使用钢笔工具 ✒ 绘制一个图形，如图4-196所示。使用选择工具 ⬇ 按住Alt键拖动该图形进行复制。选择镜像工具 ⬢ ，按住Shift键单击并向左侧拖动图形，将其沿水平方向翻转，如图4-197所示，放开鼠标，然后重新按住Shift键单击并向下方拖动图形，将其垂直翻转，如图4-198所示。将该图形移动到幻象图上，如图4-199所示。

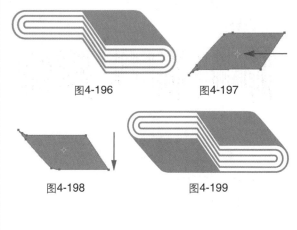

图4-196　　　　　　　图4-197

图4-198　　　　　　　图4-199

4.13 路径运算实例：小猫咪

（1）使用钢笔工具 ✒ 绘制小猫图形，如图4-200所示。选择椭圆工具 ⬭ ，创建一个椭圆形，如图4-201所示。使用选择工具 ⬇ 按住Alt+Shift键拖动椭圆进行复制，制作出小猫的眼睛，如图4-202所示。

图4-200　　　　　图4-201　　　　　图4-202

（2）再创建几个椭圆形，如图4-203所示。使用选择工具 ⬇ 按住Shift键单击小猫和这几个图形将它们选择（不要选择眼睛），如图4-204所示，单击""面板中的 🗗 按钮，对图形进行运算，如图4-205、图4-206所示。

图4-203　图4-204　　　图4-205　　　图4-206

（3）按下Ctrl+A快捷键选择所有图形，如图4-207所示，单击 🗗 按钮对图形进行分割，如图4-208、图4-209所示。

图4-207　　　　图4-208　　　　图4-209

（4）使用编组选择工具 ▷+ ，选择如图4-210所示的图形，按下Delete键删除，如图4-211所示。将另一侧的图形也删除，如图4-212所示。

图4-210

图4-211

图4-212

（5）选择剩余的两个图形，设置填充颜色为黑色，无描边，如图4-213所示。按住Ctrl键切换为选择工具 ，拖动控制点缩小图形，如图4-214所示。放开Ctrl键恢复为编组选择工具 ，移动图形的位置，如图4-215所示。

图4-213

图4-214

图4-215

（6）用钢笔工具 绘制一个云朵图形，如图4-216所示。使用选择工具 按住Alt键拖动图形进行复制，如图4-217所示。调整前方云朵的填充颜色，再绘制出小猫的眼珠，如图4-218所示。

图4-216

图4-217

图4-218

（7）用椭圆工具 在云朵上绘制几个白色的圆形，如图4-219所示。绘制一个圆形作为猫咪的鼻子，如图4-220所示。最后用钢笔工具 绘制两条路径，作为猫咪的嘴巴，如图4-221所示。

图4-219　　　　　图4-220　　　　　图4-221

4.14 VI设计实例：卡通吉祥物

（1）使用椭圆工具 绘制一个椭圆形，填充为皮肤色，如图4-222所示。绘制一个小一点的椭圆形，填充白色，如图4-223所示。选择删除锚点工具 ，将光标放在图形上方的锚点上，如图4-224所示，单击鼠标删除锚点。选择直线段工具 ，按住Shift线绘制三条竖线，以皮肤色作为描边颜色，如图4-225所示。

图4-222

图4-223

图4-224

图4-225

（2）使用钢笔工具 绘制吉祥物的眼睛，填充为粉红色，如图4-226所示。使用椭圆工具 按住Shift键绘制一个圆形，如图4-227所示。

图4-226

图4-227

（3）在脸颊左侧绘制一个圆形，填充径向渐变，如图4-228、图4-229所示。

图4-228

图4-229

（4）单击浅粉色的渐变滑块，将它的不透明度设置为0%，如图4-230、图4-231所示。使用选择工具 按住Shift+Alt键向右拖动图形进行复制，如图4-232所示。

图4-230

图4-231

图4-232

（5）使用钢笔工具 绘制吉祥物的耳朵，如图4-233所示。再绘制一个小一点的耳朵图形，填充线性渐变，如图4-234、图4-235所示。

图4-233   图4-234   图4-235

（6）选取这两个耳朵图形，选择镜像工具
，按住Alt键在吉祥物面部的中心位置单击，以该点为镜像中心，同时弹出"镜像"对话框，选择"垂直"选项，单击"复制"按钮，如图4-236所示，复制出的耳朵图形正好位于画面右侧，如图4-237所示。选取耳朵图形，按下Shift+Ctrl+[快捷键移至底层，如图4-238所示。

图4-236   图4-237   图4-238

（7）使用钢笔工具 绘制吉祥物身体的路径，如图4-239所示。按住Ctrl键切换到选择工具
，选取整条路径，选择镜像工具 ，将光标放在路径的起始点上，如图4-240所示，按住Alt键单击弹出"镜像"对话框架，选择"垂直"选项，单击"复制"按钮，复制并镜像路径，如图4-241所示。

图4-239   图4-240   图4-241

（8）使用直接选择工具 绘制一个小的矩形框，同时框选两条路径上方的锚点，单击控制面板中的连接所选终点按钮，再选取两条路径结束点的锚点进行连接，形成一个完全对称的图形，如图4-242所示，填充粉红色，无描边颜色，如图4-243所示。

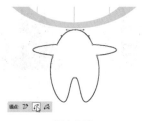

图4-242   图4-243

（9）使用选择工具 ，按住Shift键单击面部椭圆形、两个耳朵和身体图形，将其选取，按住Alt键拖到画面空白处，复制这几个图形，如图4-244所示。单击"路径查找器"面板中的按钮，将图形合并在一起，如图4-245所示。

图4-244   图4-245

（10）按下Shift+X键将填充颜色转换为描边颜色，将图形缩小并复制，将复制后的图形的描边颜色设置为粉红色，使用矩形工具 在两个吉祥物外面绘制一个矩形，无填充与描边颜色，如图4-246所示。选取这三个图形，将其拖至"色板"中创建为图案，如图4-247所示。创建一个矩形，填充该图案。图4-248所示为用吉祥物和图案组合成的画面效果。

图4-246   图4-247

图4-248

4.15 VI设计实例：小鸟Logo

（1）下面先来制作小鸟的眼睛。使用椭圆工具 ，按住Shift键创建3个圆形，如图4-249所示。按下Ctrl+A快捷键选择所有图形，单击"对齐"面板中的 按钮和 按钮，将图形对齐，如图4-250所示。

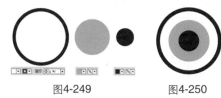

图4-249　　　　　图4-250

（2）再绘制一个白色的圆形作为小鸟的瞳孔，如图4-251所示。按下Ctrl+A快捷键选择所有图形，按下Ctrl+G快捷键编组。使用选择工具 按住Alt+Shift键拖动鼠标，沿水平方向复制图形，如图4-252所示。

图4-251　　　　　图4-252

（3）创建一个椭圆形，填充橙色，无描边，如图4-253所示。选择转换锚点工具 ，将光标放在椭圆上方捕捉锚点，如图4-254所示，单击鼠标，将其转换为角点，如图4-255所示。

图4-253　　　图4-254　　　图4-255

（4）捕捉下方锚点，如图4-256所示，通过单击将其转换为角点，如图4-257所示。

图4-256　　　　　图4-257

（5）选择刻刀工具 ，在图形上单击并拖动鼠标，将图形分割为两块，如图4-258所示。使用选择工具 单击下面的图形，如图4-259所示，修改它的填充颜色，如图4-260所示。

图4-258　　　图4-259　　　图4-260

（6）使用圆角矩形工具 ，创建圆角矩形，如图4-261所示。按下Shift+Ctrl+[快捷键，将它移动到最底层，如图4-262所示。

图4-261　　　　　图4-262

（7）使用钢笔工具 ，绘制一个柳叶状图形。选择旋转工具 ，在图形底部单击，将参考点定位在此处，如图4-263所示，在其他位置单击并拖动鼠标旋转图形，如图4-264所示。再将参考点定位在图形底部，如图4-265所示，将光标移开，按住Alt键单击并拖动鼠标复制出一个图形，如图4-266所示。采用同样方法再复制出一个图形，如图4-267所示。

图4-263　　图4-264　　图4-265　　图4-266　　图4-267

（8）分别选择后复制的两个图形，调整它们的填充颜色，如图4-268所示。按住Shift键拖动控制点将它们放大，如图4-269所示。将这组图形放在小鸟头上，完成制作，如图4-270所示。如图4-271、图4-272所示为将小鸟Logo应用在不同商品上的效果。

图4-268　　　图4-269　　　图4-270

图4-271　　　　　图4-272

4.16 绘图拓展练习：基于网格绘制图形

使用钢笔工具 绘制一个心形图形，如图4-273所示，并为其填充图案，如图4-274、图4-275所示。

图4-273   图4-274   图4-275

绘制心形时，为了使图形左右两侧能够对称，可以执行"视图>智能参考线"命令和"视图>显示网格"命令，以网格线为参考进行绘制，当光标靠近网格线时，智能参考线会帮助用户将锚点定位到网格点上。如图4-276所示为网格上的图形，如图4-277所示为它的锚点及方向线状态。

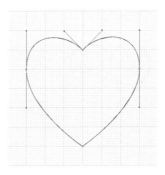

图4-276   图4-277

第5章

工业产品设计：渐变与渐变网格

5.1 关于产品设计

工业设计（Industrial Design）起源于包豪斯，它是指以工学、美学、经济学为基础对工业产品进行设计，分为产品设计、环境设计、传播设计、设计管理4类。产品设计即工业产品的艺术设计，通过产品造型的设计可以将功能、结构、材料和生成手段、使用方式等统一起来，实现具有较高质量和审美的产品的目的，如图5-1～图5-4所示。

产品的功能、造型和产品生产的物质基础条件是产品设计的基本要素。在这三个要素中，功能起着决定性的作用，它决定了产品的结构和形式，体现了产品与人之间的关系；造型是功能的体现媒介，并具有一定的多样性；物质条件则是实现功能与造型的根本条件，是构成产品功能与造型的媒介。

图5-1 怪兽洗脸盆

图5-2 米奇灯

小知识：包豪斯

包豪斯（Bauhaus，1919.4.1—1933.7）：德国魏玛市"公立包豪斯学校"（Staatliches Bauhaus）的简称。包豪斯是世界上第一所完全为发展现代设计教育而建立的学院，它的成立标志着现代设计的诞生，对世界现代设计的发展产生了深远的影响。

图5-3 Tad Carpenter
玩具公仔设计

图5-4 大众Nils电动概念车

5.2 渐变

渐变是一种填色方法，它可以创建两种或多种颜色之间的平滑过渡的填色效果，各种颜色之间衔接自然、流畅。

5.2.1 渐变面板

选择一个图形对象，单击工具面板底部的渐变按钮，即可为它填充默认的黑白线性渐变，如图5-5所示，同时还会弹出"渐变"面板，如图5-6所示。

◎ 渐变填色框：显示了当前渐变的颜色。单击它可以用渐变填充当前选择的对象。

◎ 渐变菜单：单击 ▼ 按钮，可在打开的下拉菜单中选择一个预设的渐变。

◎ 类型：在该选项的下拉列表中可以选择渐变类型，包括线性渐变，如图5-5所示，"径向"渐变，如图5-7所示。

◎ 反向渐变 ：单击按钮，可以反转渐变颜色的填充顺序，如图5-8所示。

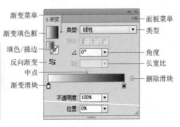

图5-5   图5-6

图5-7   图5-8

◎ 描边：如果使用渐变色对路径进行描边，则按下 ▊ 按钮，可在描边中应用渐变，如图5-9所示；按下 ▊ 按钮，可沿描边应用渐变，如图5-10所示；按下 ▊ 按钮，可跨描边应用渐变，如图5-11所示。

图5-9　　　　　图5-10　　　　　图5-11

◎ 角度 ▲：用来设置线性渐变的角度，如图5-12所示。

◎ 长宽比 ▤：填充径向渐变时，可在该选项中输入数值创建椭圆渐变，如图5-13所示，也可以修改椭圆渐变的角度来使其倾斜。

图5-12　　　　　　　　　图5-13

◎ 中点/渐变滑块/删除滑块：渐变滑块用来设置渐变颜色和颜色的位置，中点用来定义两个滑块中颜色的混合位置。如果要删除滑块，可单击它将其选择，然后按下 🗑 按钮。

◎ 不透明度：单击一个渐变滑块，调整不透明度值，可以使颜色呈现透明效果。

◎ 位置：选择中点或渐变滑块后，可在该文本框中输入0到100之间的数值来定位其位置。

5.2.2 调整渐变颜色

在线性渐变中，渐变颜色条最左侧的颜色为渐变色的起始颜色，最右侧的颜色为渐变色的终止颜色。在径向渐变中，最左侧的渐变滑块定义了颜色填充的中心点，它呈辐射状向外逐渐过渡到最右侧的渐变滑块颜色。

◎ 用"颜色"面板调整渐变颜色：单击一个渐变滑块将它选择，如图5-14所示，拖动"颜色"面板中的滑块即可调整颜色，如图5-15、图5-16所示。

图5-14　　　　　图5-15　　　　　图5-16

◎ 用"色板"面板调整渐变颜色：选择一个渐变滑块，按住Alt键单击"色板"面板中的色板，可以将该色板应用到所选滑块上，如图5-17所示；也可以直接将一个色板拖动到滑块上来改变它的颜色，如图5-18所示。

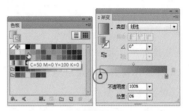

图5-17

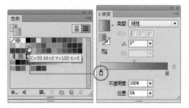

图5-18

◎ 添加渐变滑块：如果要增加渐变颜色的数量，可在渐变色条下单击，添加新的滑块，如图5-19所示。将"色板"面板中的色板直接拖至"渐变"面板中的渐变色条上，可以添加一个该色板颜色的渐变滑块，如图5-20所示。

图5-19

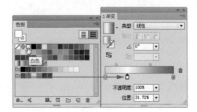

图5-20

◎ 调整颜色混合位置：拖动滑块可以调整渐变中各个颜色的混合位置，如图5-21所示。在渐变色条上，每两个渐变滑块的中间（50%处）都有一个菱形的中点滑块，移动中点可以改变它两侧渐变滑块的颜色混合位置，如图5-22所示。

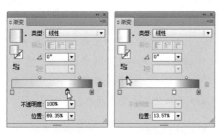

图5-21　　　　　　图5-22

◎ 复制与交换滑块：按住Alt键拖动一个滑块，可以复制它。如果按住Alt键将一个滑块拖动到另一个滑块上，则可以让这两个滑块交换位置。

◎ 删除渐变滑块：如果要减少颜色数量，可单击一个滑块，然后按下 🗑 按钮进行删除，也可直接将其拖动到面板外。

 提示

编辑渐变颜色后，可单击"色板"面板中的 🔲 按钮，将它保存在该面板中。以后需要使用时，就可以通过"色板"面板来应用该渐变，省去了重新设定的麻烦。

小技巧：扩展"渐变"面板

在默认情况下，"渐变"面板的编辑区域比较小，滑块数量一多，就不太容易添加新滑块，也很难准确调整颜色的混合位置。如遇到这种情况，可以将光标放在面板右下角的图标上，单击并拖动鼠标将面板拉宽。

渐变滑块非常　　　　　将面板拉宽
紧密

5.2.3　编辑线性渐变

渐变工具 🔳 可以自由控制渐变颜色的起点、终点和填充方向。

◎ 用选择工具 ▶ 选择填充了渐变的对象（光盘＞素材＞5.2.3），如图5-23所示。选择渐变工具 🔳，图形上会显示渐变批注者，如图5-24所示。

图5-23　　　　　图5-24

◎ 原点：左侧的圆形图标是渐变的原点，拖动它可以水平移动渐变，如图5-25所示。

◎ 半径：拖动右侧的圆形图标可以调整渐变的半径，如图5-26所示。

◎ 旋转：如果要旋转渐变，可以将光标放在右侧的圆形图标外（光标变为 ↻ 状），此时单击并拖动鼠标即可旋转渐变，如图5-27所示。

图5-25　　　　图5-26　　　　图5-27

◎ 编辑渐变滑块：将光标放在渐变批注者下方，即可显示渐变滑块，如图5-28所示。将滑块拖动到图形外侧，可将其删除，如图5-29所示。移动滑块，可以调整渐变颜色的混合位置，如图5-30所示。

图5-28　　　　图5-29　　　　图5-30

5.2.4　编辑径向渐变

如图5-31所示为填充了径向渐变的图形。下面来看一下怎样修改径向渐变。

◎ 覆盖范围：拖动左侧的圆形图标可以调整渐变的覆盖范围，如图5-32所示。

◎ 移动：拖动中间的圆形图标可以水平移动渐变，如图5-33所示。

图5-31　　　图5-32　　　图5-33

◎ 原点和方向：拖动左侧的空心圆可同时调整渐变的原点和方向，如图5-34所示。

◎ 椭圆渐变：将光标放在如图5-35所示的图标上，单击并向下拖动可以调整渐变半径，生成椭圆形渐变，如图5-36所示。

图5-34　　　图5-35　　　图5-36

小技巧：多图形渐变填充技巧

选择多个图形后，单击"色板"面板中预设的渐变，每一个图形都会填充相应的渐变。如果再使用渐变工具 在这些图形上方单击并拖动鼠标，重新为它们填充渐变，则这些图形将作为一个整体应用渐变。

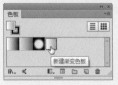

单击渐变色板　　每个图形都　用渐变工具修
　　　　　　　　填充渐变　　改后的效果

5.3 高级技巧：将渐变扩展为图形

选择一个填充了渐变色的对象，如图5-37所示，执行"对象>扩展"命令，打开"扩展"对话框，选择"填充"选项，在"指定"文本框中输入数值，即可按照该值将渐变填充扩展为相应数量的图形，如图5-38、图5-39所示。所有的对象会自动编为一组，并通过剪切蒙版控制显示区域。

小技巧：通过渐变表现金属质感

渐变可以创建多色过渡效果，各种颜色之间衔接自然、流畅，特别适合表现金属质感。此外Illustrator还提供了专门的渐变色板库（执行"窗口>色板库>渐变>金属"命令可将其打开）。

图5-37　　　　　　图5-38

图5-39

用渐变表现不锈钢杯的杯体

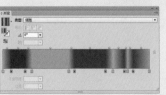

用渐变表现把手

不锈钢杯效果图　　　Illustrator金属色板库

5.4 渐变网格

渐变网格是一种灵活度更高、可控性更强的渐变颜色生成工具。它可以为网格点和网格片面着色，并通过控制网格点的位置来精确调整渐变颜色的范围和混合位置。

5.4.1 认识渐变网格

渐变网格是由网格点、网格线和网格片面构成的多色填充对象，如图5-40所示，各种颜色之间能够平滑地过渡。使用这项功能可以绘制出照片级写实效果的作品，如图5-41、图5-42所示。

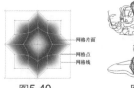

图5-40　　　　　图5-41　　　　　图5-42

渐变网格与渐变填充都可以在对象内部创建各种颜色之间的平滑过渡效果。它们的不同之处在于，渐变填充可以应用于一个或多个对象，但渐变的方向只能是单一的，不能分别调整，如图5-43、图5-44所示；渐变网格虽然只能应用于一个图形，但可以在图形内产生多个渐变，渐变可以沿不同的方向分布，并始终从一点平滑地过渡到另一点，如图5-45所示。

图5-43　线性渐变（单个渐变）　　图5-44　径向渐变（单个渐变）　　图5-45　渐变网格（多个渐变）

5.4.2 创建网格对象

选择网格工具 ![网格工具]，将光标放在图形上（光标会变为 状），如图5-46所示，单击鼠标即可将图形转换为渐变网格对象，同时，单击处会生成网格点、网格线和网格片面，如图5-47所示。如果要按照指定数量的网格线创建渐变网格，可以选择图形，然后执行"对象>创建渐变网格"命令，在打开的对话框中设置参数，如图5-48所示。

图5-46　　　　　图5-47　　　　　图5-48

◎ 行数/列数：用来设置水平和垂直网格线的数量，范围为1～50。

◎ 外观：用来设置高光的位置和创建方式。选择"平淡色"，不会创建高光，如图5-49所示；选择"至中心"，可在对象中心创建高光，如图5-50所示；选择"至边缘"，可在对象边缘创建高光，如图5-51所示。

图5-49　　　　　图5-50　　　　　图5-51

◎ 高光：用来设置高光的强度，该值为100%时，可以将最大的白色高光应用于对象，该值为0%时，不会应用白色高光。

> **提示**
>
> 位图图像、复合路径和文本对象不能创建为网格对象。此外，复杂的网格会使系统性能大大降低，因此，最好创建若干小且简单的网格对象，而不要创建单个复杂的网格。

5.4.3 为网格点着色

在为网格点或网格区域着色前，需要先单击工具面板底部的填色按钮 ，切换到填色编辑状态（可按下"X"键切换填色和描边状态），然后选择网格工具 ，在网格点上单击，将其选择，如图5-52所示，单击"色板"面板中的一个色板，即可为其着色，如图5-53所示。拖动"颜色"面板中的滑块，则可以调整所选网格点的颜色，如图5-54所示。

图5-52　　　　　　　图5-53

图5-54

5.4.4　为网格片面着色

使用直接选择工具 在网格片面上单击，将其选择，如图5-55所示，单击"色板"面板中的色板即可为其着色，如图5-56所示。拖动"颜色"面板中的滑块，可以调整所选网格片面的颜色，如图5-57所示。

图5-55　　　　　　　图5-56

图5-57

此外，将"色板"面板中的一个色板拖到网格点或网格面片上，也可为其着色。在网格点上应用颜色时，颜色以该点为中心向外扩散，如图5-58所示；在网格片面中应用颜色时，则以该区域为中心向外扩散，如图5-59所示。

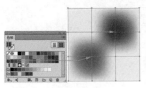

图5-58　　　　　　　　　图5-59

5.4.5　编辑网格点

渐变网格的网格点与锚点的属性基本相同，只是增加了接受颜色的功能。网格点可以着色和移动，也可以增加和删除网格点，或者调整网格点的方向线，从而实现对颜色变化范围的精确控制。

选择网格点：选择网格工具 ，将光标放在网格点上（光标变为 状），单击即可选择网格点，选中的网格点为实心方块，未选中的为空心方块，如图5-60所示；使用直接选择工具 在网格点上单击，也可以选择网格点，按住Shift键单击其他网格点，可选择多个网格点，如图5-61所示，如果单击并拖出一个矩形框，则可以选择矩形框范围内的所有网格点，如图5-62所示；使用套索工具 在网格对象上绘制选区，也可以选择网格点，如图5-63所示。

图5-60　　　图5-61　　　图5-62　　　图5-63

移动网格点和网格片面：选择网格点后，按住鼠标按键拖动即可移动网格点，如图5-64所示；如果按住 Shift拖动，则可将该网格点的移动范围限制在网格线上，如图5-65所示。采用这种方法沿一条弯曲的网格线移动网格点时，不会扭曲网格线。使用直接选择工具 在网格片面上单击并拖动鼠标，可以移动该网格片面，如图5-66所示。

图5-64　　　　图5-65　　　　图5-66

调整方向线：网格点的方向线与锚点的方向线完全相同，使用网格工具 和直接选择工具 都可以移动方向线，调整方向线可以改变网格线的形状，如图5-67所示；如果按住Shift键拖动方向线，则可同时移动该网格点的所有方向线，如图5-68所示。

图5-67　　　　　　图5-68

◎添加与删除网格点：使用网格工具 在网格线或网格片面上单击，都可以添加网格点，如图5-69所示。如果按住Alt键，光标会变为图状，如图5-70所示，单击网格点可将其删除，由该点连接的网格线也会同时删除，如图5-71所示。

图5-69　　　　图5-70　　　　图5-71

小技巧：网格点添加技巧

　　为网格点着色后，使用网格工具 在网格区域单击，新生成的网格点将与上一个网格点使用相同的颜色。如果按住 Shift 键单击，则可添加网格点，但不改变其填充颜色。

小知识：网格点与锚点的区别

　　网格点是网格线相交处的锚点。网格点以菱形显示，它具有锚点的所有属性，而且可以接受颜色。网格中也可以出现锚点（区别在于其形状为正方形而非菱形），但锚点不能着色，它只能起到编辑网格线形状的作用，并且添加锚点时不会生成网格线，删除锚点时也不会删除网格线。

5.4.6　从网格对象中提取路径

　　将图形转换为渐变网格对象后，该对象将不再具有路径的某些属性，例如，不能创建混合、剪切蒙版和复合路径等，如果要保留以上属性，可以采用从网格对象中提取对象的原始路径的方法来操作。

　　选择网格对象，如图5-72所示，执行"对象>路径>偏移路径"命令，打开"位移路径"对话框，将"位移"值设置为0，如图5-73所示，单击"确定"按钮，便可以得到与网格图形相同的路径。新路径与网格对象重叠在一起，使用选择工具 将网格对象移开，便能够看到它，如图5-74所示。

图5-72　　　　　　　　　图5-73

图5-74

5.5 高级技巧：将渐变扩展为网格

　　使用网格工具 单击渐变图形时，可将其转换为网格对象，但该图形原有的渐变颜色也会丢失，如图5-75、图5-76所示。如果要保留渐变颜色，可以选择对象，执行"对象>扩展"命令，在打开的对话框中选择"填充"和"渐变网格"两个选项即可，如图5-77所示，此后，使用网格工具 在图形上单击，渐变颜色不会有任何改变，如图5-78所示。

图5-75　　图5-76　　　　图5-77　　　　图5-78

5.6 渐变实例：玉玲珑

　　（1）使用椭圆工具 按住Shift键创建一个圆形，单击工具面板底部的渐变按钮 填充渐变，如图5-79所示。双击渐变工具 ，打开"渐变"面板，在类型下拉列表中选择"径向"，单击左侧的渐变滑块，按住Alt键单击"色板"面板中的蓝色，用这种方法来修改滑块的颜色，将右侧滑块也改为蓝色，并将右侧滑块的不透明度设置为60%，如图5-80、图5-81所示。

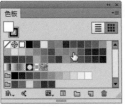

图5-79　　　　图5-80　　　　图5-81

（2）按住Alt键拖动右侧滑块进行复制，在面板下方将不透明度设置为10%，位置设置为90%，如图5-82、图5-83所示。

图5-82　　　　　　图5-83

（3）切换为选择工具 ，将光标放在定界框上边，向下拖动鼠标将图形压扁，如图5-84所示。按下Ctrl+C快捷键复制，连续按两次Ctrl+F快捷键粘贴图形，按一下键盘中的"↑"键，将位于最上方的椭圆向上轻移。在定界框右侧按住Alt键拖动鼠标，将图形适当调宽，如图5-85所示。

图5-84　　　　　　图5-85

（4）打开"图层"面板，单击 按钮展开图层列表，按住Ctrl在第二个"路径"子图层后面单击，显示 图标，表示该图层中的对象也被选取，如图5-86所示。单击"路径查找器"面板中的 按钮，让两个图形相减，形成一个细细的月牙形状，如图5-87所示，将填充颜色设置为白色，并将图形略向上移动，如图5-88所示。按下Ctrl+A快捷键全选，按下Ctrl+G快捷键编组。

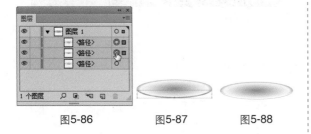

图5-86　　　　　图5-87　　　　　图5-88

（5）使用选择工具 ，按住Alt键向上拖动编组后的图形，拖动过程中按住Shift键可保持垂直方向，复制出一个图形后，按下Ctrl+D快捷键进行再次的变换，继续复制出新的图形，如图5-89所示。

（6）使用编组选择工具 在最上面的蓝色渐变图形上单击，将其选取，修改渐变颜色，不用改变其他参数，如图5-90、图5-91所示。

图5-89　　　　图5-90　　　　图5-91

（7）依次修改椭圆形的颜色，形成如色谱一样的颜色过渡效果，如图5-92所示。使用选择工具 选取第三个图形，按住Shift键在第五个图形上单击，将这中间的图形一同选取，将光标放在定界框右侧，按住Alt键向左拖动鼠标，在不改变高度的情况下将两个图形的宽度同时缩小，如图5-93所示。

图5-92　　　　图5-93

（8）用同样方法调整其他图形的大小，效果如图5-94所示。按下Ctrl+A快捷键将图形全部选取，按下Ctrl+C快捷键复制，按下Ctrl+F快捷键粘贴到前面，使图形色彩变得浓重，如图5-95所示。

图5-94　　　　　图5-95

（9）白色高光边缘有些过于明显，使用魔棒工具在其中一个图形上单击，即可选取画面中所有白色图形，如图5-96所示，在控制面板中修改不透明度为60%，如图5-97所示。

图5-96　　　　　图5-97

（10）玉玲珑制作完了，再复制出两个，缩小后分别放在上面和下面，放在下面的小灯要移动到后面（可按下快捷键Shift+Ctrl+[），如图5-98所示。使用光晕工具创建一个光晕图形作为点缀，如图5-99所示。

图5-98　　　　　图5-99

（11）使用椭圆工具创建一个圆形，填充渐变，将右侧滑块的不透明度设置为0%，如图5-100所示，效果如图5-101所示。按下Shift+Ctrl+[快捷键将圆形移动到最底层，如图5-102所示。

图5-100　　　图5-101　　　图5-102

（12）使用选择工具按住Alt键拖动圆形复制出两个，再拖动定界框上的控制点将圆形适当缩小，将这两个图形调整到最底层，如图5-103所示。使用矩形工具创建一个矩形，按下Shift+Ctrl+[快捷键调整到最底层作为背景，为它填充渐变色，如图5-104、图5-105所示。

图5-103　　　图5-104　　　图5-105

5.7 渐变网格实例：创意蘑菇灯

（1）执行"文件>置入"命令，置入光盘中的素材作为背景，如图5-106所示。锁定"图层1"，单击"图层"面板底部的按钮，新建一个图层，如图5-107所示。

图5-106　　　　　图5-107

（2）使用钢笔工具绘制蘑菇图形，如图5-108所示。上面的蘑菇图形用橙色填充，无描边颜色，如图5-109所示。

图5-108　　　　　图5-109

（3）按下"X"键切换为填色编辑状态。选择渐变网格工具，在图形上单击添加网格点，打开"颜色"面板，将填充颜色调整为浅黄色，如图5-110、图5-111所示。

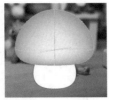

图5-110　　　　　图5-111

 提示

　　添加网格点后，在"颜色"面板中怎样调整颜色，都无法改变网格点的颜色，遇到这种情况时要看一下当前的编辑状态，如果在描边编辑状态，那么网格点的颜色将无法编辑，必须切换为填充编辑状态才可以。

　　（4）在该网格点下方单击，继续添加网格点，将颜色调整为橙色，如图5-112、图5-113所示。

图5-112　　　　　图5-113

　　（5）在该点下方轮廓线上的网格点上单击，将其选取，调整颜色为浅黄色，如图5-114、图5-115所示。

图5-114　　　　　图5-115

　　（6）再选取蘑菇轮廓线上方的网格点并调整颜色，如图5-116、图5-117所示。

图5-116　　　　　图5-117

　　（7）使用选择工具 选取另一个图形，填充浅黄色，无描边，如图5-118所示。使用渐变网格工具 在图形中间位置单击，添加网格点，将网格点设置为白色，如图5-119所示。

图5-118　　　　　图5-119

　　（8）使用椭圆工具 绘制一个椭圆形，填充线性渐变，如图5-120所示。设置图形的混合模式为"叠加"，使它与底层图形的颜色融合在一起，如图5-121、图5-122所示。使用选择工具 按住Alt键拖动图形进行复制，调整大小和角度，如图5-123所示。

图5-120　　　　　图5-121

图5-122　　　　　图5-123

　　（9）再绘制一个大一点的椭圆形，填充径向渐变，设置其中一个渐变滑块的不透明度为0%，使渐变的边缘呈现透明的状态，更好地表现发光效果，如图5-124、图5-125所示。

图5-124　　　　　　图5-125

图5-126

（10）再绘制一个圆形，填充相同的渐变颜色，按下Shift+Ctrl+[快捷键将其移至底层，如图5-126所示。按下Ctrl+A快捷键全选，按下Ctrl+G快捷键编组。复制蘑菇灯，再适当缩小，放在画面左侧。在画面中添加文字，配上可爱的图形做装饰，完成后的效果如图5-127所示。

图5-127

5.8 渐变拓展练习：甜橙广告

图5-128所示为一幅甜橙广告，画面中晶莹剔透的橙汁是使用渐变表现出来的，如图5-129所示。

图5-128　　　　　　图5-129

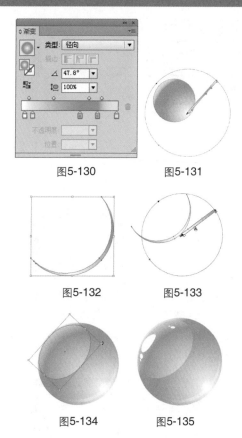

图5-130　　　　　　图5-131

图5-132　　　　　　图5-133

图5-134　　　　　　图5-135

首先创建一个圆形，填充径向渐变，如图5-130所示。使用渐变工具　在圆形的右下方按住鼠标，向右上方拖动鼠标，重新设置渐变在图形上的位置，如图5-131所示。复制圆形，在它上面再放置一个圆形，使两个圆形相减得到月牙状图形，如图5-132所示。调整渐变位置，如图5-133所示，将月牙图形移动到圆形下方。绘制一个椭圆形，填充径向渐变，如图5-134所示。使用铅笔工具　、椭圆工具　绘制高光图形，填充白色，如图5-135所示。具体操作方法，请参阅光盘中的视频教学录像。

第6章

服装设计：图案与纹理

6.1 服装设计的绘画形式

　　服装设计的绘画形式有两种，即时装画和服装效果图。时装画强调绘画技巧，突出整体的艺术气氛与视觉效果，主要用于广告宣传；服装效果图则注重服装着装的具体形态以及细节，以便于在制作中准确把握，保证成衣在艺术和工艺上都能完美地体现设计意图。

6.1.1 时装画

　　时装画是时装设计师表达设计思想的重要手段，它是一种理念的传达，强调绘画技巧，突出整体的艺术气氛与视觉效果，主要用于宣传和推广。如图6-1、图6-2所示为时装插画大师David Downton的作品。时装画以其特殊的美感形式成为了一个专门的画种，如时装广告画、时装插画等。如图6-3所示为苏格兰设计师Nikki Farquharson的时装插画，绚烂的色彩有如风雨过后的彩虹一样美丽。

图6-1　　　　　　　图6-2　　　　　　　图6-3

小贴示　小知识：知名的时装画家

　　服装界有许多知名的时装画家，如法国的安东尼鲁匹兹、埃尔代、埃里克、勒内布歇，意大利的威拉蒙蒂，美国的史蒂文·斯蒂波曼、罗伯特·扬，日本的矢岛功等，他们深厚的艺术造诣，以及在时装画中创造出来的曼妙意境，令人深深折服。

6.1.2 服装设计效果图

　　服装设计效果图是服装设计师用来预测服装流行趋势，表达设计意图的工具，如图6-4所示。服装设计效果图表现的是模特穿着服装所体现出来的着装状态。人体是设计效果图构成中的基础因素，通常，头高（从头顶到下颌骨）同身高的比值称为"头身"，标准的人体比例为1：8。而服装设计效果图中的人体可以在写实人体的基础上略夸张，使其更加完美，8.5至10个头身的比例都比较合适，如图6-5所示为真实的人体比例与服装效果图人体的差异。即使是写实的时装画，其人物的比例也是夸张的，即头小身长，如图6-6所示。

 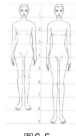 

图6-4　　　　　　　图6-5　　　　　　　图6-6

6.2 创建与使用图案

图案可用于填充图形内部和描边。Illustrator 提供了许多预设的图案，同时也允许用户创建和使用自定义的图案。

6.2.1 填充图案

选择一个对象，如图6-7所示，在工具面板中将填色或者描边设置为当前编辑状态（可按下X键切换），单击"色板"面板中的一个图案，如图6-8所示，即可将其应用到所选对象上。如图6-9、图6-10所示分别为对描边和填色应用图案后的效果。

图6-7

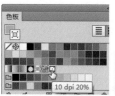
图6-8

图6-9

图6-10

6.2.2 创建自定义图案

选择一个对象，如图6-11所示，执行"对象>图案>建立"命令，弹出"图案选项"面板，如图6-12所示。在面板中设置参数后，单击画板左上角的"完成"按钮，即可创建图案，并将其保存到"色板"面板中。

图6-11

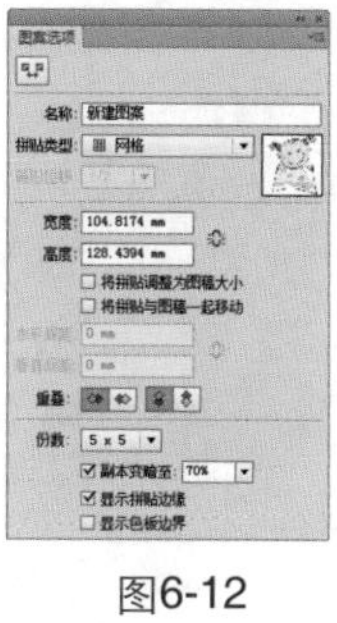

图6-12

◎ 名称：用来输入图案的名称。

◎ 拼贴类型：在该选项下拉列表中可以选择图案的拼贴方式，效果如图6-13所示。如果选择"砖形"，则可在"砖形位移"选项中设置图形的位移距离。

拼贴类型   网格   砖形（按行）

砖形（按列）   十六进制（按列）   十六进制（按行）
图6-13

◎ 宽度/高度：设置拼贴图案的宽度和高度，按下 按钮可进行等比缩放。

◎ 图案拼贴工具 ：选择该工具后，画板中央的基本图案周围会出现定界框，如图6-14所示，拖动控制点可以调整拼贴间距，如图6-15所示。

图6-14   图6-15

◎ 将拼贴调整为图稿大小：勾选该项后，可以将拼贴调整到与所选图形相同的大小。如果要设置拼贴间距的精确数值，可勾选该项，然后在"水平间距"和"垂直间距"选项中输入数值。

◎ 重叠：如果将"水平间距"和"垂直间距"设置为负值，如图6-16所示，则图形会产生重叠，按下该选项中的按钮，可以设置重叠方式，包括左侧在前 ，右侧在前 ，顶部在前 ，底部在前 ，效果如图6-17所示。

间距为负值

图6-16

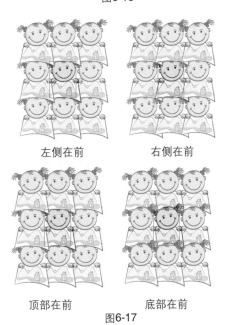

左侧在前　　　　右侧在前

顶部在前　　　　底部在前

图6-17

◎份数：可设置拼贴数量，包括3×3、5×5、7×7等选项，如图6-18所示是选择1×3选项的拼贴效果。

◎副本变暗至：可设置图案副本的显示程度，例如，如图6-19所示是设置该值为30%的图案拼贴效果。

◎显示拼贴边缘：勾选该项，可以显示基本图案的边界框；取消勾选，则隐藏边界框，如图6-20所示。

图6-18

图6-19　　　　　　　图6-20

提示

将任意一个图形或位图图像拖动到"色板"面板中，即可保存为图案样本。

6.3 高级技巧：图案的变换操作技巧

使用选择、旋转、比例缩放等工具对图形进行变换操作时，如果对象填充了图案，则图案也会一同变换。如果想要单独变换图案，可以选择一个变换工具，在画板中单击，然后按住"～"键拖动鼠标。如图6-21所示为原图形，图6-22所示为单独旋转图案的效果。如果要精确变换图案，可以选择对象，双击任意变换工具，在打开的对话框中设置参数，并且只选择"图案"选项即可，如图6-23、图6-24所示是将图案缩小50%的效果。

图6-21　　　　图6-22　　　　　　图6-23　　　　图6-24

6.4 图案库实例：豹纹图案

（1）按下Ctrl+O快捷键，打开光盘中的素材文件，如图6-25所示。使用选择工具 ▶ 选择一个女孩的裙子，如图6-26所示。

图6-25　　　　　　图6-26

图6-27

（2）在"窗口>色板库>图案>自然"下拉菜单中选择一个图案库（"自然_动物皮"），将其打开。单击"美洲虎"图案，为图形填充该图案，如图6-27所示。

（3）再选取其他图形，填充不同的图案，效果如图6-28所示。

图6-28

6.5 图案实例：单独纹样

（1）按下Ctrl+N快捷键新建一个文档。选择椭圆工具 ◯，在画面中单击，弹出"椭圆"对话框，设置宽度和高度均为100mm，如图6-29所示，单击"确定"按钮，创建一个圆形，如图6-30所示。

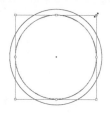
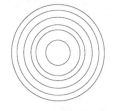

图6-31　　　　　　图6-32

（3）执行"窗口>画笔库>边框>边框_装饰"命令，加载该画笔库。使用选择工具 ▶ 由大到小依次选取圆形，应用该面板中的样本描边，如图6-33所示。

图6-29　　　　　　图6-30

（2）保持圆形的选取状态，按下Ctrl+C快捷键复制，按下Ctrl+F快捷键原位粘贴。将光标放在定界框的一角，按住Alt+Shift键拖动鼠标，保持圆形中心点不变，将其等比缩小，如图6-31所示。用同样方法制作出如图6-32所示的六个圆形。

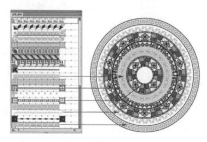

图6-33

（4）选取位于中心的最小的圆形，设置"粗细"为2pt，使花纹变大，如图6-34、图6-35所示。

图6-34

图6-35

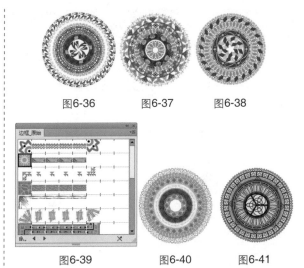

图6-36　　　　图6-37　　　　图6-38

（5）使用面板中的其他样本，制作出如图6-36~图6-38所示的图案。执行"窗口>画笔库>边框>边框_原始"命令，打开该面板，如图6-39所示。使用该面板中的样本可以制作出具有古朴、深沉风格的图案，如图6-40、图6-41所示。

图6-39　　　　图6-40　　　　图6-41

6.6 图案实例：四方连续图案

四方连续图案是服饰图案的重要构成形式之一，被广泛地应用于服装面料设计中。其最大的特点是图案组织是上下、左右都能连续构成循环图案。

（1）按下Ctrl+O快捷键，打开光盘中的素材文件，如图6-42所示。

（2）使用选择工具 选择图形，执行"对象>图案>建立"命令，打开"图案"面板，将"拼贴类型"设置为"网格"，"份数"设置为"3×3"，如图6-43所示。

（3）单击窗口左上角的"完成"按钮，将图案保存到"色板"面板中，如图6-44所示。如图6-45所示为创建的四方连续图案，如图6-46所示为图案在模特衣服上的展示效果。

图6-44 　　　　　　　　　图6-45

图6-42

图6-43

图6-46

6.7 特效实例：分形图案

（1）按下Ctrl+O快捷键，打开光盘中的素材文件，如图6-47所示。

（2）使用选择工具 选中小蜘蛛人，执行"效果>风格化>投影"命令，打开"投影"对话框，为对象添加投影，如图6-48、图6-49所示。

图6-47　　　　图6-48　　　　图6-49

（3）执行"效果＞扭曲和变换＞变换"命令，打开"变换效果"对话框，设置缩放、移动和旋转角度，副本份数设置为30，单击参考点定位器⊞右侧中间的小方块，将变换参考点定位在定界框右侧边缘的中间处，如图6-50所示；单击"确定"按钮，复制出40个小蜘蛛人，它们每一个都较前一个缩小90%、旋转-15度并移动一定的距离，这样就生成了如图6-51所示的分形特效。

（4）使用选择工具 ▶ 将小蜘蛛人移动到右侧的画板上，这里有一个背景素材，最终效果如图6-52所示。

图6-50　　　　　　　　　图6-51

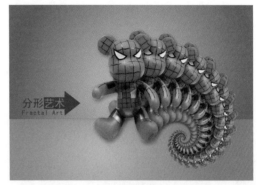

图6-52

小知识：分形

　　分形（fractal）这个词是由分形创始人曼德尔布诺特于20世纪70年代提来的，他给分形下的定义是：一个集合形状，可以细分为若干部分，而每一部分都是整体的精确或不精确的相似形。分形图案是纯计算机艺术，它是数学、计算机与艺术的完美结合，被广泛地应用于服装面料、工艺品装饰、外观包装、书刊装帧、商业广告、软件封面以及网页等设计领域。

6.8 特效实例：图案字

　　（1）打开光盘中的素材文件，如图6-53所示。选择椭圆工具 ⬭ ，在画板中单击，弹出"椭圆"对话框，设置参数如图6-54所示，创建一个圆形，如图6-55所示。

　　（2）在画板中单击鼠标，弹出"椭圆"对话框设置参数，如图6-56所示，创建一个小圆，设置它的填充颜色为黄色，无描边。执行"视图＞智能参考线"命令，启用智能参考线，使用选择工具 ▶ 将小圆拖动到大圆上方，圆心对齐到大圆的锚点上，如图6-57所示。

图6-53　　　　图6-54　　　　图6-55

图6-56　　　　　　图6-57

（3）保持小圆的选取状态。选择旋转工具，将光标放在大圆的圆心处，画面中会出现"中心点"3个字，如图6-58所示。按住Alt键单击，弹出"旋转"对话框，设置角度如图6-59所示，单击"复制"按钮，复制图形，如图6-60所示。连续按下Ctrl+D快捷键复制图形，令其绕圆形一周，如图6-61所示。选择大圆，按下Delete键删除。

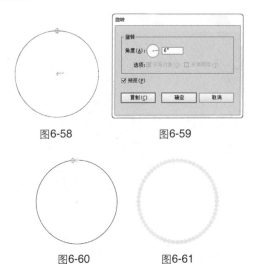

图6-58　　　　　　　　图6-59

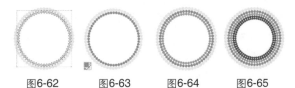

图6-60　　　　　　　　图6-61

（4）选择所有圆形，按下Ctrl+G快捷键编组。按下Ctrl+C快捷键复制，按下Ctrl+F快捷键粘贴，按住Shift+Alt键拖动控制点，基于图形中心点向内缩小，如图6-62所示。设置图形的填充颜色为粉色，如图6-63所示。

（5）按下Ctrl+F快捷键粘贴图形，按住Shift+Alt键拖动控制点将图形缩小，设置填充颜色为天蓝色，如图6-64所示。再粘贴两组图形并缩小，设置填充颜色为紫色、洋红色，如图6-65所示。

图6-62　　　图6-63　　　图6-64　　　图6-65

（6）选择这几组图形，如图6-66所示，按下Ctrl+G快捷键编组，按下Ctrl+C快捷键复制，按下Ctrl+F快捷键粘贴，按住Shift+Alt键拖动控制点将图形缩小，如图6-67所示。重复粘贴和缩小操作，在圆形内部铺满图案，如图6-68所示。

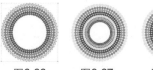

图6-66　　　图6-67　　　图6-68

（7）选择所有圆形，如图6-69所示，将其拖动到"色板"面板中，创建为图案，如图6-70所示。

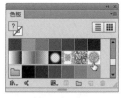

图6-69　　　　　　　　图6-70

（8）使用选择工具选择文字"S"，如图6-71所示，单击新建的图案，为文字填充该图案，如图6-72、图6-73所示。

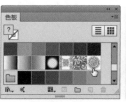

图6-71　　　图6-72　　　图6-73

（9）按住"~"键，在画板中单击并拖动鼠标移动图案，如图6-74所示。双击比例缩放工具，打开"比例缩放"对话框，设置缩放参数为150%，选择"变换图案"选项，如图6-75、图6-76所示。采用同样方法，为其他文字填充图案，然后用选择工具（"~"键）移动图案，用比例缩放工具缩放图案，最终效果如图6-77所示。

图6-74　　　　　　　　图6-75

图6-76　　　　　　　　图6-77

6.9 特效实例：丝织蝴蝶结

（1）打开光盘中的素材，这是一个蝴蝶结图形，如图6-78所示。使用选择工具 ▶ 将它选择，按下Ctrl+C快捷键复制，后面的操作中会用到。

（2）使用矩形工具 ▢ 绘制一个矩形，设置描边为洋红色。单击如图6-79所示的色板，用该图案填充矩形。按下Ctrl+[快捷键，将矩形移动到蝴蝶结后面，如图6-80所示。

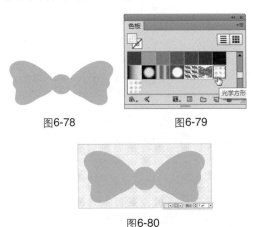

图6-78　　　　　　　　图6-79

图6-80

（3）按下Ctrl+A快捷键全选，按下Alt+Ctrl+C快捷键创建封套扭曲，如图6-81所示。现在蝴蝶结内的纹理没有立体感，下面来修改纹理。单击控制面板中的 ▤ 按钮，打开"封套选项"对话框，勾选"扭曲图案填充"选项，让纹理产生扭曲，如图6-82、图6-83所示。

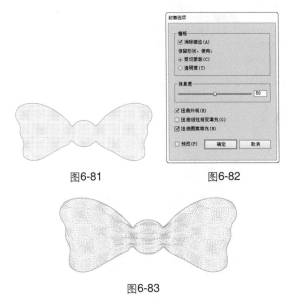

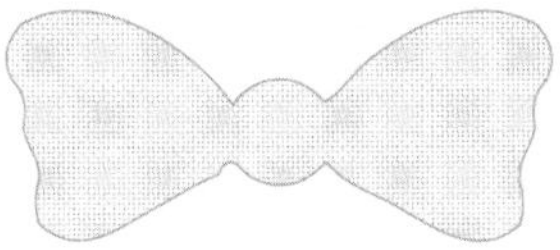

图6-81　　　　　　　　图6-82

图6-83

（4）按下Ctrl+B快捷键将第一步中复制的图形粘贴到蝴蝶结后面，填充洋红色，无描边。按下键盘中的方向键（→↓）将其向下移动，使投影与蝴蝶结保持一段距离，如图6-84所示。执行"效果>风格化>羽化"命令，添加羽化效果，如图6-85、图6-86所示。

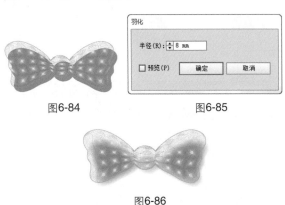

图6-84　　　　　　　　图6-85

图6-86

（5）执行"窗口>色板库>图案>自然>自然_叶子"命令，打开该图案库。使用选择工具 ▶ 按住Alt键拖动蝴蝶结和投影进行复制。选择封套扭曲对象，如图6-87所示，单击控制面板中的编辑内容按钮 ▣，单击面板中的一个图案，用它替换原有的纹理，如图6-88、图6-89所示。修改内容后，单击编辑封套按钮 ▣，重新恢复为封套扭曲状态。采用同样方法，可以制作出更多纹理样式的蝴蝶结，此外需要注意的是，投影颜色应该与图案的主色相匹配，以便效果更加真实。

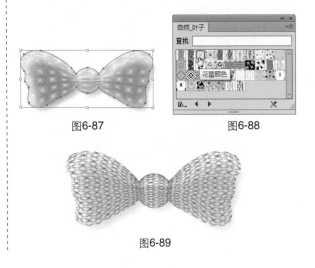

图6-87　　　　　　　　图6-88

图6-89

小技巧：制作不同材质的蝴蝶结

使用"装饰_旧版"图案库中的样本，可以制作出布纹效果的蝴蝶结；使用"自然_动物皮"图案库中的样本，可以制作出兽皮效果的蝴蝶结。

布纹蝴蝶结　　　　　　　　　　　　　　兽皮效果蝴蝶结

6.10 特效实例：布贴画

（1）新建一个文件。使用椭圆工具 ◯ 按住Shift键创建几个圆形，如图6-90所示。用钢笔工具 ✎ 绘制路径，组成小女孩的脸部图形，如图6-91所示。

图6-90　　　　　　　　图6-91

（2）继续绘制小女孩的身体和手里拿的鞭子，如图6-92所示。在小女孩旁边绘制一只绵羊，如图6-93所示。绘制一块草地，按下Shift+Ctrl+[快捷键移动到最底层，如图6-94所示。

图6-92　　　　　　　　图6-93

图6-94

（3）切换到选择工具 ▶。按下Ctrl+A快捷键选择所有图形，如图6-95所示，按住Shift键单击眼睛和鼻子，取消对它们的选择，如图6-96所示。执行"效果>风格化>投影"命令，为图形添加"投影"效果，如图6-97、图6-98所示。

图6-95　　　　　　　　图6-96

图6-97　　　　　　　　图6-98

（4）执行"窗口>色板库>图案>自然>自然_叶子"命令，打开该图案库，选择图形，为其添加图案，如图6-99所示。执行"窗口>色板库>图案>装饰>旧版_装饰"命令，打开该图案库，为图形填充图案，最后使用文字工具 T 输入"草原牧歌"4个字，效果如图6-100所示。

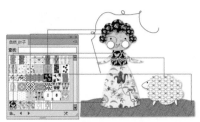

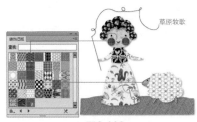

草原牧歌

图6-99   图6-100

6.11 服装设计实例：绘制潮流女装

（1）新建一个文档，使用钢笔工具 ✐ 绘制模特，用"5点椭圆形"画笔进行描边，设置描边颜色为黑色，宽度为0.25pt，无填充，如图6-101所示。

图6-101

（2）单击"图层"面板中的 ▣ 按钮，新建一个图层，如图6-102所示，将它拖动到"图层1"下方，然后在"图层1"前方单击，将该图层锁定，如图6-103所示。

图6-102   图6-103

（3）绘制人物面部、胳膊、腿、帽子和靴子，如图6-104所示。

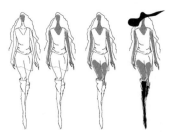

图6-104

（4）在背心和裙子上绘制图形，如图6-105所示。选择这两个图形，按下Ctrl+G快捷键编组，如图6-106所示。

图6-105   图6-106

（5）执行"窗口>色板库>其他库"命令，弹出"打开"对话框，选择光盘中的色板文件，如图6-107所示，将其打开，如图6-108所示。

图6-107   图6-108

（6）单击面板中的图案，如图6-109所示，为所选图形填充图案，如图6-110所示。打开光盘中的背景文件，将它拖入到模特文档中，放在最下层作为背景，如图6-111所示。

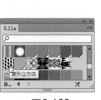

图6-109   图6-110   图6-111

6.12 图案拓展练习：迷彩面料

　　创建一个矩形，填充为绿色，描边为黑色，如图6-112所示，执行"效果>像素化>点状化"命令，将图形处理为彩色的圆点，如图6-113、图6-114所示。在该图形下方创建一个浅绿色矩形，如图6-115所示，在"透明度"面板中将上方图形的混合模式为"正片叠底"，让两个的颜色和纹理叠加，如图6-116所示。使用铅笔工具 ✏ 绘制一些随意的图形，如图6-117所示。创建一个浅绿色矩形，执行"效果>纹理>纹理化"命令，为它添加纹理效果，如图6-118所示。最后将它的混合模式为"正片叠底"，效果如图6-119所示。具体操作方法，请参阅光盘中的视频教学录像。

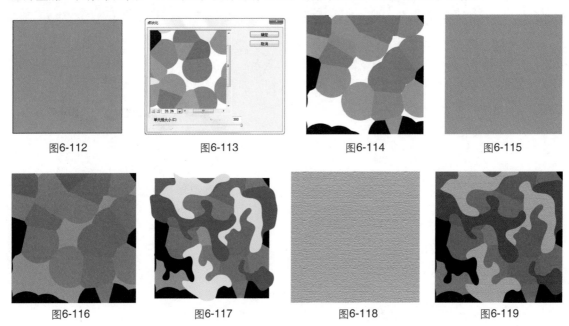

图6-112　　　　　　　　图6-113　　　　　　　　图6-114　　　　　　　　图6-115

图6-116　　　　　　　　图6-117　　　　　　　　图6-118　　　　　　　　图6-119

第7章

书籍装帧设计：图层与蒙版

7.1 关于书籍装帧设计

书籍装帧设计是指从书籍文稿到成书出版的整个设计过程，包括书籍的开本、装帧形式、封面、腰封、字体、版面、色彩、插图，以及纸张材料、印刷、装订及工艺等各个环节的艺术设计。如图7-1、图7-2所示为书籍各部分的名称。

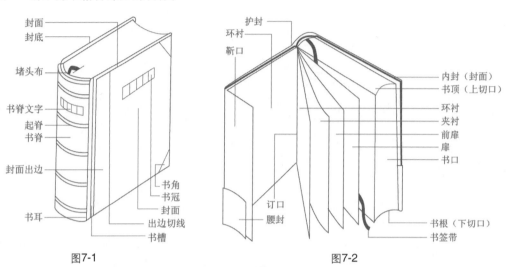

图7-1   图7-2

封套	外包装，起到保护书册的作用	护封	装饰与保护封面
封面	书的面子，分封面和封底	书脊	封面和封底当中书的脊柱
环衬	连接封面与书心的衬页	空白页	签名页、装饰页
资料页	与书籍有关的图形资料，文字资料	扉页	书名页，正文从此开始
前言	包括序、编者的话、出版说明	后语	跋、编后记
目录页	具有索引功能，大多安排在前言之后正文之前的篇、章、节的标题和页码等文字	版权页	包括书名、出版单位、编著者、开本、印刷数量、价格等有关版权的页面
书心	包括环衬、扉页、内页、插图页、目录页、版权页等		

书籍装帧设计是书籍形式从平面化到立体化的过程，包含了艺术思维、构思创意和技术手法的系统设计。如图7-3～图7-5所示为几种矢量风格的书籍封面。

图7-3   图7-4   图7-5

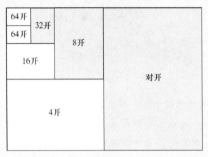

小知识：书籍的开本

　　书籍的开本是指书籍的幅面大小，也就是书籍的面积。开本一般以整张纸的规格为基础，采用对叠方式进行裁切，整张纸称为全开，其1/2为对开，1/4为4开，其余的以此类推。一般的书籍采用的是大、小32开和大、小16开，在某些特殊情况下，也有采用非几何级数开本的。

全开纸：787毫米×1092毫米	全开纸：850毫米×1168毫米
8开：260毫米×376毫米	大8开：280毫米×406毫米
16开：185毫米×260毫米	大16开：203毫米×280毫米
32开：130毫米×184毫米	大32开：140毫米×203毫米
64开：92毫米×126毫米	大64开：101毫米×137毫米
书籍开本	787毫米×1092毫米的纸张　　850毫米×1168毫米纸张

　　大多数国家使用的是ISO 216国际标准来定义纸张的尺寸，它按照纸张幅面的基本面积，把幅面规格分A、B、C三组，A组主要用于书籍杂志；B组主要用于海报；C组多用于信封文件。

7.2 图层

　　图层用来管理组成图稿的所有对象，它就像结构清晰的文件夹，将图形放置于不同的文件夹（图层）后，选择和查找时都非常方便。绘制复杂的图形时，灵活地使用图层也能有效地管理对象、提高工作效率。

7.2.1 图层面板

　　"图层"面板列出了当前文档中包含的所有图层，如图7-6、图7-7所示。新创建的文件只有一个图层，开始绘图之后，便会在当前选择的图层中添加子图层。单击图层前面的 ► 图标展开图层列表，可以查看其中包含的子图层。

图7-6

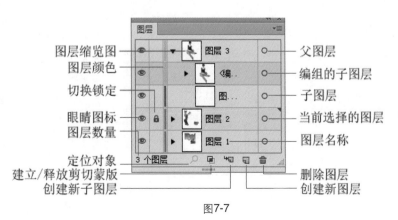

图7-7

◎ 定位对象 🔍：选择一个对象后，如图7-8所示，单击该按钮，即可选择对象所在的图层或子图层，如图7-9所示。当文档中图层、子图层、组的数量较多时，通过这种方法可以快速找到所需图层。

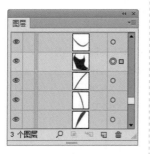

图7-8　　　　　　　图7-9

◎ 建立/释放剪切蒙版 🔲：单击该按钮，可以创建或释放剪切蒙版。

◎ 父图层：单击创建新图层按钮 🔲，可以创建一个图层（即父图层），新建的图层总是位于当前选择的图层之上；如果要在所有图层的最上面创建一个图层，可按住Ctrl键单击 🔲 按钮；将一个图层或者图层拖动到 🔲 按钮上，可以复制该图层。

◎ 子图层：单击创建新子图层按钮 ↳🔲，可以在当前选择的父图层内创建一个子图层。

◎ 图层名称/颜色：按住Alt键单击 🔲 按钮，或双击一个图层，可以打开"图层选项"对话框设置图层的名称和颜色，如图7-10所示。当图层数量较多时，给图层命名可以更加方便地查找和管理对象；为图层选择一种颜色后，当选择该图层中的对象时，对象的定界框、路径、锚点和中心点都会显示与图层相同的颜色，如图7-11、图7-12所示，这有助于在选择时区分不同图层上的对象。

图7-10　　　　　　　图7-11

图7-12

◎ 眼睛图标 👁：单击该图标可进行图层显示与隐藏的切换。有该图标的图层为显示的图层，如图7-13所示，无该图标的图层为隐藏的图层，如图7-14所示。被隐藏的图层不能进行编辑，也不能打印出来。

图7-13

图7-14

◎ 切换锁定：在一个图层的眼睛图标右侧单击 👁，可以锁定该图层。被锁定的图层不能再做任何编辑，并且会显示出一个 🔒 状图标。如果要解除锁定，可单击 🔒 图标。

◎ 删除图层 🗑：按住Alt键单击该 🗑 按钮，或者将图层拖动到该按钮上，可直接删除图层。如果图层中包含参考线，则参考线也会同时被删除。删除父图层时，会同时删除它的子图层。

小贴示　小技巧：针对不同的要求锁定对象

编辑复杂的对象，尤其是处理锚点时，为避免因操作不当而影响其他对象，可以将需要保护的对象锁定，以下是用于锁定对象的命令和方法。

●如果要锁定当前选择的对象，可执行"对象>锁定>所选对象"命令（快捷键为 Ctrl+2）。

●如果要锁定与所选对象重叠、且位于同一图层中的所有对象，可执行"对象>锁定>上方所有图稿"命令。

●如果要锁定除所选对象所在图层以外的所有图层，可执行"对象>锁定>其他图层"命令。

●如果要锁定所有图层，可在"图层"面板中选择所有图层，然后从面板菜单中选择"锁定所有图层"命令。

●如果要解锁文档中的所有对象，可执行"对象>全部解锁"命令。

7.2.2 通过图层选择对象

在Illustrator中绘图时，先绘制的小图形经常会被后绘制的大图形遮盖，使得需要选择它们时变得非常麻烦。"图层"面板可以解决这个难题。

◎ 选择一个对象：在一个图形的对象选择列（◎ 状图标处）单击，即可选择该图形，◎ 图标会变为 ◎■状，如图7-15所示。如果要添加其他对象，可按住Shift键单击其他选择列。

◎ 选择图层或组中的所有对象：可在图层或组的选择列单击，如图7-16所示。

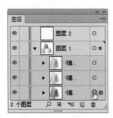

图7-15

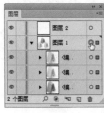
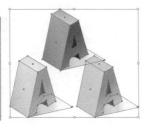

图7-16

◎ 选择同一图层中的所有对象：选择一个对象后，执行"选择>对象>同一图层上的所有对象"命令，可选择对象所在图层中的所有其他对象。

◎ 在图层间移动对象：选择对象后，将■状图标拖动到其他图层，如图7-17所示，可以将所选图形移动到目标图层。由于Illustrator会为各个图层设置不同的颜色，因此，将对象调整到其他图层后，■状图标以及定界框的颜色也会变为目标图层的颜色，如图7-18所示。

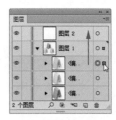

图7-17

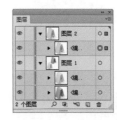

图7-18

小贴示　提示

当图层的选择列显示◎■状图标时，表示该图层中所有的子图层、组都被选择；如果图标显示为◎■状，则表示只有部分子图层或组被选择。

7.2.3 移动图层

单击"图层"面板中的一个图层，即可选择该图层。单击并将一个图层、子图层或图层中的对象拖动到其他图层（或对象）的上面或下面，可以调整它们的堆叠顺序，如图7-19、图7-20所示。

图7-19

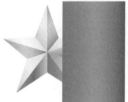

图7-20

> **小贴士 提示**
>
> 如果要同时选择多个图层，可按住Ctrl键单击它们；如果要同时选择多个相邻的图层，按住Shift键单击最上面的图层，然后再单击最下面的图层。

7.2.4 合并图层

在"图层"面板中，相同层级上的图层和子图层可以合并。操作方法是先选择图层，如图7-21所示，再执行面板菜单中的"合并所选图层"命令，如图7-22所示。如果要将所有的图层拼合到某一个图层中，可以先单击该图层，如图7-23所示，再执行面板菜单中的"拼合图稿"命令，如图7-24所示。

图7-21

图7-22

图7-23

图7-24

7.2.5 巧用预览模式和轮廓模式

在默认情况下，Illustrator中的图稿采用彩色的预览模式显示，如图7-25所示，在这种模式下编辑复杂的图形时，屏幕的刷新速度会变慢，而且图形互相堆叠也不便于选择。执行"视图>轮廓"命令（快捷键为Ctrl+Y）可切换为轮廓模式，显示对象的轮廓框，如图7-26所示，编辑渐变网格和复杂的图形时，这种方法非常有用。

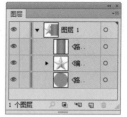

图7-25　　　　　　图7-26

如果按住Ctrl键单击一个图层前的眼睛图标 ，则可以将该图层中的对象切换为轮廓模式（眼睛图标会变为 ◯ 状），如图7-27、图7-28所示。需要重新切换为预览模式时，按住Ctrl键单击 ◯ 图标即可。

图7-27

图7-28

7.3 混合模式与不透明度

"透明度"面板中有两个选项，可以让相互堆叠的对象之间产生混合效果。其中混合模式选项会按照特殊的方式创建混合；"不透明度"选项则可以将对象调整为半透明效果。

7.3.1 混合模式

选择一个对象，单击"透明度"面板中的 ▼ 按钮，打开下拉菜单，如图7-29所示，选择一种混合模式后，所选对象就会采用这种模式与下面的对象混合。如图7-30所示为各种模式的具体混合效果。

图7-29

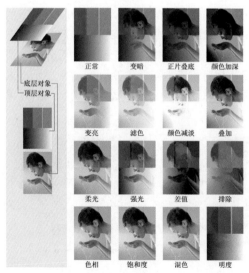

图7-30

◎ 正常：默认的模式，对象之间不会产生混合效果。

◎ 变暗：在混合过程中对比底层对象和当前对象的颜色，使用较暗的颜色作为结果色。比当前对象亮的颜色将被取代，暗的颜色保持不变。

◎ 正片叠底：将当前对象和底层对象中的深色相互混合，结果色通常比原来的颜色深。

◎ 颜色加深：对比底层对象与当前对象的颜色，使用低明度显示。

◎ 变亮：对比底层对象和当前对象的颜色，使用较亮的颜色作为结果色。比当前对象暗的颜色被取代，亮的颜色保持不变。

◎ 滤色：当前对象与底层对象的明亮颜色相互融合，效果通常比原来的颜色浅。

◎ 颜色减淡：在底层对象与当前对象中选择明度高的颜色来显示混合效果。

◎ 叠加：以混合色显示对象，并保持底层对象的明暗对比。

◎ 柔光：当混合色大于50%灰度时，图形变亮；小于50%灰度时，对象变暗。

◎ 强光：与柔光模式相反，当混合色大于50%灰度时，对象变暗；小于50%灰度时，对象变亮。

◎ 差值：以混合颜色中较亮颜色的亮度减去较暗颜色的亮度，如果当前对象为白色，可以使底层颜色呈现反相，与黑色混合时可保持不变。

◎ 排除：与差值的混合方式相同，但产生的效果要比差值模式柔和。

◎ 色相：混合后对象的亮度和饱和度由底层对象决定，色相由当前对象决定。

◎ 饱和度：混合后对象的亮度和色相由底层对象决定，饱和度由当前对象决定。

◎ 混色：混合后对象的亮度由底层对象决定，色相和饱和度由当前对象决定。

◎ 明度：混合后对象的色相和饱和度由底层对象决定，亮度由当前对象决定。

7.3.2 不透明度

在默认情况下，Illustrator中的对象的不透明度为100%，如图7-31所示。选择对象后，在"透明度"面板中调整它的不透明度值，可以使其呈现透明效果。如图7-32、图7-33所示是将小太阳的不透明度设置为50%后的效果。

图7-31

图7-32

图7-33

7.4 高级技巧：单独调整填色和描边的不透明度

调整对象的不透明度时，它的填色和描边的不透明度会同时被修改，如图7-34、图7-35所示。如果要单独调整其中的一项，可以选择对象，然后在"外观"面板中选择"填色"或"描边"选项，再通过"透明度"面板调整其不透明度，如图7-36、图7-37所示。

图7-34

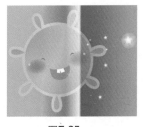
图7-35

图7-36

图7-37

7.5 高级技巧：编组对象不透明度的设置技巧

调整编组对象的不透明度时，会因设置方法的不同而产生截然不同的效果。例如图7-38所示的三个圆形为一个编组对象，此时它的不透明度为100%。如图7-39所示为单独选择黄色圆形并设置它的不透明度为50%的效果；如图7-40所示为使用编组选择工具 ▶+ 分别选择每一个图形，再分别设置其不透明度为50%的效果，此时所选对象重叠区域的透明度将相对于其他对象改变，同时会显示出累积的不透明度；如图7-41所示为使用选择工具 ▶ 选择组对象，然后设置它的不透明度为50%的效果，此时组中的所有对象都会被视为单一对象来处理。

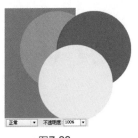
图7-38

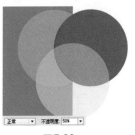
图7-39

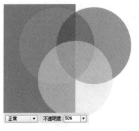
图7-40

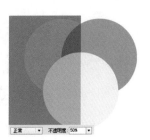
图7-41

7.6 蒙版

蒙版用于遮盖对象，使其不可见或呈现透明效果，但不会删除对象。Illustrator中可以创建两种蒙版，即剪切蒙版和不透明蒙版。它们的区别在于，剪切蒙版主要用于控制对象的显示范围，不透明度蒙版主要用于控制对象的显示程度（即透明度）。路径、复合路径、组对象或文字都可以用来创建蒙版。

7.6.1 创建不透明度蒙版

创建不透明蒙版时，首先要将蒙版图形放在被遮盖的对象上面，如图7-42、图7-43所示，然后将它们选择，如图7-44所示，单击"透明度"面板中的"制作蒙版"按钮即可，如图7-45所示。

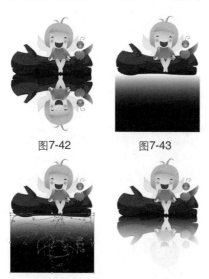

图7-42　　　　　图7-43

图7-44　　　　　图7-45

蒙版对象（上面的对象）中的黑色会遮盖下方对象，使其完全透明；灰色会使对象呈现半透明效果；白色不会遮盖对象。如果用作蒙版的对象是彩色的，则Illustrator会将它转换为灰度模式，再来遮盖对象。

提示

着色的图形或者位图图像都可以用来遮盖下面的对象。如果选择的是一个单一的对象或编组对象，则会创建一个空的蒙版。

7.6.2 编辑不透明度蒙版

创建不透明度蒙版后，"透明度"面板中会出现两个缩览图，左侧是被遮盖的对象的缩览图，右侧是蒙版缩览图，如图7-46所示。如果要编辑对象，应单击对象缩览图，如图7-47所示；如果要编辑蒙版，则单击蒙版缩览图，如图7-48所示。

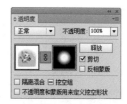

图7-46

图7-47　　　　　图7-48

在"透明度"面板中还可以设置以下选项。

◎ **链接按钮**：两个缩览图中间的按钮表示对象与蒙版处于链接状态，此时移动或旋转对象时，蒙版将同时变换，遮盖位置不会变化。单击按钮可以取消链接，此后可以单独移动对象或者蒙版，也可对其执行其他操作。

◎ **剪切**：在默认情况下，该选项处于勾选状态，此时位于蒙版对象以外的图稿都被剪切掉，如果取消该选项的勾选，则蒙版以外的对象会显示出来，如图7-49所示。

◎ **反相蒙版**：勾选该项选项，可以反转蒙版的遮盖范围，如图7-50所示。

图7-49　　　　　图7-50

◎ 隔离混合：在"图层"面板中选择一个图层或组，然后勾选该选项，可以将混合模式与所选图层或组隔离，使它们下方的对象不受混合模式的影响。

◎ 挖空组：选择该选项后，可以保证编组对象中单独的对象或图层在相互重叠的地方不能透过彼此而显示。

◎ 不透明度和蒙版用来定义挖空形状：用来创建与对象不透明度成比例的挖空效果。挖空是指透过当前的对象显示出下面的对象，要创建挖空，对象应使用除"正常"模式以外的混合模式。

小技巧：不透明度蒙版编辑技巧

按住Alt键单击蒙版缩览图，画板中会单独显示蒙版对象；按住Shift单击蒙版缩览图，可以暂时停用蒙版，缩览图上会出现一个红色的"×"；按住相应按键再次单击缩览图，可恢复不透明度蒙版。

按住Alt键单击蒙版缩览图

按住Shift键单击蒙版缩览图

7.6.3 释放不透明度蒙版

如果要释放不透明度蒙版，可以选择对象，然后单击"透明度"中的"释放"按钮，对象就会恢复到蒙版前的状态。

7.6.4 创建剪切蒙版

在对象上方放置一个图形，如图7-51所示，将它们选择，单击"图层"面板中的建立/释放

剪切蒙版按钮 ，或执行"对象>剪切蒙版>建立"命令，即可创建剪切蒙版，并将蒙版图形（称为"剪贴路径"）以外的对象隐藏，如图7-52、图7-53所示。如果对象位于不同的图层，则创建剪切蒙版后，它们会调整到位于蒙版对象最上面的图层中。

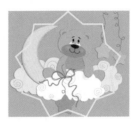

图7-51   图7-52

图7-53

提示

只有矢量对象可以作为剪切蒙版，但任何对象都可以作为被隐藏的对象，包括位图图像、文字或其他对象。

7.6.5 编辑剪切蒙版

创建剪切蒙版后，剪贴路径和被遮盖的对象都可编辑。例如，可以使用编组选择工具 移动剪贴路径或被遮盖的对象，如图7-54所示；可以用直接选择工具 调整剪贴路径的锚点，如图7-55所示。

图7-54   图7-55

在"图层"面板中，将其他对象拖入剪切路径组时，蒙版会对该对象进行遮盖；如果将剪切蒙版中的对象拖至其他图层，则可释放对象，使其重新显示出来。

7.6.6 释放剪切蒙版

选择剪切蒙版对象，执行"对象>剪切版>释放"命令，或单击"图层"面板中的建立／释放剪切蒙版按钮，即可释放剪切蒙版，使被剪贴路径遮盖的对象重新显示出来。

7.7 高级技巧：两种剪切蒙版创建方法的区别

创建剪切蒙版时，如果采用单击"图层"面板中的 按钮的方法来操作，则会遮盖同一图层中的所有对象。例如图7-56所示为选择的两个对象，如图7-57所示为单击 按钮创建的蒙版。如果使用"对象>剪切蒙版>建立"命令创建剪切蒙版，便只遮盖所选的对象，不会影响其他对象，如图7-58所示。

图7-57

图7-56

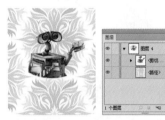

图7-58

7.8 剪切蒙版实例：制作滑板

（1）打开光盘中的素材文件，如图7-59所示。这是一个滑板图形和一幅插画，下面通过剪贴蒙版将插画放入滑板中。

图7-59

（2）使用选择工具 选取插画，移动到滑板图形下方，如图7-60所示，此时"图层"面板状态如图7-61所示。滑板图形所在的路径层位于插画层上方，单击"图层"面板底部的 按钮，创建剪切蒙版，剪贴路径以外的对象都会被隐藏，而路径也将变为无填色和描边的对象，如图7-62、图7-63所示。

图7-60　　　　　图7-61

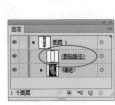

图7-62　　　　　图7-63

103

（3）将"图层1"拖动到面板底部的 ▢ 按钮上，复制该图层，如图7-64所示。在图层后面单击，如图7-65所示，选取该图层中所有对象，向右拖动，如图7-66所示。使用编组选择工具 ▶⁺ 选取插画中的图形并调整颜色，使其与上一个滑板有所区别，如图7-67所示。

图7-64　　　　　　图7-65

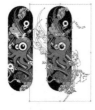

图7-66　　　　　图7-67

（4）再用同样方法复制图层，如图7-68所示，调整图形的颜色，制作出第3个滑板，效果如图7-69所示。

图7-68　　　　　　图7-69

> **提示**
>
> 制作滑板时是基于图层创建的剪切蒙版，图层中的所有对象都会受蒙版的影响，因此，在复制第二个滑板时，不能在同一图层中（只会显示一个滑板），要通过复制图层来操作。

7.9　剪切蒙版实例：时尚装饰字

（1）打开光盘中的文字素材，如图7-70所示。使用钢笔工具 🖋 绘制一个雨点状图形，单击"色板"面板中的黄色进行填充，设置描边颜色为白色，宽度为1pt，如图7-71、图7-72所示。

图7-70　　　　图7-71　　　　　图7-72

（2）使用选择工具 ▶ 按住Alt键拖动图形进行复制，如图7-73所示。单击"色板"面板中的浅褐色，如图7-74、图7-75所示。

图7-73　　　　图7-74　　　　　图7-75

（3）再次复制图形，填充为浅绿色。将光标放在定界框的右下角，光标变为↻状时拖动鼠标将图形旋转，如图7-76所示。用同样方法复制雨点图形，将填充颜色修改为绿色、深蓝色、橘红色等，适当调整角度，如图7-77、图7-78所示。

图7-76　　　　　图7-77　　　　　图7-78

（4）下面将雨点制作为一个具有装饰感的图案。先复制雨点图形，选择旋转工具 ↻，拖动图形旋转它使尖角朝下，如图7-79所示；再将光标放在尖角的锚点上，表示将该点设置为圆心，如图7-80所示；按住Alt键单击，弹出"旋转"对话框，设置旋转角度为5°，单击"复制"按钮，旋转并复制出一个新的图形，如图7-81、图7-82所示。

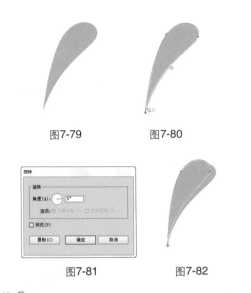

图7-79　　　　　　图7-80

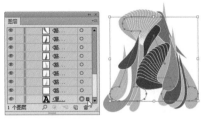

（7）在"A"图层后面单击（显示出■状图标），选择该字符，如图7-87所示，按下Shift+Ctrl+]快捷键将它移至顶层，如图7-88所示。

图7-81　　　　　　图7-82

图7-87

提示

可以执行"视图>智能参考线"命令，显示智能参考线，当光标放在锚点上时，就会有"锚点"二字的高亮显示。

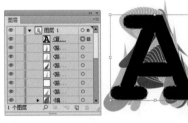

图7-88

（5）连按14次Ctrl+D快捷键进行再次变换，生成更多的图形，如图7-83所示。使用选择工具选取这些图形，按下Ctrl+G快捷键编组。

（6）将编组后的图形放在字母上面，如图7-84所示。按住Alt键拖动该图形进行复制，调整角度，将填充颜色设置为紫色，如图7-85所示。继续复制雨点图形，修改颜色，直到图形布满字母为止，如图7-86所示。

（8）单击"图层1"，如图7-89所示，再单击■按钮创建剪切蒙版，将字符以外的图形隐藏，这样缤纷的图形就被嵌入到字母中了，如图7-90所示。保持当前字符的选取状态，按下Ctrl+C快捷键复制，然后在空白区域单击，取消选择。

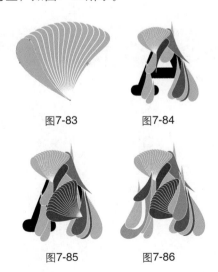

图7-83　　　　　　图7-84

图7-89　　　　　　图7-90

（9）单击"图层"面板底部的□按钮，新建"图层2"，如图7-91所示。按下Ctrl+F快捷键，将复制的字符贴在前面，如图7-92所示，"图层2"后面呈现高亮显示的红色方块，表示字母已位于新图层中。

图7-85　　　　　　图7-86

图7-91　　　　　　图7-92

提示

复制图形后，直接按下Ctrl+F快捷键，图形粘贴在原图形前面，并位于同一图层中。如在图形以外的区域单击，取消选取状态，在"图层"面板中选择另一图层，再按下Ctrl+F快捷键时，图形将粘贴在所选图层内。

提示

为什么要在新的图层中制作内发光与投影效果呢？因为"图层1"设置了剪切蒙版，字符以外的区域都会被隐藏起来，而投影效果正是位于字符以外的，如果在"图层1"中制作，也将会被遮盖起来无法显示，因此，要在新建的"图层2"中制作。

（10）将新粘贴字母的填充颜色设置为灰色，如图7-93所示。执行"效果>风格化>内发光"命令，打开"内发光"对话框，设置模式为"滤色"，不透明度为100%，模糊参数为3.53mm，选择"中心"选项，如图7-94、图7-95所示。

（12）在"透明度"面板中设置混合模式为"正片叠底"，如图7-98所示，使当前图形与底层的彩色图形混合在一起。按下Ctrl+C快捷键复制当前的字母，按下Ctrl+F快捷键粘贴在前面，使立体感更强一些，如图7-99所示。在字符左侧绘制一个圆形，用同样方法制作成彩色的立体效果，再制作一个立体的彩色文字"I"，如图7-100所示。

图7-93　　　　图7-94　　　　图7-95

（11）执行"效果>风格化>投影"命令，添加"投影"效果，如图7-96、图7-97所示。

图7-98　　　　　　　　图7-99

图7-96　　　　　　图7-97

图7-100

7.10　不透明度蒙版实例：金属特效字

（1）使用文字工具 T 在画板中输入文字，字体为魏体，大小设置为350pt，如图7-101所示。按下Shift+Ctrl+O快捷键，将文字转换为轮廓。

（2）执行"效果>3D>凸出和斜角"命令，在打开的对话框中设置参数，拖动光源预览框中的光源，改变其位置，单击新建光源按钮 再添加一个光源，如图7-102所示，效果如图7-103所示。

图7-101　　　　图7-102　　　　图7-103

（3）执行"文件>置入"命令，选择光盘中的素材文件，取消"链接"选项的勾选，如图7-104所示，单击"置入"按钮，将图像嵌入到文档中，如图7-105所示。

图7-104 　　　　　　　图7-105

（4）在如图7-106所示的图层后面单击，将文字选取，按下Ctrl+C快捷键复制文字，在画面空白处单击，取消当前的选取状态，按下Ctrl+F快捷键粘贴到前面，如图7-107所示。

图7-106 　　　　　　　图7-107

（5）将文字的填充颜色设置为白色。打开"外观"面板，双击"3D凸出和斜角"属性，如图7-108所示，打开"3D凸出和斜角选项"对话框，单击光源预览框下方的 🗑 按钮删除一个光源，将另一个光源移动到物体下方，如图7-109、图7-110所示。

图7-108 　　　　图7-109 　　　　图7-110

（6）按住Ctrl+Shift键在铁皮素材上单击，将其与立体字一同选取，打开"透明度"面板，单击"制作蒙版"按钮，使用立体字对铁皮素材进行遮盖，将文字以外的图像隐藏。设置混合模式为"正片叠底"，让铁皮纹理融入立体字中，如图7-111、图7-112所示。

图7-111 　　　　　　　图7-112

（7）创建一个能够将文字全部遮盖的矩形，在"渐变"面板中添加金属质感的渐变，如图7-113、图7-114所示。

 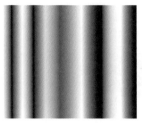

图7-113 　　　　　　　图7-114

（8）在"图像"层后面单击，将铁皮纹理字选取，如图7-115所示，然后单击"透明度"面板中的蒙版缩览图，如图7-116所示，可以选取蒙版中的立体字；按下Ctrl+C快捷键复制该文字，单击图稿缩览图返回到图像的编辑状态，如图7-117所示。在画板空白处单击取消选择。

图7-115 　　　图7-116 　　　图7-117

（9）按下Ctrl+F快捷键将复制的立体字粘贴到前面，如图7-118所示。选取当前的立体字和后面的渐变图形，单击"透明度"面板中单击"制作蒙版"按钮，再设置混合模式为"颜色加深"，不透明度为45%，如图7-119、图7-120所示。

图7-118 　　　　　　　图7-119

图7-120

（10）使用铅笔工具 ✐ 在文字上绘制高光图形，如图7-121所示。执行"效果>风格化>羽化"命令，设置羽化半径为2mm，如图7-122所示。在"透明度"面板中设置混合模式为"叠加"，效果如图7-123所示。

图7-124　　　　　　图7-125

图7-121　　　　图7-122　　　　图7-123

（11）在文字的边缘继续绘制高光图形，如图7-124所示，设置相同的羽化效果与叠加模式，效果如图7-125所示。

（12）根据文字的外形绘制投影图形，按下Shift+Ctrl+[快捷键将该图形移动到最底层，如图7-126所示。按下Alt+Shift+Ctrl+E快捷键打开"羽化"对话框，设置羽化半径为7mm，如图7-127所示，效果如图7-128所示。

图7-126　　　　图7-127　　　　图7-128

7.11 书籍装帧设计实例：数码插画设计

7.11.1 绘制装饰元素

（1）打开光盘中的素材文件，如图7-129所示。这是一个嵌入Illustrator中的位图文件，如图7-130所示。首先来绘制插画图形。

图7-129　　　　　　图7-130

（2）将"图像"子图层拖动到面板底部的 🗔 按钮上进行复制，在复制后的图层后面单击，选取该层人物图像，如图7-131所示。执行"效果>模糊>高斯模糊"命令，设置模糊半径为5像素，如图7-132、图7-133所示。

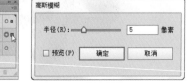

图7-131　　　　　　图7-132

图7-133

（3）设置混合模式为"叠加"，不透明度为26%，增加对比，使色调明确概括，如图7-134、图7-135所示。

图7-134　　　　　　图7-135

（4）按下Ctrl+A快捷键选取这两个人物，按下Ctrl+G快捷键编组，如图7-136所示。使用矩形工具 ▆ 创建一个矩形，填充线性渐变，如图7-137、图7-138所示。

图7-136　　　　　图7-137　　　　　图7-138

（5）再创建一个矩形，填充径向渐变，如图7-139、图7-140所示。

图7-139　　　　　　　图7-140

（6）选取这两个矩形，如图7-141所示。按下Ctrl+G快捷键编组。按住Shift键单击人物，将其一同选取，如图7-142所示。

图7-141　　　　　　　图7-142

（7）单击"透明度"面板中的"制作蒙版"按钮，用渐变图形创建不透明度蒙版，将图像的边缘隐藏，"剪切"、"反相蒙版"两个选项均不勾选，如图7-143、图7-144所示。

图7-143　　　　　　图7-144

（8）使用钢笔工具在人物脸部绘制如图7-145所示的图形。单击"色板"面板底部的按钮，打开面板菜单选择"图案>基本图形>基本图形_点"命令，载入该图案库，单击如图7-146所示的图形，对图形进行填充，无笔画颜色，如图7-147所示。

图7-145　　　　　图7-146　　　　　图7-147

（9）使用铅笔工具绘制人物的头发，如图7-148所示。在额头上绘制一个图形，填充黑色，设置不透明度为26%，如图7-149、图7-150所示。

图7-148　　　　　图7-149　　　　　图7-150

（10）使用钢笔工具绘制三个三角形。执行"窗口>色板库>渐变>玉石和珠宝"命令，加载该渐变库，如图7-151所示。用其中的红色、蓝色和淡紫色渐变样本填充三角形，如图7-152所示。

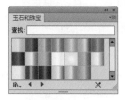

图7-151　　　　　　　图7-152

（11）创建一个与画面大小相同的矩形。单击"图层"面板底部的按钮，创建剪切蒙版，将画板以外的区域隐藏，如图7-153、图7-154所示。

图7-153　　　　　　　图7-154

（12）绘制如图7-155所示的图形。使用选择工具按住Alt键向下拖动图形进行复制，如图7-156所示。

图7-155　　　　　图7-156

（13）选取这两个图形，按下Alt+Ctrl+B快捷键建立混合，双击混合工具 ，打开"混合选项"对话框，设置"指定的步数"为30，如图7-157、图7-158所示。执行"对象>混合>扩展"命令，将对象扩展为可以编辑的图形，如图7-159所示。

图7-157　　　　图7-158　　　　图7-159

（14）在"渐变"面板中调整渐变颜色，为图形填充线性渐变，如图7-160、图7-161所示。

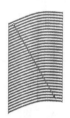

图7-160　　　　　　　图7-161

（15）使用钢笔工具 绘制一个外形似叶子的路径图形，如图7-162所示。选取渐变图形与叶子图形，按下Ctrl+G快捷键编组。在"图层"面板中选择编组子图层，如图7-163所示，单击"面板"底部的 按钮创建剪切蒙版，将多出叶子的图形区域隐藏，如图7-161所示。

图7-162　　　　图7-163　　　　图7-164

（16）将该图形移动到人物左侧，按下Shift+Ctrl+[快捷键移至底层，如图7-165所示。复制该图形，粘贴到画面空白位置。使用编组选择工具 在条形上双击，将条形选取，如图7-166所示。将填充颜色设置为黑色，如图7-167所示。

图7-165　　　　图7-166　　　　图7-167

（17）选取该图形，双击镜像工具 ，打开"镜像"对话框，选择"水平"选项，如图7-168所示，对图形进行水平翻转，如图7-169所示。再用同样方法复制图形，填充白色，放置在头发的黑色区域上，如图7-170所示。

图7-168　　　　图7-169　　　　图7-170

（18）绘制发丝图形，设置为白色填充黑色描边，如图7-171所示；再绘制少许黑色填充白色描边的图形，如图7-172所示。

图7-171　　　　　　　图7-172

（19）分别使用钢笔工具 和椭圆工具 绘制一些小的装饰图形，如图7-173所示，装饰在画面中，如图7-174所示。

图7-173　　　　　　　图7-174

（20）将上面制作的图形复制，填充线性渐变，如图7-175、图7-176所示。再绘制一组外形似水滴的图形，如图7-177所示。

图7-175　　　　图7-176　　　　图7-177

（21）将制作的图形装饰在人像周围，如图7-178所示。

图7-178

7.11.2 制作封面、封底和书脊

（1）按下Ctrl+N快捷键，创建380mm×260mm、CMYK模式、预留3mm出血的文档，如图7-179所示。按下Ctrl++快捷键放大窗口显示比例。按下Ctrl+R快捷键显示标尺，在垂直标尺上拖出两条参考线，分别放在185mm和195mm处，通过参考线将封面、封底和书脊划分出来，如图7-180所示。

图7-179　　　　　　　图7-180

> **提示**
>
> 位于画板外3mm的部分是预留的出血。出血是印刷品在最后裁切时需要裁掉的部分，以避免出现白边。

（2）将装饰人物拖动到该文件中，如图7-181所示。使用椭圆工具 ⬭ 按住Shift键创建几个圆形，填充径向渐变（渐变最外端颜色的不透明度为0%），如图7-182～图7-187所示。

图7-181　　　　　　　图7-182

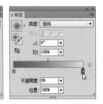

图7-183　　　　图7-184　　　　图7-185

图7-186　　　　　　　图7-187

（3）使用编组选择工具 选择一组叶片图形，如图7-188所示，按下Ctrl+C快捷键复制，按下Ctrl+V快捷键粘贴到封底并调整一下角度，如图7-189所示。

图7-188　　　　　　　图7-189

（8）在封面也粘贴一个图形，设置填充颜色为白色，描边为黑色1pt，效果如图7-190所示。在封面和封底加入一些装饰图形，如图7-191所示。

图7-190　　　　　　　图7-191

111

（9）用文字工具 T 输入书籍的名称、作者、出版社、书籍定价等文字信息；用矩形工具 绘制条码，如图7-192所示。单击"图层"面板底部的 按钮，新建一个图层，如图7-193所示。

图7-192　　　　　　　　图7-193

（10）用矩形工具 基于书脊参考线绘制一个黑色的矩形，如图7-194所示。用文字工具 T 输入书脊上的文字。按下Ctrl+；快捷键隐藏参考线，最终效果如图7-195所示。

图7-194　　　　　　　　图7-195

7.12　剪切蒙版拓展练习：百变贴图

剪切蒙版可以通过图形控制对象的显示范围，非常适合在马克杯、滑板、T恤、鞋子等对象表面贴图。例如图7-196所示是光盘中提供的鞋子素材，通过剪切蒙版贴图可以赋予白色鞋子以花纹，使之更加时尚和个性化，如图7-197所示。

图7-196　　　　　　　　　　　　　　　图7-197

一种贴图方法是将花纹创建为图案，用图案来填充鞋子图形，但这样的话，一旦要修改图案会比较麻烦。另一种方法是用剪切蒙版。在制作时可将鞋面、鞋底和鞋带等部分放在不同的图层中，而鞋面则要与花纹位于同一图层，在制作剪切蒙版时比较方便，如图7-198所示。

花纹　　　　　　　"图层"面板　　　　　用鞋面图形创建剪切蒙版

图7-198

第8章

POP广告设计：混合与封套扭曲

8.1 关于POP广告

POP（Point of Purchase Advertising）意为"购买点广告"，泛指在商业空间、购买场所、零售商店的周围、商品陈设处设置的广告物，如商店的牌匾、店面的装潢和橱窗，店外悬挂的充气广告、条幅，商店内部的装饰、陈设、招贴广告、服务指示，店内发放的广告刊物，进行的广告表演，以及广播、电子广告牌等。图8-1所示为用于展示商品的POP广告橱窗，如图8-2所示为用于促销的POP海报，图8-3所示为商品上的POP广告。

图8-1

图8-2

图8-3

POP广告起源于美国的超级市场和自助商店里的店头广告。超市出现以后，商品可以直接和顾客见面，从而大大减少了售货员，当消费者面对诸多商品无从下手时，摆放在商品周围的POP广告可以起到吸引消费者关注、促成其下定购买决心的作用。因而POP广告又有"无声的售货员"的美名。

POP广告从使用材料上可分为纸质POP广告、木质POP广告、金属POP广告和塑料POP广告等；从使用权期限上可分为长期POP广告（大型落地式），中期POP广告（一般为2～4个月的季节性广告），短期POP广告（配合新产品问世的一次性广告，周期一般为1周到1个月）；按照展示场所和使用功能来划分，可分为悬挂式POP广告、与商品结合式POP广告、商品价目卡、展示卡式POP广告和大型台架式POP广告四大类。

小知识：广告界的3B概念

国外广告界通常将在广告中使用美女、儿童和动物称为运用3B，即Beauty、Baby和Beast。3B概念利用人们的审美心理和爱心提升受众对广告的关注度，达到扩大宣传的目的。

帕尔默斯丝袜广告（Beauty）

婴儿用品广告（Baby）

一汽大众广告（Beast）

8.2 混合

混合功能可以在两个或多个对象之间生成一系列的中间对象，使之产生从形状到颜色的全面混合效果。图形、文字、路径，以及应用渐变或图案填充的对象都可以用来创建混合。

8.2.1 创建混合

（1）使用混合工具创建混合

选择混合工具 ，将光标放在对象上，捕捉到锚点后光标会变为 状，如图8-4所示；单击鼠标，然后将光标放在另一个对象上，捕捉到锚点后，如图8-5所示，单击即可创建混合，如图8-6所示。

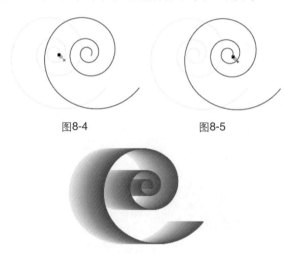

图8-4　　　　　　图8-5

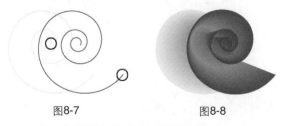

图8-6

捕捉不同位置的锚点时，创建的混合效果也大不相同，如图8-7、图8-8所示。

图8-7　　　　　　图8-8

（2）使用混合命令创建混合

如图8-9所示为两个椭圆形，将它们选择，执行"对象>混合>建立"命令，即可创建混合，如图8-10所示。如果用来制作混合的图形较多或者比较复杂，则使用混合工具 很难正确地捕捉

锚点，创建混合时就可能发生扭曲，使用混合命令创建混合就可以避免出现这种情况。

图8-9　　　　　　图8-10

8.2.2 设置混合选项

创建混合后，选择对象，然后双击混合工具 ，可以打开"混合选项"对话框修改混合图形的方向和颜色的过渡方式，如图8-11所示。

图8-11

◎ 间距：选择"平滑颜色"，可自动生成合适的混合步数，创建平滑的颜色过渡效果，如图8-12所示；选择"指定的步数"，可在右侧的文本框中输入数值，例如，如果要生成5个中间图形，可输入"5"，效果如图8-13所示；选择"指定的距离"，可输入中间对象的间距，Illustrator会按照设定的间距自动生成与之匹配的图形，如图8-14所示。

图8-12　　　　　　图8-13

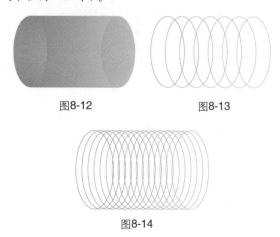

图8-14

◎取向：如果混合轴是弯曲的路径，单击对齐页面按钮 时，混合对象的垂直方向与页面保持一致，如图8-15所示；单击对齐路径按钮，则混合对象垂直于路径，如图8-16所示。

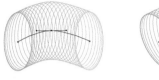

图8-15 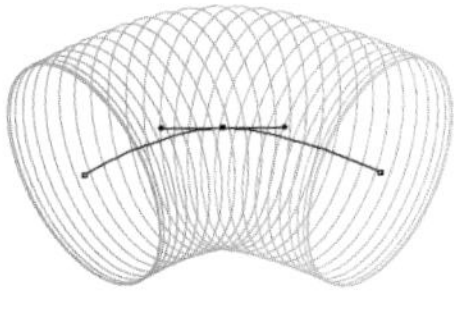　　　　　　图8-16

提示

创建混合时生成的中间对象越多，文件就越大。使用渐变对象创建复杂的混合时，更是会占用大量内存。

8.2.3　反向堆叠与反向混合

创建混合以后，如图8-17所示，选择对象，执行"对象>混合>反向堆叠"命令，可以颠倒对象的堆叠次序，使后面的图形排到前面，如图8-18所示。执行"对象>混合>反向混合轴"命令，可以颠倒混合轴上的混合顺序，如图8-19所示。

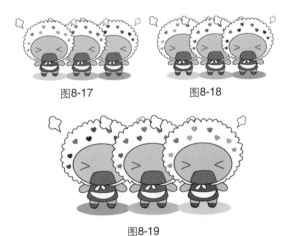

图8-17　　　　　　图8-18

图8-19

8.2.4　编辑原始图形

用编组选择工具 在原始图形上单击可将其选择，如图8-20所示。选择原始的图形后，可以修改它的颜色，如图8-21所示；也可以对它进行移动、旋转、缩放等操作，如图8-22所示。

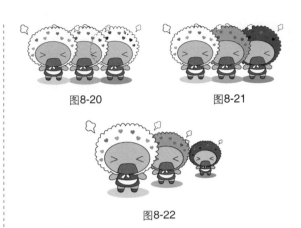

图8-20　　　　　　图8-21

图8-22

8.2.5　编辑混合轴

创建混合后，会自动生成一条连接对象的路径，即混合轴。默认情况下，混合轴是一条直线，可以使用其他路径来替换。例如图8-23所示为一个混合对象，将它和一条椅子形状的路径同时选择，如图8-24所示，执行"对象>混合>替换混合轴"命令，即可用该路径替换混合轴，混合对象会沿着新的混合轴重新排列，如图8-25所示，图8-26所示为通过这种方法制作的不锈钢椅子。

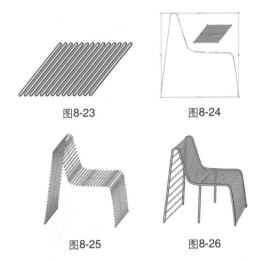

图8-23　　　　　　图8-24

图8-25　　　　　　图8-26

使用直接选择工具 拖动混合轴上的锚点或路径段，可以调整混合轴的形状，如图8-27、图8-28所示。此外，混合轴上也可以添加或删除锚点。

图8-27　　　　　　图8-28

8.2.6　扩展与释放混合

创建混合后，原始对象之间生成的中间对象自身并不具备锚点，因此，这些图形是无法选择的。如果要编辑它们，可以选择混合对象，如图8-29所示，执行"对象>混合>扩展"命令，将它们扩展为图形，如图8-30所示。

图8-30

如果要释放混合，可执行"对象>混合>释放"命令。释放混合对象的同时还会释放混合轴，它是一条无填色、无描边的路径。

图8-29

8.3　高级技巧：线的混合艺术

混合特别适合表现毛发、绒毛、羽毛等对象。例如图8-31所示的海报中，羽毛就是通过混合制作出来的。

图8-31

羽毛的纹理清晰可见，它们都是由路径组成的，在制作时，先绘制几条主要的路径，然后在路径之间制作混合，即可表现出羽毛的层次感。羽毛的明暗效果则是使用铅笔工具 ✎ 绘制一些闭合式路径图形，再填充不同的颜色并设置羽化效果表现出来的，如图8-32所示。

混合后的效果　　表现羽毛明暗　　羽化效果

图8-32

混合的绝妙之处是可以根据需要，自由地控制由混合生成的中间图形的数量，巧妙地利用此功能可以淋漓尽致地演绎线条的艺术之美。例如图8-33所示为四条简单的路径，将它们两两混合，然后适当减少中间图形的数量，就可以生成一条活灵活现的金鱼，如图8-34、图8-35所示。通过线条充分地表现了金鱼的动感和轻盈的姿态。

图8-33　　　　　图8-34　　　　　图8-35

绘制路径　　　　制作混合　　　组成羽毛的路径

8.4 封套扭曲

封套扭曲是Illustrator中最灵活、最具可控性的变形功能，它可以使对象按照封套的形状产生变形。封套是用于扭曲对象的图形，被扭曲的对象叫做封套内容。封套类似于容器，封套内容则类似于水，将水装进圆形的容器时，水的边界就会呈现为圆形，装进方形容器时，水的边界又会呈现为方形，封套扭曲也与之类似。

8.4.1 用变形建立封套扭曲

选择对象，执行"对象>封套扭曲>用变形建立"命令，打开"变形选项"对话框，如图8-36所示，在"样式"下拉列表中选择一种变形样式并设置参数，即可扭曲对象，如图8-37所示。

图8-36

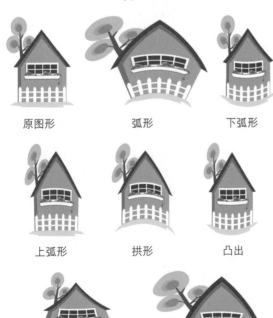

原图形	弧形	下弧形
上弧形	拱形	凸出
凹壳	凸壳	

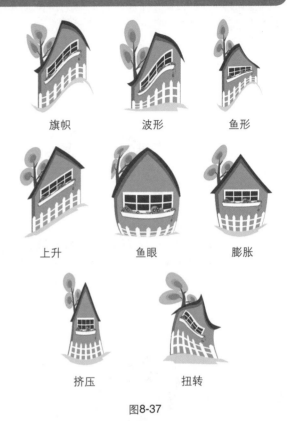

旗帜	波形	鱼形
上升	鱼眼	膨胀
挤压	扭转	

图8-37

提示

调整"弯曲"值可以控制扭曲程度，该值越高，扭曲强度越大；调整"扭曲"选项中的参数，可以使对象产生透视效果。

小技巧：重新设定网格

使用网格建立封套扭曲后，选择对象，可以在控制面板中修改网格线的行数和列数，也可以单击"重设封套形状"按钮，将网格恢复为原有的状态。

8.4.2 用网格建立封套扭曲

选择对象，执行"对象>封套扭曲>用网格建立"命令，在打开的对话框中设置网格线的行数和列数，如图8-38所示，单击"确定"按钮，创建变形网格，如图8-39所示。此后可以用直接选择工具 ⭲ 移动网格点来改变网格形状，进而扭曲对象，如图8-40所示。

图8-38

图8-39

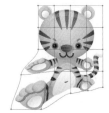
图8-40

提示

除图表、参考线和链接对象外，可以对任何对象进行封套扭曲。

8.4.3 用顶层对象建立封套扭曲

在对象上放置一个图形，如图8-41所示，再将它们选择，执行"对象>封套扭曲>用顶层对象建立"命令，即可用该图形扭曲它下面的对象，如图8-42所示。

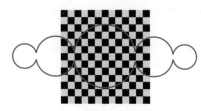
图8-41

图8-42

小技巧：用封套扭曲制作鱼眼镜头效果

采用顶层对象创建封套扭曲的方法，可以将图像扭曲为类似于鱼眼镜头拍摄的夸张效果。鱼眼镜头是一种超广角镜头，用它拍摄出的照片，除画面中心的景物不变外，其他景物均呈现向外凸出的变形效果，可以产生强烈的视觉冲击力。

图像素材

在图像上方创建圆形

创建封套扭曲

添加金属边框

8.4.4 设置封套选项

封套选项决定了以何种形式扭曲对象以便使之适合封套。要设置封套选项，可以选择封套扭曲对象，单击控制面板中的封套选项按钮▤，或执行"对象>封套扭曲>封套选项"命令，打开"封套选项"对话框进行设置，如图8-43所示。

图8-43

◎ 消除锯齿：使对象的边缘变得更加平滑，不过这会增加处理时间。

◎ 保留形状，使用：用非矩形封套扭曲对象时，可在该选项中指定栅格以怎样的形式保留形状。选择"剪切蒙版"，可在栅格上使用剪切蒙版；选择"透明度"，则对栅格应用 Alpha 通道。

◎ 保真度：指定封套内容在变形时适合封套图形的精确程度，该值越高，封套内容的扭曲效果越接近于封套的形状，但会产生更多的锚点，同时也会增加处理时间。

◎ 扭曲外观：如果封套内容添加了效果或图形样式等外观属性，选择该选项，可以使外观与对象一同扭曲。

◎ 扭曲线性渐变填充：如果被扭曲的对象填充了线性渐变，如图8-44所示，选择该选项可以将线性渐变与对象一起扭曲，如图8-45所示。如图8-46所示为未选择该项时的扭曲效果。

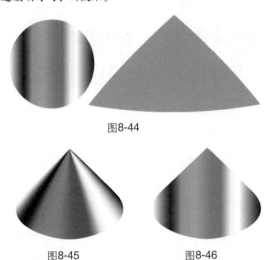

图8-44

图8-45   图8-46

◎ 扭曲图案填充：如果被扭曲的对象填充了图案，如图8-47所示，选择该选项可以使图案与对象一起扭曲，如图8-48所示。如图8-49所示为未选择该选项时的扭曲效果。

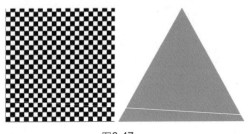

图8-47

图8-48   图8-49

8.4.5 编辑封套内容

创建封套扭曲后，封套对象就会合并成一个名称为"封套"的图层，如图8-50所示。如果要编辑封套内容，可以选择对象，然后单击控制面板中的编辑内容按钮，封套内容便会出现在画面中，如图8-51所示，此时便可对其进行编辑。例如，可以使用编组选择工具选择图形然后修改颜色，如图8-52所示。修改内容后，单击编辑封套按钮，可重新恢复为封套扭曲状态，如图8-53所示。

如果要编辑封套，可以选择封套扭曲对象，然后使用锚点编辑工具（如转换锚点工具、直接选择工具等）对封套进行修改，封套内容的扭曲效果也会随之改变，如图8-54所示。

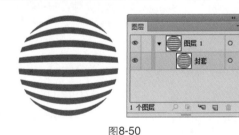

图8-50

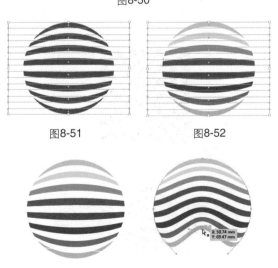

图8-51   图8-52

图8-53   图8-54

提示

通过"用变形建立"和"用网格建立"命令创建的封套扭曲，可以直接在控制面板中选择其他的样式，也可以修改参数和网格的数量。

8.4.6 扩展与释放封套扭曲

选择封套扭曲对象，执行"对象>封套扭曲>扩展"命令，可以删除封套，但对象仍保持扭曲状态，并且可以继续编辑和修改。如果执行"对象>封套扭曲>释放"命令，则可以释放封套对象和封套，使对象复为原来的状态。如果封套扭曲是使用"用变形建立"命令或"用网格建立"命令创建的，执行该命令时还会释放出一个封套形状的网格图形。

8.5 高级技巧：封套扭曲转换技巧

如果封套扭曲是使用"用变形建立"命令创建的，如图8-55所示，则选择对象后，执行"对象>封套扭曲>用网格重置"命令，可基于当前的变形效果生成变形网格，如图8-56所示，此时可通过网格点来扭曲对象，如图8-57所示。

图8-55　　　　　图8-56

图8-57

如果封套扭曲是使用"用网格建立"命令创建的，则执行"对象>封套扭曲>用变形重置"命令，可以打开"变形选项"对话框，将对象转换为用变形创建的封套扭曲。

小技巧：制作编织袋

下图为一幅插画作品"落花生"，装满花生的袋子是通过封套扭曲制作的。操作方法是先用钢笔工具✍绘制一个袋子图形；然后用矩形网格工具▦制作一个网格图形；再将袋子放在网格上，将它们选择后，使用"用顶层对象建立"命令扭曲网格，使网格线的变化与布袋的起伏相一致。为了使纹理也有明暗效果，笔者将它放在一个填充了渐变的袋子图形上，然后在"透明度"面板中设置它的混合模式为"叠加"，最后又使用铅笔工具✍绘制了几个高光和阴影图形，并对这些图形设置了羽化，将它们叠加在袋子上，使袋子更加真实。

插画"落花生"

小技巧：制作编织袋

绘制袋子图形

创建网格图形

创建封套扭曲

添加高光和阴影

8.6 混合实例：混合对象的编辑技巧

（1）新建一个文档。使用文字工具 **T** 在画板中输入文字，如图8-58所示。使用选择工具 ▶ 按住Alt键向右下方拖动鼠标，复制文字，如图8-59所示。

图8-58　　　　　　　图8-59

（2）将后面文字的填充颜色设置为白色，选择这两个文字，如图8-60所示，按下Alt+Ctrl+B快捷键创建混合，双击混合工具 ，将混合步数设置为150，如图8-61、图8-62所示。

图8-60

图8-61

图8-62

（3）使用编组选择工具 ▶＋ 选择后方的文字，如图8-63所示，选择工具面板中的选择工具 ▶ ，此时可以显示定界框，按住Shift键拖动控制点，将文字等比缩小，让文字产生透视效果，如图8-64所示。

图8-63

图8-64

（4）使用选择工具 ▶ 重新选择整个混合对象，按住Alt键拖动进行复制。使用编组选择工具 ▶＋ 选择前方的文字，如图8-65所示，将它的填充颜色修改为洋红色，如图8-66所示。

图8-65　　　　　　　　　图8-66

（5）再复制出一组混合对象，选择位于前方的文字，执行"文字>创建轮廓"命令，将文字转换为轮廓，如图8-67所示。将它的填充颜色设置为渐变，如图8-68、图8-69所示。

图8-67　　　　　　　　　图8-68

图8-69

（6）保持前方文字的选取状态，选择渐变工具 ，按住Shift键在文字上方单击并沿水平方向拖动鼠标，这几个字符会作为一个统一的整体填充渐变，效果如图8-70所示。

（7）复制这组填充了渐变的文字，双击混合工具 ，将混合步数设置为30。使用编组选择工具 在位于前方的文字"A"上单击3下，选择前方的这组文字，如图8-71所示，设置描边颜色为白色，宽度为1pt，如图8-72所示。按下X键，将填色设置为当前编辑状态，用编组选择工具 分别选择前方的各个文字，并填充不同的颜色，效果如图8-73所示。

图8-70　　　　　　　　　图8-71

图8-72　　　　　　　　　图8-73

8.7 混合实例：线状特效字

（1）新建一个文件。用矩形工具 创建一个矩形，填充红色，作为背景。用椭圆工具 创建几个图形作为模版，如图8-74所示。在"图层1"的眼睛图标右侧单击，锁定图层，如图8-75所示。单击面板底部的 按钮，新建一个图层，如图8-76所示。

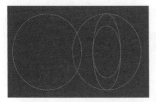

图8-74　　　　　　　　　图8-75

图8-76

（2）用钢笔工具 绘制两条曲线，设置描边为白色，宽度为0.74pt，如图8-77、图8-78所示。

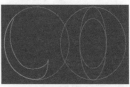

图8-77　　　　　　　　　图8-78

（3）用选择工具 选取这两条线，按下Alt+Ctrl+B快捷键创建混合。双击混合工具 ，在打开的对话框中将"间距"设置为"指定的步数"，步数设置为17，如图8-79、图8-80所示。

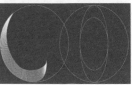

图8-79　　　　　　　　　图8-80

（4）采用相同的方法绘制几组曲线，每两条为一组，创建混合，然后修改混合步数，如图8-81～图8-86所示为字母G的组成线条。为了便于观察，这里单独显示每一个混合对象。

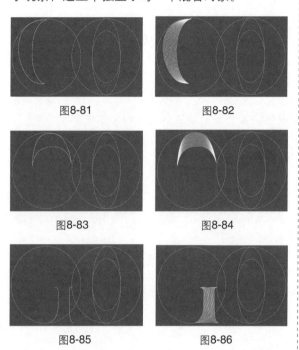

图8-81	图8-82
图8-83	图8-84
图8-85	图8-86

（5）如图8-87～图8-96所示为字母O的组成线条。

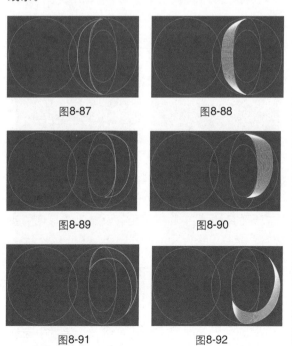

图8-87	图8-88
图8-89	图8-90
图8-91	图8-92

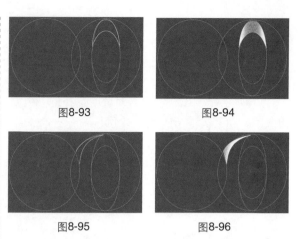

图8-93	图8-94
图8-95	图8-96

（6）绘制字母的连接部分，如图8-97、图8-98所示。

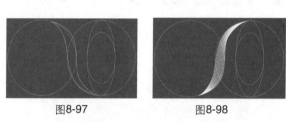

图8-97	图8-98

（7）在"图层1"的锁状图标🔒上单击，解除锁定，然后在模版图形（第1步操作中绘制的几个圆形和椭圆形）的眼睛图标👁上单击，隐藏这些图层，如图8-99所示。最终效果如图8-100所示。

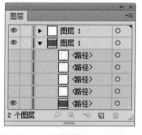

图8-99

图8-100

8.8 混合实例：山峦特效字

（1）新建一个文件。选择文字工具 T，打开"字符"面板选择字体，设置文字大小，如图8-101所示，在画板中单击并输入文字，如图8-102所示。

图8-101　　　　　　　图8-102

（2）选择倾斜工具，将光标放在文字右下角，单击并向左侧拖动鼠标，如图8-103所示；再向下方拖动鼠标，对文字进行倾斜处理，如图8-104所示。执行"文字>创建轮廓"命令，将文字转换为图形，如图8-105所示。

图8-103　　　　　　　图8-104

图8-105

（3）用矩形工具创建一个矩形，填充一种线性渐变作为背景，如图8-106、图8-107所示。将文字摆放到该背景上，设置填充颜色为白色，无描边，如图8-108所示。

图8-106　　　　图8-107　　　　图8-108

（4）选取所有文字，执行"效果>路径>位移路径"命令，设置参数如图8-109所示，让文字向内收缩，如图8-110所示。按下Ctrl+C快捷键复制文字。单击"图层"面板底部的按钮，新建一个图层，执行"编辑>就地粘贴"命令，将文字粘贴到该图层中，如图8-111所示。在该图层的眼睛图标上单击，隐藏图层，如图8-112所示。

图8-109　　　　　　　图8-110

图8-111　　　　　　　图8-112

（5）单击"图层1"，使用铅笔工具绘制一个图形，填充洋红色，无描边，如图8-113所示。用选择工具按住Shift键单击字母S，将它与绘制的图形同时选取，如图8-114所示，按下Alt+Ctrl+B快捷键创建混合，双击混合工具，在打开的对话框中将"间距"设置为"指定的步数"，步数设置为100，如图8-115、图8-116所示。

图8-113　　　　图8-114　　　　图8-115

图8-116

（6）其他文字也采用相同的方法创建混合，如图8-117～图8-123所示。

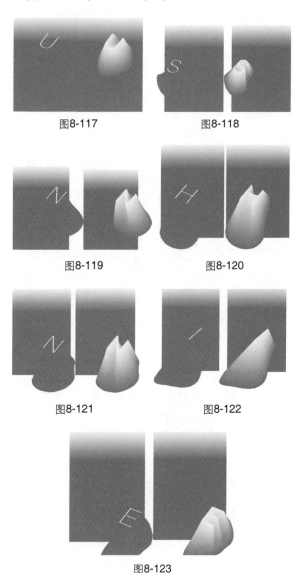

图8-117　　　　　　图8-118

图8-119　　　　　　图8-120

图8-121　　　　　　图8-122

图8-123

（7）用钢笔工具绘制几个图形，也创建同样的混合效果，如图8-124所示。当前文字效果如图8-125所示。

图8-124　　　　　　图8-125

（8）用矩形工具创建一个与背景图形大小相同的矩形，如图8-126所示。在"图层1"右侧的选择列（○状图标处）单击，如图8-127所示，选取该图层中的所有图形，执行"对象>剪切蒙版>建立"命令，创建剪切蒙版，将矩形之外的图形隐藏，如图8-128所示。

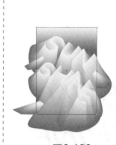

图8-126 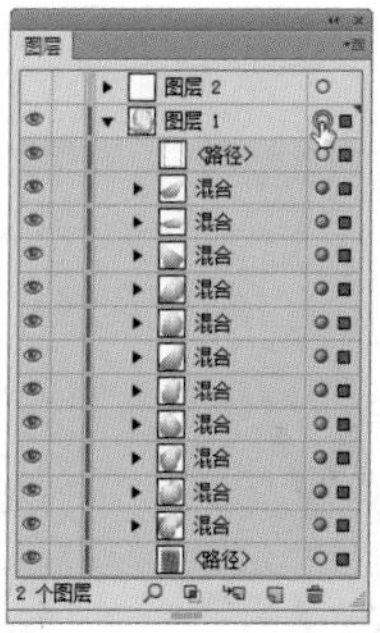　　图8-127　　图8-128

（9）在"图层2"的眼睛图标处单击，显示该图层，如图8-129、图8-130所示。最后可以添加一些图形和文字来丰富版面，如图8-131所示。

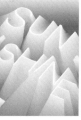

图8-129　　　　　　图8-130

图8-131

8.9 封套扭曲实例：艺术花瓶

（1）用钢笔工具 📏 绘制花瓶图形，如图8-132所示。按住Ctrl+Alt键将花瓶向右侧拖动进行复制，原图形保留，以后制作封套扭曲时会用到。

（2）选择网格工具 📐，在如图8-133所示的位置单击，添加网格点，单击"色板"中的红色，为网格点着色，如图8-134所示。在花瓶右侧单击添加网格点，如图8-135所示。

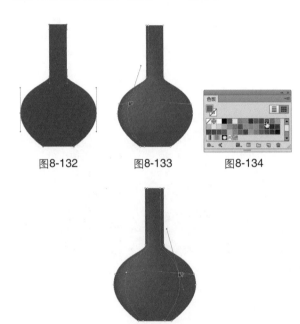

图8-132　　　图8-133　　　图8-134

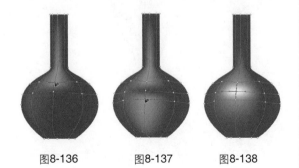

图8-135

（3）继续添加网格点，并设置为橙色，如图8-136、图8-137所示。在位于花瓶中间的网格点上单击，将它选择，设置为白色，如图8-138所示。

图8-136　　　图8-137　　　图8-138

（4）按住Ctrl键拖出一个矩形选框，选择瓶口处的网格点，如图8-139所示，设置为蓝色，

如图8-140所示。选择瓶底的网格点，设置为蓝色，如图8-141所示。

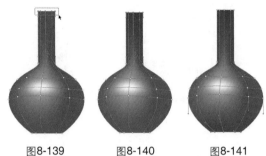

图8-139　　　图8-140　　　图8-141

（5）用圆角矩形工具 ▢ 在瓶口处创建一个圆角矩形，如图8-142所示。按住Ctrl键选择瓶子及瓶口图形，单击控制面板中的 ⬚ 按钮，使它们对齐。选择瓶口的圆角矩形，用网格工具 📐 在图形中单击，添加一个网格点，设置为橙色，如图8-143所示。将瓶口图形复制到瓶底并放大，如图8-144所示。将组成花瓶的三个图形选择，按下Ctrl+G键编组。

图8-142　　　图8-143　　　图8-144

（6）执行"窗口>色板库>图案>装饰>装饰旧版"命令，打开该图案库。在花瓶图形（没有应用渐变网格的图形）上面创建一个矩形，矩形应大于花瓶图形。单击如图8-145所示的图案，填充该图案，如图8-146所示。

图8-145

图8-146

（7）按下Shift+Ctrl+[快捷键，将图案移动到花瓶图形下面，如图8-147所示。选择图案与花瓶，按下Alt+Ctrl+C快捷键用顶层对象创建封套扭曲，如图8-148所示。

图8-147　　　　　　　图8-148

（8）将扭曲后的图案移动到设置了渐变网格的花瓶上面，在"透明度"面板中设置混合模式为"变暗"，如图8-149、图8-150所示。

（9）执行"窗口>符号库>花朵"命令，打开该符号库，如图8-151所示。将一些花朵符号从面板中拖出，装饰在花瓶中，如图8-152所示。

图8-149　　　　　　　图8-150

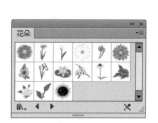 

图8-151　　　　　　　图8-152

（10）用同样方向制作一个绿色花瓶，为它们添加投影，再制作一个渐变背景，使画面具有空间感，最后使用光晕工具 在画面中增添闪光效果，如图8-153所示。

图8-153

8.10　POP广告实例：便利店DM广告

（1）新建一个大小为185mm×130mm的文件，用钢笔工具 绘制两个叶子状图形，如图8-154所示。将它们选择，按下Alt+Ctrl+B快捷键建立混合，如图8-155所示。再绘制几组图形，如图8-156所示，并分别创建混合，如图8-157所示。

图8-154　　　图8-155　　　图8-156

图8-157

（2）绘制一个花瓣，填充线性渐变，如图8-158、图8-159所示。在它上面绘制两个图形，如图8-160所示，选择这三个图形，按下Alt+Ctrl+B快捷键建立混合，如图8-161所示。

图8-158　　图8-159　　图8-160　　图8-161

（3）复制几个花瓣图形，如图8-162所示，将它们组成为一个花朵，如图8-163所示。复制花朵，将它们放到花梗上，如图8-164所示。将这一束花选择，按下Ctrl+G快捷键编组。

图8-162　　　图8-163　　　图8-164

（4）执行"效果>风格化>投影"命令，设置投影颜色和参数如图8-165所示，为鲜花添加投影，如图8-166所示。用圆角矩形工具创建一个圆角矩形（可按下"↑"和"↓"键调整圆角的大小），如图8-167所示，按下Ctrl+A快捷键全选，按下Ctrl+Z快捷键创建剪切蒙版，将矩形外的对象隐藏。

图8-165　　　图8-166　　　图8-167

（5）用编组选择工具选择圆角矩形，如图8-168所示，为它填充渐变，如图8-169、图8-170所示。

图8-168　　　图8-169　　　图8-170

（6）用椭圆工具绘制几个椭圆形，填充为白色，无描边，将它们编为一组，如图8-171所示。复制该组图形，将副本图形缩小，如图8-172所示。

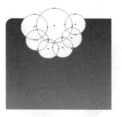 

图8-171　　　　　图8-172

（7）用直线段工具按住Shift键绘制一条直线，如图8-173所示。执行"效果>扭曲和变换>波纹效果"命令，设置参数如图8-174所示，对直线进行扭曲，如图8-175所示。

图8-173　　　图8-174　　　图8-175

（8）向下复制两条直线，如图8-176所示。将这三条直线选择，编为一组。在"图层"面板中，将云朵图形和直线所在的图层拖入剪切蒙版组，如图8-177所示，这样就可以将蒙版外面的图形也隐藏。用文字工具输入广告文字，如图8-178所示。

图8-176　　　　　图8-177

图8-178

（9）在"图层1"下面新建一个图层，如图8-179所示。用钢笔工具 ✐ 绘制一个心形图形，如图8-180所示。按下Shift+Ctrl+O快捷键将描边转换为轮廓，为图形填充渐变，再将它移动到卡片右侧，组成一个水杯，如图8-181所示。

图8-179　　　　　图8-180

图8-181

（10）单击"图层1"，在该图层中绘制一些线条和圆形，丰富画面效果，如图8-182所示。

图8-182

8.11　混合拓展练习：弹簧字

用不同颜色的圆形和曲线创建混合，再根据文字结构特点绘制出相应的路径，用它们替换混合轴，制作出形象逼真、色彩明快的弹簧字，如图8-183、图8-184所示。具体操作方法，请参阅光盘中的视频教学录像。

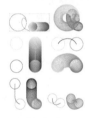

图8-183　　　　　图8-184

8.12　混合拓展练习：动感世界杯

如图8-185所示为一幅世界杯海报，动感足球是通过混合制作出来的。首先打开光盘中的素材文件，如图8-186所示，复制出两个足球，调小并降低不透明度，如图8-187所示；用这三个足球创建混合（步数为10），如图8-188所示；然后用路径替换混合轴并反转对象的堆叠顺序，如图8-189、图8-190所示。具体操作方法，请参阅光盘中的视频教学录像。

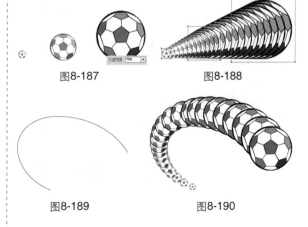

图8-187　　　　　图8-188

图8-185　　　　　图8-186

图8-189　　　　　图8-190

第9章

UI设计

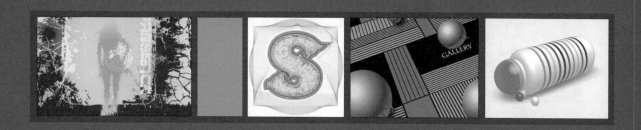

9.1 UI设计

UI是User Interface的简称,译为用户界面或人机界面,这一概念是上个世纪70年代由施乐公司帕洛阿尔托研究中心(Xerox PARC)施乐研究机构工作小组提出的,并率先在施乐一台实验性的计算机上进行了使用。

UI设计是一门结合了计算机科学、美学、心理学、行为学等学科的综合性艺术,它是为了满足软件标准化的需求而产生,并伴随着计算机、网络和智能化电子产品的普及而迅猛发展。UI的应用领域主要包括手机通讯移动产品、电脑操作平台、软件产品、PDA产品、数码产品、车载系统产品、智能家电产品、游戏产品、产品的在线推广等。国际和国内很多从事手机、软件、网站、增值服务的企业和公司都设立了专门从事UI研究与设计的部门,以期通过UI设计提升产品的市场竞争力。如图9-1、图9-2所示为游戏界面和图标设计。

9.2 Illustrator效果

图9-1　　　　　　　图9-2

效果是用于改变对象外观的功能。例如,可以为对象添加投影、使对象扭曲、边缘产生羽化、呈现线条状等。

9.2.1 了解效果

Illustrator的"效果"菜单中包含两类效果,如图9-3所示。位于菜单上部的"Illustrator效果"是矢量效果,其中的3D效果、SVG滤镜、变形效果、变换效果、投影、羽化、内发光以及外发光可同时应用于矢量和位图,其他效果则只能用于矢量图;位于菜单下部的"Photoshop效果"与Photoshop的滤镜相同,它们可用于矢量对象和位图。

选择对象后,执行"效果"菜单中的命令,或者单击"外观"面板中的 fx. 按钮,打开下拉列表选择一个命令即可应用效果。应用一个效果

后(如使用"扭转"效果),菜单中就会保存该命令,如图9-4所示。执行"效果>应用扭转(效果名称)"命令,可以再次使用该效果。如果要修改效果参数,可执行"效果>扭转(效果名称)"命令。

图9-3　　　　　　　图9-4

提示

向对象应用一个效果后,"外观"面板中便会列出该效果,通过该面板可以编辑效果,或者删除效果以还原对象。

9.2.2 SVG滤镜

SVG是将图像描述为形状、路径、文本和滤镜效果的矢量格式,它的特点是生成的文件很

小，并且可以任意缩放，主要用在以SVG效果支持高质量的文字和矢量方式的图像。

9.2.3 变形

"变形"效果组中包括15种变形效果，它们可以扭曲路径、文本、外观、混合以及位图，创建弧形、拱形、旗帜等变形效果。这些效果与Illustrator预设的封套扭曲的变形样式相同。

9.2.4 扭曲和变换

扭曲和变换效果组中包含"变换"、"扭拧"、"扭转"、"收缩和膨胀"、"波纹效果"、"粗糙化"、"自由扭曲"等效果，它们可以改变图形的形状、方向和位置，创建扭曲、收缩、膨胀、粗糙和锯齿等效果。其中"自由扭曲"比较特殊，它是通过控制点来改变对象的形状的，如图9-5～图9-7所示。

图9-5　　　　图9-6　　　　图9-7

9.2.5 栅格化

栅格化是指将矢量图转换成位图。在Illustrator中可以通过两种方法来操作。例如，图9-8所示为一个矢量图形，从"外观"面板中可以看到，它是一个编组的矢量对象，如图9-9所示。执行"效果>栅格化"命令处理对象，可以使它呈现位图的外观，但不会改变其矢量结构，也就是说，它仍然是矢量对象，因此"外观"面板中仍保存着它的矢量属性，如图9-10所示。第二种方法是执行"对象>栅格化"命令，将矢量对象转换为真正的位图，如图9-11所示。

图9-8　　　　　　　　图9-9

图9-10　　　　　　　图9-11

9.2.6 裁剪标记

执行"效果>裁剪标记"命令，可以在画板上创建裁剪标记。裁剪标记标识了纸张的打印和裁剪位置。需要打印对象或将图稿导出到其他程序时，裁剪标记非常有用。

9.2.7 路径

路径效果组中包含"位移路径"、"轮廓化对象"和"轮廓化描边"命令。"位移路径"命令可基于所选路径偏移出一条新的路径，并且可以设置路径的偏移值，以及新路径的边角形状；"轮廓化对象"命令可以将对象创建为轮廓；"轮廓化描边"命令可以将对象的描边创建为轮廓。

9.2.8 路径查找器

"路径查找器"效果组中包含"相加"、"交集"、"差集"和"相减"等13种效果，可用于组合或分割图形，它们与"路径查找器"面板的相关功能相同。不同之处在于，路径查找器效果只改变对象的外观，不会造成实质性的破坏，但这些效果只能用于处理组、图层和文本对象。而"路径查找器"面板可用于任何对象、组和图层的组合。

9.2.9 转换为形状

"转换为形状"效果组中包含"矩形"、"圆角矩形"、"椭圆"等命令，它们可以将图形转换成为矩形、圆角矩形和椭圆形。在转换时，既可以在"绝对"选项中输入数值，按照指定的大小转换图形，也可以在"相对"选项中输入数值，相对于原对象向外扩展相应的宽度和高度。例如，图9-12所示为一个图形对象，图9-13所示为"形状选项"对话框，图9-14所示为转换结果。

图9-12   图9-13   图9-14

9.2.10 风格化

"风格化"效果组中包含6种效果，它们可以为图形添加投影、羽化等特效。

◎ 内发光/外发光：可使对象产生向内和向外的发光，而且可以调整发光颜色。如图9-15所示为原图形，图9-16所示为内发光效果，图9-17所示为外发光效果。

图9-15   图9-16   图9-17

◎ 圆角：可以将对象的角点转换为平滑的曲线，使图形中的尖角变为圆角。

◎ 投影：可以为对象添加投影，创建立体效果。如图9-18所示为"投影"对话框，如图9-19、图9-20所示为原图形及添加投影后的效果。

图9-18   图9-19   图9-20

◎ 涂抹：可以将图形处理为手绘效果，如图9-21～图9-23所示。

图9-21   图9-22

图9-23

◎ 羽化：可以柔化对象的边缘，使其边缘产生逐渐透明的效果。如图9-24所示为"羽化"对话框，通过"羽化半径"可以控制羽化的范围。如图9-25、图9-26所示为原图形及羽化后的效果。

图9-24   图9-25

图9-26

9.3 Photoshop效果

Photoshop效果是从Photoshop的滤镜中移植过来的，使用这些效果时会弹出"效果画廊"，如图9-27所示，有些命令会弹出相应的对话框。"效果画廊"集成了扭曲、画笔描边、素描、纹理、艺术效果和风格化效果组中的命令，单击效果组中的一个效果即可使用该效果，在预览区可以预览该效果，在参数控制区可以调整效果参数。

图9-27

单击"效果画廊"对话框右下角的 按钮，可以创建一个效果图层，添加效果图层后，可以选取其他效果。

提示

使用Photoshop效果时，按住Alt键，对话框中的"取消"按钮会变成"重置"或"复位"按钮，单击它们可以将参数恢复到初始状态。如果在执行效果的过程中想要终止操作，可以按下Esc键。

9.4 编辑对象的外观属性

外观属性是一组在不改变对象基础结构的前提下，能够影响对象效果的属性，包括填色、描边、透明度和各种效果。

9.4.1 外观面板

在Illustrator中，对象的外观属性保存在"外观"面板中。图9-28、图9-29所示为糖果瓶的外观属性。

图9-29

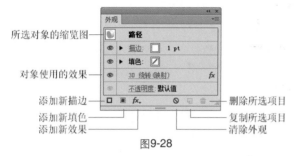

所选对象的缩览图

对象使用的效果

添加新描边
添加新填色
添加新效果

删除所选项目
复制所选项目
清除外观

图9-28

◎ 所选对象缩览图：当前选择的对象的缩览图，它右侧的名称标识了对象的类型，例如路径、文字、组、位图图像和图层等。

◎ 描边：显示并可修改对象的描边属性，包括描边颜色、宽度和类型。

◎ 填色：显示并可修改对象的填充内容。

◎ 不透明度：显示并可修改对象的不透明度值和混合模式。

◎ 眼睛图标 ：单击该图标，可以隐藏或重新显示效果。

◎ 添加新描边 ：单击该按钮，可以为对象增加一个描边属性。

◎ 添加新填色 ：单击该按钮，可以为对象增加一个填色属性。

◎ 添加新效果 ：单击该按钮，可在打开的下拉菜单中选择一个效果。

◎ 清除外观 ：单击该按钮，可清除所选对象的外观，使其变为无描边、无填色的状态。

◎ 复制所选项目 ：选择面板中的一个项目后，单击该按钮可复制该项目。

◎ 删除所选项目 ：选择面板中的一个项目后，单击该按钮可将其删除。

9.4.2 编辑基本外观

选择一个对象后，"外观"面板中会列出它的外观属性，包括填色、描边、透明度和效果

等，如图9-30所示，此时可以选择其中的任意一个属性项目进行修改。例如，图9-31所示为将填色设置为图案后的效果。

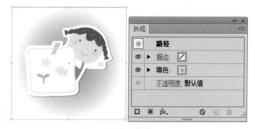

图9-30

图9-31

小技巧：快速复制外观属性

● 选择一个图形，将"外观"面板顶部的缩览图拖动到另外一个对象上，即可将所选图形的外观复制给目标对象。

● 选择一个图形，使用吸管工具 在其他图形上单击，可将该图形的外观属性复制给所选对象。

9.4.3 编辑效果

选择添加了效果的对象，如图9-32所示，双击"外观"面板中的效果名称，如图9-33所

示，可以在打开的对话框中修改效果参数，如图9-34、图9-35所示。

图9-32　　　　　　　　图9-33

图9-34　　　　　　　　图9-35

9.4.4 调整外观的堆栈顺序

在"外观"面板中，外观属性按照应用于对象的先后顺序堆叠排列，这种形式称为堆栈，如图9-36所示。向上或向下拖动外观属性，可以调整它们的堆栈顺序。需要注意的是，这会影响对象的显示效果，如图9-37所示。

图9-36

图9-37

9.4.5 扩展外观

选择对象，如图9-38所示，执行"对象>扩展外观"命令，可以将它的填色、描边和应用的效果等外观属性扩展为独立的对象（对象会自动编组），如图9-39所示为将投影、填色、描边对象移开后的效果。

图9-38　　　　　　　　图9-39

9.5 高级技巧：为图层和组添加外观

单击图层名称右侧的 〇 图标，选择图层（可以是空的图层），如图9-40所示，执行一个效果命令，即可为该图层添加外观，如图9-44、图9-45所示。此后，凡是在该图层中创建或者加入该图层的对象都会自动添加此外观（投影效果），如图9-46、图9-47所示。

图9-42　　　　　　　　图9-43

图9-40　　　　　　　　图9-41

图9-44

在"图层"面板中单击组右侧的 图标，选择编组的对象，也可为其添加效果。此后，将一个对象加入该组，这个对象也会拥有组所添加的效果。如果将其中的一个对象从组中移出，它将失去效果，因为效果属于组，而不属于组内的单个对象。

9.6 使用图形样式

图形样式是可以改变对象外观的预设的属性集合，它们保存在"图形样式"面板中。选择一个对象，如图9-45所示，单击该面板中的一个样式，即可将其应用到所选对象上，如图9-46、图9-47所示。如果再单击其他样式，则新样式会替换原有的样式。

图9-48　　　　　　　图9-49

◎ 删除图形样式 🗑 ：选择面板中的图形样式后，单击该按钮可将其删除。

图9-45　　　　图9-46　　　　图9-47

◎ 默认 □ ：单击该样式，可以将当前选择的对象设置为默认的基本样式，即黑色描边、白色填色。

◎ 图形样式库菜单 ⏷ ：单击该按钮，可在打开的下拉菜单中选择图形样式库。

◎ 断开图形样式链接 ⤬ ：用来断开当前对象使用的样式与面板中样式的链接。断开链接后，可单独修改应用于对象的样式，而不会影响面板中的样式。

◎ 新建图形样式 ⬚ ：选择一个对象，如图9-48所示，单击该按钮，即可将所选对象的外观属性保存到"图形样式"面板中，如图9-49所示，以便于其他对象使用。

小技巧：通过拖动方式应用图形样式

在未选择任何对象的情况下，将"图形样式"面板中的样式拖动到对象上，可以直接为其添加该样式，这样可以省去选择对象的麻烦，使操作更加简单。

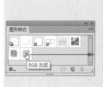

9.7 高级技巧：重新定义图形样式

单击"图形样式"面板中的一个样式，如图9-50所示，"外观"面板就会显示它包含的项目，此时可以选择一种属性进行修改。例如，选择描边后，可以修改描边颜色和宽度，如图9-51所示。执行"外观"面板菜单中的"重定义图形样式"命令，可以用修改后的样式替换原有样式，如图9-52所示。

图9-50　　　　　　　图9-51　　　　　　　图9-52

小技巧：在不影响对象的情况下修改样式

如果当前修改的样式已被文档中的对象使用，则对象的外观会自动更新。如果不希望应用到对象的样式发生改变，可以在修改样式前选择对象，再单击"图形样式"面板中的 按钮，断开它与面板中的样式的链接，然后再对样式进行修改。

9.8 图形样式创建和导入技巧

按住 Ctrl 键单击"图形样式"面板中的两个或多个图形样式，将它们选择，如图9-53所示，执行面板菜单中的"合并图形样式"命令，可以创建一个新的图形样式，它包含所选样式的全部属性，如图9-54所示。

图9-53

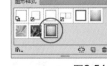
图9-54

单击"图形样式"面板中的 按钮，选择"其他库"命令，在弹出的对话框中选择一个AI文件，单击"打开"按钮，可以从该文件中使用图形样式导入当前文档，这些样式会出现在一个单独的面板中。

9.9 效果实例：涂鸦艺术

（1）打开光盘中的素材文件，选择人物图形，填充渐变，如图9-55、图9-56所示。

图9-55

图9-56

（2）执行"效果>扭曲和变换>波纹效果"命令，扭曲图形，如图9-57所示。执行"效果>扭曲和变换>扭拧"命令，设置参数如图9-58所示。

图9-57

图9-58

（3）按下Ctrl+C快捷键复制图形，按下Ctrl+F快捷键粘贴到前面。打开"外观"面板菜单，选择"简化至基本外观"命令，删除效果，只保留渐变填充。修改图形的填充颜色和混合模式，如图9-59、图9-60所示。

图9-59

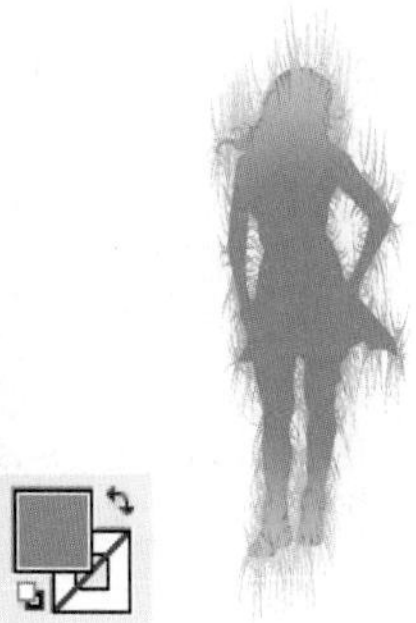

图9-60

（4）将"图层2"显示出来，如图9-61所示。选择画板中的文字图形，修改它的填色和描边，如图9-62、图9-63所示。

图9-61　　　　图9-62　　　　图9-63

（5）执行"效果>扭曲和变换>粗糙化"命令，使文字的边缘变得粗糙，如图9-64、图9-65所示。设置文字的混合模式为"叠加"，如图9-66所示。

图9-64　　　图9-65　　　图9-66

（6）在"图层"面板中将"背景素材"图层显示出来，如图9-67所示，最终效果如图9-68所示。

图9-67　　　　　　图9-68

9.10 质感实例：水晶按钮

（1）选择椭圆工具 ⬭，按住Shift键创建一个圆形，为它填充径向渐变，如图9-69、图9-70所示。按下Ctrl+C快捷键复制图形，后面会用到它。

图9-69　　　　　　图9-70

（2）执行"效果>风格化>投影"命令，为图形添加投影，如图9-71、图9-72所示。

图9-71　　　　　　图9-72

（3）执行"窗口>符号库>复古"命令，打开该面板，将如图9-73所示的符号拖动到画板中，放在按钮上方，在"透明度"面板中设置混合模式为"正片叠底"，如图9-74、图9-75所示。

图9-73　　　图9-74　　　图9-75

（4）按下Ctrl+F快捷键将复制的圆形粘贴到前面，使用选择工具 ▶，按住Shift+Alt键拖动控制点，基于中心点将圆形成比例缩小，如图9-76所示。按下Ctrl+C快捷键复制，在下面制作按钮高光时会使用该图形，按住Alt键向左上方拖动圆形进行复制，如图9-77所示。

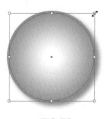
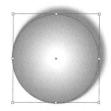

图9-76　　　　　　图9-77

（5）选择上一步操作中制作的两个圆形，如图9-78所示，单击"路径查找器"面板中的 🔲 按钮，对图形进行运算，如图9-79、图9-80所示。

图9-78　　　　　图9-79　　　　　图9-80

（6）修改图形的填充色为浅灰色，无描边颜色，如图9-81所示。执行"效果>风格化>羽化"命令，添加"羽化"效果，如图9-82、图9-83所示。

图9-81　　　　　图9-82　　　　　图9-83

（7）按下Ctrl+F快捷键原位粘贴刚才复制的圆形，为图形填充白色，无描边颜色，不透明度调整为50%，如图9-84所示。使用刻刀工具 将图形裁开，如图9-85所示，使用编组选择工具 选择图形的下半部分，按下Delete键删除，如图9-86所示。

图9-84　　　　　图9-85　　　　　图9-86

（8）为图形添加高光边缘，如图9-87所示。按下Ctrl+A快捷键全选图形，按下Ctrl+G快捷键编组，使用选择工具 按住Alt键拖动按钮进行复制，使用编组选择工具 选择按钮中的符号，如图9-88所示，单击如图9-89所示的符号样本，将它添加到"符号"面板中。

图9-87　　　　　图9-88　　　　　图9-89

（9）打开"符号"面板菜单，执行"替换符号"命令，用该符号替换原有的符号，如图9-90、图9-91所示。按住Shift键拖动定界框上的控制点，将符号图形缩小，如图9-92所示。采用同样方法，使用符号库中的其他符号可以制作出更多的按钮。

图9-90　　　　　　　　　图9-91

图9-92

9.11 特效字实例：多重描边字

（1）打开光盘中的素材文件，如图9-93所示。单击"图层1"，选择该图层，如图9-94所示。

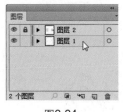

图9-93　　　　　　　图9-94

（2）使用椭圆工具 按住Shift键创建一个

圆形，如图9-95所示。用矩形工具 按住Shift键创建一个方形，如图9-96所示。用星形工具 按住Shift键锁定水平方向创建一个三角形（可按下"↓"键调整边数），如图9-97所示。

图9-95　　　　　图9-96　　　　　图9-97

（3）按下Ctrl+A快捷键选择这几个图形，按下控制面板中的 按钮 和 按钮，将它们对齐，按下Alt+Ctrl+B快捷键创建混合。双击混合工具 ，打开"混合选项"对话框，选择"指定的步数"，然后设置混合步数为30，如图9-98所示，效果如图9-99所示。

图9-98　　　　　　　图9-99

（4）单击"图层2"前面的 图标，解除该图层的锁定，如图9-100所示，选择该图层中的文字，如图9-101所示，设置描边颜色为琥珀色，粗细为55pt，如图9-102所示。

图9-100　　　　图9-101　　　　图9-102

提示：

按下"描边"面板中的使描边居中对齐按钮 ，让描边位于线条中间。

（5）在"外观"面板中将描边选项拖动到 按钮上进行复制，如图9-103所示。将描边颜色修改为灰色，粗细调整为50pt，如图9-104、图9-105所示。

图9-103　　　　图9-104　　　　图9-105

（6）单击 按钮再次复制描边属性，然后修改描边颜色和粗细。重复以上操作，使描边由粗到细产生变化，形成丰富的层次感，如图9-106、图9-107所示。

图9-106　　　　　　　图9-107

（7）再复制一个描边属性，修改描边颜色和粗细，如图9-108所示。按下"描边"面板中的 按钮，使描边位于线条的内侧，如图9-109所示。

图9-108　　　　　　　图9-109

（8）单击"描边"属性前面的 按钮展开列表，单击"不透明度"属性，在打开的下拉面板中将混合模式设置为"柔光"，如图9-110所示。复制最上面的描边，修改描边颜色和粗细，如图9-111所示。

图9-110　　　　　　　图9-111

（9）选取另一个画板中的图案，如图9-112所示，按下Ctrl+C快捷键复制。单击"图层"面板中的 按钮新建一个图层，按下Ctrl+V快捷键粘贴花纹图案，如图9-113、图9-114所示。

图9-112　　　　图9-113　　　　图9-114

（10）将图案的混合模式设置为"叠加"，如图9-115、图9-116所示。使用选择工具 ▶ 选取花纹，调整位置和角度，按住Alt键拖动图形进行复制，使花纹布满文字，如图9-117所示。

的文字，如图9-118所示，按住Alt键拖到"图层3"，如图9-119所示，将文字复制到该图层中。单击"图层3"，选择该图层，单击 ▣ 按钮创建剪切蒙版，将文字外面的图案隐藏，如图9-120所示。

图9-115

图9-116

图9-117

图9-118

图9-119

图9-120

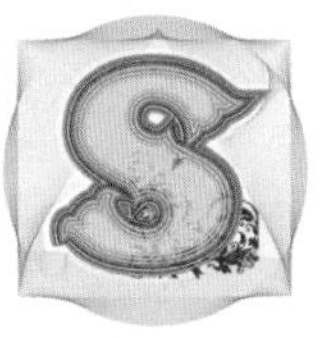

（11）在"图层2"后面单击，选取该图层中

9.12 UI 设计实例：可爱的纽扣图标

9.12.1 制作图标

（1）选择椭圆工具 ⬭，在画板中单击，弹出"椭圆"对话框，设置圆形的大小，如图9-121所示，单击"确定"按钮，创建一个圆形，设置描边颜色为深绿色，无填充颜色，如图9-122所示。

图9-121

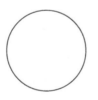
图9-122

（2）执行"效果>扭曲和变换>波纹效果"命令，设置参数如图9-123所示，使平滑的路径产生有规律的波纹，如图9-124所示。

图9-123

图9-124

（3）按下Ctrl+C快捷键复制该图形，按下Ctrl+F快捷键粘贴到前面，将描边颜色设置为浅绿色，如图9-125所示。使用选择工具 ▶ ，将

光标放在定界框的一角，轻轻拖动鼠标将图形旋转，如图9-126所示，两个波纹图形错开后，一深一浅的搭配使图形产生厚度感。

图9-125

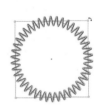
图9-126

（4）使用椭圆工具 ⬭ 按住Shift键创建一个圆形，填充线性渐变，如图9-127、图9-128所示。

图9-127

图9-128

（5）执行"效果>风格化>投影"命令，设置参数如图9-129所示，为图形添加投影效果，产生立体感，如图9-130所示。

图9-129

图9-130

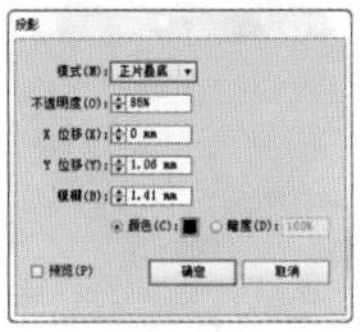

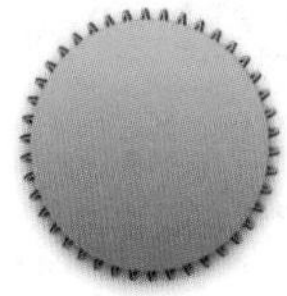

（6）再创建一个圆形，如图9-131所示。执行"窗口>图形样式库>纹理"命令，打开"纹理"面板，选择"RGB石头3"纹理，如图9-132、图9-133所示。

图9-131　　　　图9-132　　　　图9-133

（7）设置该图形的混合模式为"柔光"，使纹理图形与绿色渐变图形融合到一起，如图9-134、图9-135所示。

图9-134　　　　　　　　图9-135

（8）在画面空白处分别创建一大、一小两个圆形，如图9-136所示。选取这两个圆形，分别按下"对齐"面板中的🔲按钮和🔲按钮，将图形对齐，再按下"路径查找器"中的🔲按钮，让大圆与小圆相减，形成一个环形，填充为深绿色，如图9-137所示。

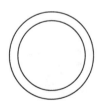 

图9-136　　　　　　　　图9-137

（9）执行"效果>风格化>投影"命令，为图形添加投影效果，如图9-138、图9-139所示。

图9-138　　　　　　　　图9-139

（10）选择一开始制作的波纹图形，复制以后粘贴到最前面，设置描边颜色为浅绿色，描边粗细为0.75pt，如图9-140所示。打开"外观"面板，双击"波纹效果"，如图9-141所示，弹出"波纹效果"对话框，修改参数如图9-142所示，使波纹变得细密，如图9-143所示。

图9-140　　　　　　　　图9-141

图9-142　　　　　　　　图9-143

（11）按下Ctrl+F快捷键再次粘贴波纹图形，设置描边颜色为嫩绿色，描边粗细为0.4pt，再调整它的波纹效果参数，如图9-144、图9-145所示。

图9-144　　　　　　　　图9-145

（12）再创建一个小一点的圆形，设置描边颜色为浅绿色，如图9-146所示。单击"描边"面板中的圆头端点按钮 和圆角连接按钮 ，勾选"虚线"选项，设置虚线参数为3pt，间隙参数为4pt，如图9-147、图9-148所示，制作出缝纫线的效果。

图9-146　　　　图9-147　　　　图9-148

（13）执行"效果>风格化>外发光"命令，设置参数如图9-149所示，使缝纫线产生立体感，如图9-150所示。

图9-149　　　　　图9-150

提示

制作到这里，需要将图形全部选取，在"对齐"面板中将它们进行垂直与水平方向的居中对齐。

9.12.2 制作立体高光图形

（1）打开"符号"面板，单击右上角的 按钮，打开面板菜单，选择"打开符号库>网页图标"命令，加载该符号库，选择"短信"符号，如图9-151所示，将它拖入画面中，如图9-152所示。

图9-151　　　　图9-152

（2）单击"符号"面板底部的 按钮，断开符号的链接，使符号成为单独的图形，如图9-153、图9-154所示。符号断开链接变成图形后，还需要按下Ctrl+G快捷键将图形编组。

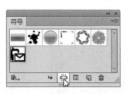

图9-153　　　　图9-154

（3）按下Ctrl+C快捷键复制该图形。设置图形的混合模式为"柔光"，如图9-155、图9-156所示。

图9-155　　　　图9-156

（4）按下Ctrl+F快捷键粘贴图形，设置描边颜色为白色，描边粗细为1.5pt，无填充颜色。设置混合模式为"叠加"，如图9-157、图9-158所示。

图9-157　　　　图9-158

（5）执行"效果>风格化>投影"命令，设置参数如图9-159所示，使图形产生立体感，如图9-160所示。打开光盘中的素材文件，拖入到图标文档中，放在最底层作为背景。用相同的方法，为图标填充不同的颜色，制作出更多的彩色图标，如图9-161所示。

图9-159　　　　图9-160　　　　图9-161

9.13 效果拓展练习：金属球反射效果

如图9-162所示为一个金属球反射的实例。这个实例以矩形和矩形网格为背景元素，在其上方制作金属球体，在球体上贴文字，通过扭曲制作为反射效果。具体操作方法为：打开光盘中的背景素材，如图9-163所示，创建几个球体，填充径向渐变，如图9-164、图9-165所示；输入文字，如图9-166所示，执行"效果>变形>膨胀"命令，对文字进行扭曲，可参考图9-167所示的参数。

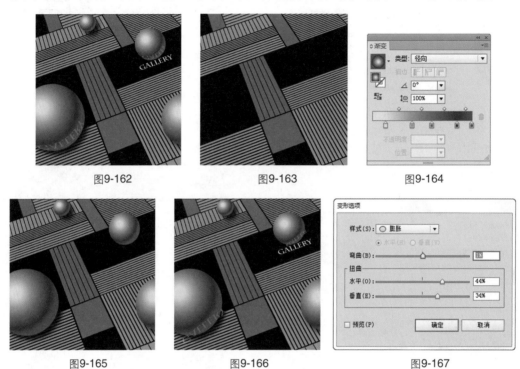

图9-162   图9-163   图9-164

图9-165   图9-166   图9-167

第10章

包装设计：3D与透视网格

10.1 包装设计

　　包装是产品的第一推销员，好的商品要有好的包装来衬托才能充分体现其价值，才能引起消费者的注意，扩大企业和产品的知名度。

　　包装具有三大功能，即保护性、便利性和销售性。不同的历史时期，包装的功能含义也不尽相同，但包装却永远离不开采用一定材料和容器包裹、捆扎、容装、保护内装物及传达信息的基本功能。包装设计应向消费者传递一个完整的信息，即这是一种什么样的商品，这种商品的特色是什么，它适用于哪些消费群体。包装的设计还应充分考虑消费者的定位，包括消费者的年龄、性别和文化层次，针对不同的消费阶层和消费群体进行设计，才能有的放矢，达到促进商品销售的目的，如图10-1～图10-4所示。

麦当劳包装	酒瓶包装	糖果包装	GÖRTZ bird 包装
图10-1	图10-2	图10-3	图10-4

　　包装设计要突出品牌，巧妙地将色彩、文字和图形组合，形成有一定冲击力的视觉形象，从而将产品的信息准确地传递给消费者。如图10-5所示为美国Gloji公司灯泡型枸杞子混合果汁包装设计，它打破了饮料包装的常规形象，让人眼前一亮，灯泡形的包装与产品的定位高度契合，传达出的是：Gloji混合型果汁饮料让人感觉到的是能量的源泉，如同灯泡给人带来光明，Gloji灯泡饮料也可以带给你取之不尽的力量。该包装在2008年Pentawards上获得了果汁饮料包装类金奖。

图10-5

10.2 3D 效果

　　3D效果是一项非常强大的功能，它通过挤压、绕转和旋转等方式让二维图形产生三维效果，还可以调整对象的角度和透视效果，设置光源，并能够将符号作为贴图投射到三维对象的表面。

10.2.1　凸出和斜角

　　"凸出和斜角"命令通过挤压的方法为路径增加厚度来创建3D立体对象。如图10-6所示为一个相机图形，将它选择后，执行"效果>3D>凸出和斜角"命令，在打开的对话框中设置参数，如图10-7所示，单击"确定"按钮，即可沿对象的Z轴拉伸出一个3D对象，如图10-8所示。

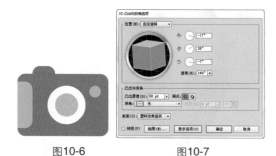

图10-6　　　　　　　　图10-7

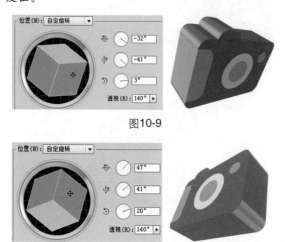

图10-8

　　◎ 位置：在该选项的下拉列表中可以选择一个预设的旋转角度。拖动对话框左上角观景窗内的立方体可以自由调整角度，如图10-9、图10-10所示；如果要设置精确的旋转角度，可在指定绕X轴旋转 ⟳ 、指定绕Y轴旋转 ⟲ 和指定绕Z轴旋转 ⟳ 右侧的文本框中输入角度值。

图10-9

图10-10

　　透视：在文本框中输入数值，或单击 ▶ 按钮，移动显示的滑块可调整透视效果。如图10-11所示为未设置透视的立体对象，如图10-12所示为设置透视后的对象，此时立体效果更加真实。

　　凸出厚度：用来设置挤压厚度，该值越高，对象越厚，如图10-13、图10-14所示是分别设置该值为20pt和60pt时的挤压效果。

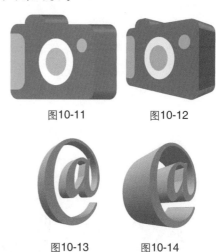

图10-11　　　　　　　图10-12

图10-13　　　　　　　图10-14

　　◎ 端点：单击 ◯ 按钮，可以创建实心立体对象，如图10-15所示；单击 ◯ 按钮，则创建空心立体对象，如图10-16所示。

　　◎ 斜角/高度：在"斜角"选项的下拉列表中可以选择一种斜角样式，创建带有斜角的立体对象，如图10-17、图10-18所示。此外，还可以选择斜角的斜切方式，单击 ⬜ 按钮，可以在保持对象大小的基础上通过增加像素形成斜角；单击 ⬜ 按钮，则从原对象上切除部分像素形成斜角。为对象设置斜角后，可以在"高度"文本框中输入斜角的高度值。

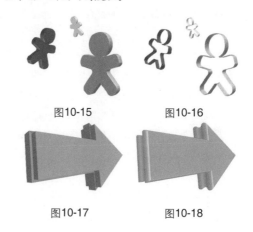

图10-15　　　　　　　图10-16

图10-17　　　　　　　图10-18

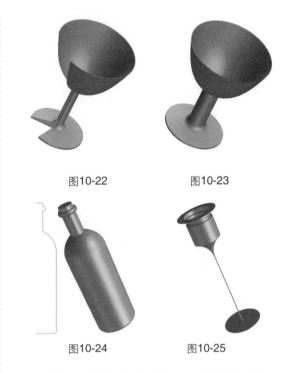

图10-22　　　　　　　图10-23

小知识：3D效果的由来

　　Illustrator中的3D效果最早出现在Illustrator CS版本中，它是从Adobe Dimensions中移植过来的。

10.2.2　绕转

　　"绕转"命令可以将图形沿自身的Y轴绕转，成为3D立体对象。如图10-19所示为一个酒杯的剖面图形，将其选择，执行"效果>3D>绕转"命令，在打开的对话框中设置参数如图10-20所示，单击"确定"按钮，即可将它绕转成一个酒杯，如图10-21所示。绕转的"位置"和"透视"选项与"凸出和斜角"命令相应选项的设置方法相同。

图10-19　　　　图10-20　　　　　　图10-21

　　◎ 角度：用于设置绕转度数，默认的角度值为360°，此时可生成完整的立体对象；如果小于该值，则对象上会出现断面，如图10-22所示（角度为300°）。

　　◎ 端点：可以指定显示的对象是实心的（单击 按钮）还是空心的（单击 按钮）。

　　◎ 位移：用来设置绕转对象与自身轴心的距离，该值越高，对象偏离轴心越远，如图10-23所示是设置该值为10pt的效果。

　　◎ 自：用来设置对象绕之转动的轴，包括"左边"和"右边"。如果原始图形是最终对象的右半部分，应选择从"左边"开始绕转，如图10-24所示。如果选择从"右边"绕转，则会产生错误的结果，如图10-25所示；如果原始图形是对象的左半部分，选择从"右边"开始旋转可以产生正确的结果。

图10-24　　　　　　　图10-25

10.2.3　旋转

　　"旋转"命令可以在一个虚拟的三维空间中旋转图形、图像，或者是由"凸出和斜角"或"绕转"命令生成的3D对象。例如图10-26所示为一个图像，将其选择后，使用"旋转"效果即可旋转，如图10-27、图10-28所示。该效果的选项与"凸出和斜角"效果完全相同。

图10-26　　　　　　　　图10-27

图10-28

10.2.4 设置模型表面属性

使用"凸出和斜角"命令和"绕转"命令创建3D对象时，可以选择四种表面效果，如图10-29所示。

◎ 线框：只显示线框结构，无颜色和贴图，如图10-30所示，此时屏幕的刷新速度最快。

◎ 无底纹：不向对象添加任何新的表面属性，3D对象具有与原始2D对象相同的颜色，但无光线的明暗变化，如图10-31所示。

◎ 扩散底纹：对象以一种柔和的、扩散的方式反射光，但光影的变化不够真实和细腻，如图10-32所示。

◎ 塑料效果底纹：对象以一种闪烁的、光亮的材质模式反射光，可获得最佳的效果，但屏幕的刷新速度会变慢，如图10-33所示。

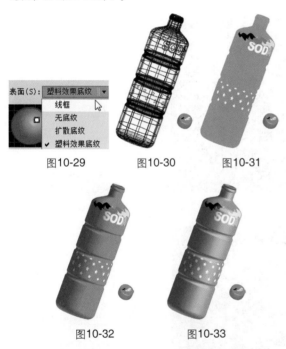

图10-29　　　图10-30　　　图10-31

图10-32　　　　　图10-33

提示：

如果对象使用"旋转"效果，则"表面"下拉列表中将只有"扩散底纹"和"无底纹"两个选项。

10.2.5 编辑光源

创建3D对象时，单击对话框中的"更多选项"按钮，可以显示光源选项，如图10-34所示。如果将表面效果设置为"扩散底纹"或"塑料效果底纹"，则可以添加光源，生成光影变化效果，使立体效果更加真实。

◎ 光源编辑预览框：默认情况下，光源编辑预览框中只有一个光源，单击 按钮可添加新的光源，如图10-35所示；单击并拖动光源可以移动它的位置，如图10-36所示。选择一个光源后，单击 按钮，可将其移动到对象的后面，如图10-37所示，单击 按钮，可将其移动到对象的前面，如图10-38所示。如果要删除光源，可以选择该光源，然后单击 按钮。

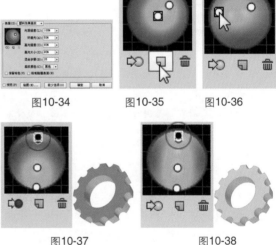

图10-34　　　图10-35　　　图10-36

图10-37　　　　　图10-38

◎ 光源强度：用来设置光源的强度，范围为0%～100%，该值越高，光照的强度越大。

◎ 环境光：用来设置环境光的强度，它可以影响对象表面的整体亮度。

◎ 高光强度：用来设置高光区域的亮度，该值越高，高光点越亮。

◎ 高光大小：用来设置高光区域的范围，该值越高，高光的范围越广。

◎ 混合步骤：用来设置对象表面光色变源的混合步骤，该值越高，光源变化的过渡越细腻，但会耗费更多的内存。

◎ 底纹颜色：用来控制对象的底纹颜色。选择"无"，表示不为底纹添加任何颜色，如图10-39所示："黑色"为默认选项，它可在对象填充颜色的上方叠印黑色底纹，如图10-40所示；选择"自定"，然后单击选项右侧的颜色块，可在打开的"拾色器"中选择一种底纹颜色，如图10-41所示。

图10-44

◎表面/符号：用来选择要贴图的对象表面，可单击第一个 |◀ 、上一个 ◀ 、下一个 ▶ 和最后一个 ▶| 按钮切换表面，被选择的表面在窗口中会显示出红色的轮廓线。选择一个表面后，可在"符号"下拉列表中为它选择一个符号，如图10-45所示。通过符号定界框还可以移动、旋转和缩放符号，以调整贴图在对象表面的位置和大小，如图10-46所示。

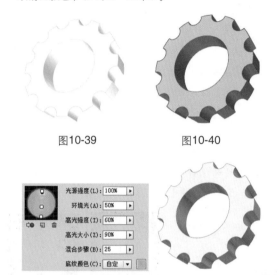

图10-39　　　　图10-40

图10-41

保留专色：如果对象使用了专色，选择该项可确保专色不会发生改变。

绘制隐藏表面：用来显示对象的隐藏表面，以便对其进行编辑。

10.2.6 在模型表面贴图

在Maya、3ds Max等三维软件中，很多材质、纹理、反射都是通过将图片贴在对象的表面模拟出来的。Illustrator也可以在3D对象表面贴图，但需要先将贴图保存在"符号"面板中。例如图10-42所示是一个没有贴图的3D对象，如图10-43所示是用于贴图的符号。使用"凸出和斜角"和"绕转"命令创建3D效果时，可单击对话框中的"贴图"按钮，在打开的"贴图"对话框中为对象的表面设置贴图，如图10-44所示。

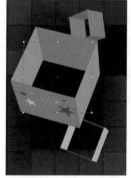

图10-45

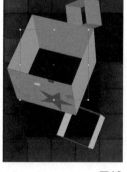

图10-46

◎缩放以适合：单击该按钮，可以自动调整贴图的大小，使之与选择的面相匹配。

◎清除/全部清除：单击"清除"按钮，可清除当前设置的贴图；单击"全部清除"按钮，可清除所有表面的贴图。

图10-42　　　　图10-43

◎ 贴图具有明暗调：选择该项后，贴图会在对象表面产生明暗变化，如图10-47所示；如果取消选择，则贴图无明暗变化，如图10-48所示。

◎ 三维模型不可见：未选择该项时，可显示立体对象和贴图效果，选择该项后，则仅显示贴图，不会显示立体对象，如图10-49所示。

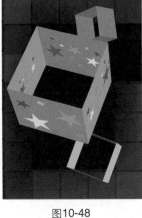

图10-47　　　　　　　　　图10-48　　　　　　　　　图10-49

提示：

在对象表面贴图会占用较多的内存，因此，如果符号的图案过于复杂，电脑的处理速度会变慢。

10.3　高级技巧：增加模型的可用表面

如果对象设置了描边，如图10-50所示，则使用"凸出和斜角"、"绕转"命令创建3D对象时，描边也可以生成表面，如图10-51所示，这样的表面还可进行贴图，如图10-52、图10-53所示。

图10-50　　　　　　图10-51　　　　　　　　　　图10-52　　　　　　　　图10-53

10.4　高级技巧：多图形同时创建立体效果

由多个图形组成的对象可以同时创建立体效果，操作方法是将对象全部选中，执行"凸出和斜角"命令，图形中的每一个对象都会应用相同程度的挤压。例如图10-54所示是一个由多个图形组成的滚轴，如图10-55所示为对这些图形同时应用"凸出和斜角"命令生成的立体对象，如图10-56所示为不同角度的观察效果。

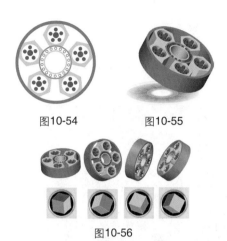

图10-54　　　　图10-55

图10-56

通过这种方式生成立体对象后，可以选择其中任意一个图形，然后双击"外观"面板中的3D属性，在打开的对话框中调整参数，可单独改变这个图形的挤压效果，而不会影响其它图形。如果先将所有对象编组，再统一制作为3D对象，则编组图形将成为一个整体，不能单独编辑单个图形的效果参数。

10.5　透视图

透视网格提供了可以在透视状态下绘制和编辑对象的可能。例如，可以使道路或铁轨看上去像在视线中相交或消失一般，也可以将一个对象置入到透视中，使其呈现透视效果。

10.5.1　透视网格

选择透视网格工具，或执行"视图>透视网格>显示网格"命令，即可显示透视网格，如图10-57所示。在显示透视网格的同时，画板左上角还会出现一个平面切换构件，如图10-58所示。要在哪个透视平面绘图，需要先单击该构件上面的一个网格平面。如果要隐藏透视网格，可以执行"视图>透视网格>隐藏网格"命令。

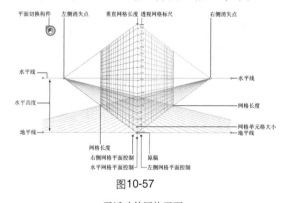

图10-57

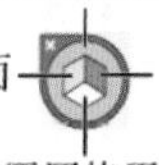

无活动的网格平面

左侧网格平面 右侧网格平面

水平网格平面

图10-58

可以使用键盘快捷键 1（左平面）、2（水平面）和 3（右平面）来切换活动平面。此外，平面切换构件可以放在屏幕四个角中的任意一角。如果要修改它的位置，可双击透视网格工具，在打开的对话框中设定。

小知识：透视网格预设

Illustrator提供了预设的一点、两点和三点透视网格，在"视图>透视网格"下拉菜单中可以选择。

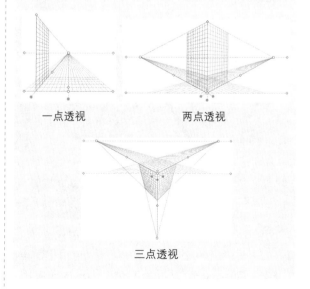

一点透视　　　　两点透视

三点透视

10.5.2 在透视中创建对象

选择透视网格工具 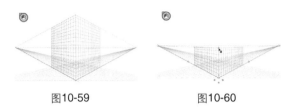，在画板中显示透视网格，如图10-59所示。网格中的圆点和菱形方块是控制点，拖动控制点可以移到网格，如图10-60所示。

图10-59　　　　　图10-60

选择矩形工具 ▭，单击左侧网格平面，然后在画板中创建矩形，即可将其对齐到透视网格的网格线上，如图10-61所示。分别单击右侧网格平面和水平网格平面，再创建两个矩形，使它们组成为一个立方体，如图10-62、图10-63所示，如图10-64所示为隐藏网格后的效果。

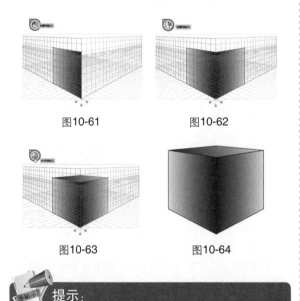

图10-61　　　　　图10-62

图10-63　　　　　图10-64

提示：

在透视中绘制对象时，可以执行"视图>智能参考线"命令，启用智能参考线，以便对象能更好地对齐。

10.5.3 在透视中变换对象

透视选区工具 ▸▫ 可以在透视中移动、旋转、缩放对象。打开一个文件，如图10-65所示，使用透视选区工具 ▫ 选择窗户，如图10-66所示，拖动鼠标即可在透视中移动它的位置，如图10-67所示。按住Alt键拖动，则可以复制对象，如图10-68所示。

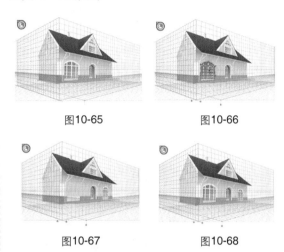

图10-65　　　　　图10-66

图10-67　　　　　图10-68

按住Ctrl键可以显示定界框，如图10-69所示，拖动控制点可以缩放对象（按住Shift键可等比缩放），如图10-70所示。

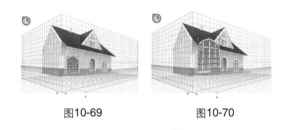

图10-69　　　　　图10-70

10.5.4 释放透视中的对象

如果要释放带透视视图的对象，可执行"对象>透视>通过透视释放"命令，所选对象就会从相关的透视平面中释放，并可作为正常图稿使用，该命令不会影响对象外观。

10.6 3D 效果实例：立方体特效字

（1）打开光盘中的素材文件，如图10-71所示。使用选择工具 ▸ 将图形拖动到"符号"面板中，如图10-72所示。

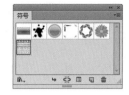

图10-71 图10-72

（2）选择矩形工具 ，在画面中单击，弹出"矩形"对话框，设置宽度和高度均为65mm，如图10-73所示，单击"确定"按钮创建一个正方形。填充白色，无描边颜色，如图10-74所示。

图10-73 图10-74

（3）执行"效果>3D>凸出和斜角"命令，在打开的对话框中设置参数并调整光源位置，创建一个立方体，如图10-75、图10-76所示。

图10-75 图10-76

（4）单击对话框底部的"贴图"按钮，打开"贴图"对话框。在"符号"下拉列表中选择新创建的符号，将其应用于1/6表面。在预览框中调整贴图符号大小，将光标放在符号贴图内，呈 状时拖动鼠标可调整贴图位置，如图10-77、图10-78所示。

图10-77 图10-78

（5）单击▶按钮，选择要贴图的面（4/6表面），在"符号"下拉面板中选择新创建的符号，将光标放在符号的定界框外，按住Shift键拖动鼠标将符号贴图旋转180°，如图10-79、图10-80所示。

图10-79 图10-80

（6）单击▶按钮，切换到5/6表面，选择符号贴图并旋转180°，如图10-81、图10-82所示。

图10-81 图10-82

（7）勾选"三维模型不可见"选项，隐藏画面中的立方体，只显示贴图文字，如图10-83、图10-84所示，单击"确定"按钮关闭对话框。

图10-83 图10-84

（8）使用矩形工具 在立方体左侧创建一个矩形，填充白色线性渐变。在"渐变"面板中单击右侧的色标，设置不透明度为0%，使渐变呈现逐渐透明的效果，如图10-85、图10-86所示。

图10-85

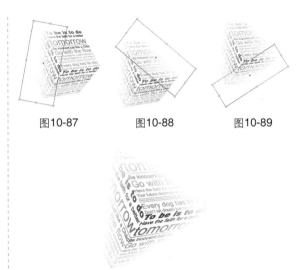

图10-86

图10-87　　　　图10-88　　　　图10-89

（9）使用选择工具 ![] 在定界框外拖动鼠标，调整图形角度，使立方体边缘被渐变颜色中的白色覆盖，如图10-87所示。按住Alt键拖动图形，将其复制到立方体的顶部和右侧并调整角度，如图10-88、图10-89所示。最终效果如图10-90所示。

图10-90

10.7　3D效果实例：制作3D可乐瓶

10.7.1 制作表面图案

（1）按下Ctrl+N快捷键打开"新建文档"对话框，在"新建文档配置文件"下拉列表选择"基本RGB"选项，在"大小"下拉列表选择"A4"选项，新建一个A4大小、RGB模式的文档。选择矩形工具 ![]，在画板中单击打开"矩形"对话框，设置参数如图10-91所示，创建一个矩形，填充深红色，无描边颜色，如图10-92所示。

图10-91　　　　　　图10-92

（2）再创建一个矩形，填充浅绿色，如图10-93、图10-94所示。

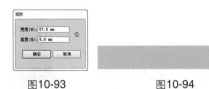

图10-93　　　　　　图10-94

（3）在大矩形右侧绘制四个小矩形，如图10-95所示。使用选择工具 ![] 按住Alt键拖动小矩形进行复制，将光标放在定界框外拖动，调整角度，如图10-96所示，形成一支手臂的形状。

图10-95　　　　　　图10-96

提示：

要绘制几个相同大小的图形时，可以使用"再次变换"命令。先绘制一个图形，然后将图形选取，使用选择工具 ![] 按住Alt键拖动图形，在拖动过程中按下Shift键可保持水平、垂直或45°方向，复制出第二个图形后，按下Ctrl+D快捷键执行"再次变换"命令，每按一次便产生一个新的图形。如果复制出第二个图形后在画面空白处单击，即取消了图形的选取状态，当前没有被选择的对象，那么将不能执行"再次变换"命令。

（4）选取组成手臂的六个图形，按下Ctrl+G快捷键编组，将编组后的图形复制出三个，再以不同的颜色进行填充，如图10-97所示。制作出一行手臂图形后，将其选取，再次编组。选择编组后的手臂图形，双击镜像工具 ![]，打开"镜像"对话框，选择"垂直"选项，单击"复制"按钮，镜像并复制出一组新的图形，如图10-98、图10-99所示。

图10-97　　　　　　　图10-98

图10-99

（5）将手臂图形向下拖动，调整填充颜色，如图10-100所示。选择第一组手臂图形，按住Alt键向下拖动进行复制，调整颜色，使其成为第三行手臂，如图10-101所示。

图10-100　　　　　　图10-101

（6）用同样方法复制手臂图形，调整颜色，排列成如图10-102所示的效果。

（7）使用文字工具 **T** 输入两组文字，如图10-103所示，在图案右侧输入饮料的其他文字信息，如图10-104所示。按下Ctrl+A快捷键全选，打开"符号"面板，使用选择工具 **k** 将图形拖动到面板中，创建为一个符号，如图10-105所示。

图10-102　　　　　　图10-103

图10-104　　　　　　图10-105

提示：

文字输入完成后，可按下Shift+Ctrl+O快捷键将其创建为轮廓。

10.7.2　制作可乐瓶

（1）使用钢笔工具 绘制瓶子的左半边轮廓，描边颜色为白色，无填充颜色，如图10-106所示，为路径效果。执行"效果>3D>绕转"命令，打开"3D绕转选项"对话框，在偏移自选项中设置为"右边"，其他参数如图10-107所示，勾选"预览"选项，可以在画面中看到瓶子效果，如图10-108所示。

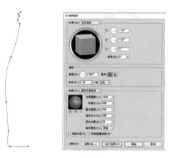

图10-106　　　　图10-107　　　　图10-108

（2）不要关闭对话框，单击"贴图"按钮，打开"贴图"对话框，单击 ▶ 按钮，切换到7/9表面，如图10-109所示，在画面中，瓶子与之对应的表面会显示为红色的线框，如图10-110所示。

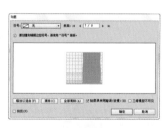

图10-109　　　　　　图10-110

（3）在"符号"下拉列表中选择"新建符号"，如图10-111所示，按下"确定"按钮完成3D效果的制作，如图10-112所示。

图10-111　　　　　　图10-112

选择符号后，可勾选对话框中的"预览"选项，画板中的瓶子就会显示贴图效果，此时可拖动符号的定界框，适当调整其大小，使图案完全应用于模型表面。

（4）使用选择工具 ▶ 选取瓶子，按住Alt键向右拖动进行复制，如图10-113所示。在"外观"面板中双击"3D绕转（映射）"属性，如图10-114所示，打开"3D绕转选项"对话框，调整X轴、Y轴和Z轴的数值，如图10-115所示。将瓶子转到另一面，显示出背面的图案，如图10-116所示。

图10-113　　　　　图10-114

图10-115　　　　　图10-116

10.7.3 制作瓶盖和投影

（1）使用钢笔工具 ✐ 绘制一条路径，将描边设置为红色，如图10-117所示。按下Alt+Shift+Ctrl+E快捷键打开"3D绕转选项"对话框设置参数，如图10-118、图10-119所示。

图10-117　　　　图10-118　　　　图10-119

（2）复制瓶盖，将描边颜色设置为黄色，按下Ctrl+[快捷键后移一层，如图10-120所示。单击"外观"面板中的"3D绕转（映射）"属性，打开"3D绕转选项"对话框，调整X轴、Y轴和Z轴的数值，如图10-121所示，以不同的角度来展示瓶盖，如图10-122所示。

图10-120　　　　图10-121　　　　图10-122

在为图形设置3D效果后，依然可以通过编辑路径来改变外形。如使用直接选择工具 ▶ 拖动锚点，使路径产生不同的凹凸效果，瓶盖会显示出不同的外观。

（3）使用椭圆工具 ⬭ 创建一个椭圆形，填充渐变颜色，按下Shift+Ctrl+[快捷键移至底层作为阴影，如图10-123、图10-124所示。

图10-123　　　　　图10-124

（4）按下Ctrl+C快捷键复制椭圆形，按下Ctrl+F快捷键粘贴到前面，将椭圆形缩小，在"渐变"面板中将左侧的滑块向中间拖动，增加渐变中黑色的范围，如图10-125、图10-126所示。

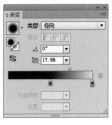

图10-125

图10-126

图10-127　　　　　　图10-128

图10-129

（5）选取这两个投影图形，按下Ctrl+G快捷键编组，分别复制到另外的瓶子和瓶盖底部，瓶盖底部的投影图形要缩小一些，如图10-127所示。

（6）在画面右下角制作一个手臂图形，在上面输入可乐名称，网址及广告语，网址文字为白色，在"字符"面板设置字体及大小，如图10-128所示，最终效果如图10-129所示。

10.8 包装设计实例：制作包装盒

10.8.1 制作包装盒平面图

（1）打开光盘中的素材文件，如图10-130所示。单击"图层"面板中的 按钮新建一个图层，将它拖动到"结构图"下方，如图10-131所示。

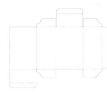

图10-130　　　　　　图10-131

（2）使用矩形工具 根据结构图创建包装表面的灰色图形，如图10-132所示。

图10-132

（3）在"图层2"的名称前方单击（显示出 状图标），将该图层锁定，再新建"图层3"，如图10-133所示。首先制作包装盒的正面图案，创建一个矩形，与包装盒正面相同大小，如图10-134所示，单击 按钮创建剪切蒙版，如图10-135所示。

图10-133　　　　图10-134　　　　图10-135

（4）使用极坐标网格工具 创建如图10-136所示的网格。打开"描边"面板，勾选"虚线"选项，设置虚线参数为3.78pt，间隙为2.83pt，如图10-137所示。将描边颜色设置为绿色，如图10-138所示。

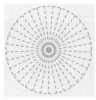

图10-136　　　　图10-137　　　　图10-138

（5）选取网格图形，单击右键打开下拉菜单，选择"变换>缩放"命令，打开"比例缩放"对话框，取消"比例缩放描边和效果"的勾选，设置等比缩放为33%，单击"复制"按钮，缩放并复制一个网格图形，如图10-139、图10-140所示。

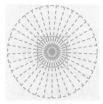

图10-139　　　　　　图10-140

（6）使用选择工具 ▶ 将小的网格图形移动到右侧，设置描边颜色为深蓝色，如图10-141所示。使用直线工具 ∕ 按住Shift键创建垂线，如图10-142所示。再制作若干网格图形，效果如图10-143所示。

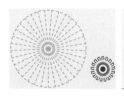

图10-141　　　　图10-142　　　　图10-143

（7）使用椭圆工具 ⬭ 在画面下方创建一个椭圆形，设置描边粗细为2pt，如图10-144所示，继续添加椭圆形，形成一种层次感，如图10-145所示。

图10-144　　　　　　图10-145

（8）再绘制一些椭圆形，填充不同颜色，如图10-146、图10-147所示。

图10-146　　　　　　图10-147

（9）在画面左下角绘制红色的圆形，如图10-148所示。创建一个圆形，设置描边粗细为7pt，如图10-149所示。

图10-148　　　　　　图10-149

（10）再绘制一个椭圆形，填充线性渐变，如图10-150所示，按下Ctrl+C快捷键复制圆形，按下Ctrl+F快捷键粘贴到前面，将填充设置为无，在控制面板中设置描边颜色为白色，打开"描边"面板，勾选"虚线"选项，效果如图10-151所示。

图10-150　　　　　　图10-151

（11）选择文字工具 T 在画面中单击输入文字，在控制面板中设置字体及大小，如图10-152所示。

（12）在左上角绘制一些椭圆形和矩形，重叠排列形成层次感，如图10-153所示，再绘制一些填充不同颜色的圆形作为点缀，效果如图10-154所示。

图10-152　　　　　　　　图10-153

图10-154

（13）将"图层3"拖动到 ▫ 按钮上复制，在图层后面单击，选取图层中的所有内容，如图10-155、图10-156所示。

图10-155　　　　　　　　图10-156

（14）按住Shift键拖动图形到包装盒背面，进行复制，效果如图10-157所示。对文字及装饰的图形进行修改，效果如图10-158所示。

图10-157　　　　　　　　图10-158

（15）新建"图层5"，如图10-159所示，使用文字工具在包装盒的侧面输入产品规格、特点等文字说明，如图10-160所示。

图10-159　　　　　　　　图10-160

（16）将包装盒正面的花纹图案复制到盒盖上，效果如图10-161所示，包装盒展开图的整体效果如图10-162所示。

图10-161　　　　　　　　图10-162

10.8.2　制作包装盒立体效果图

（1）使用选择工具 单击并拖出一个矩形框，选中包装盒正面图形，如图10-163所示。按

住Shift键单击包装盒轮廓图形，取消该图形的选择，只选择正面图案，如图10-164所示。

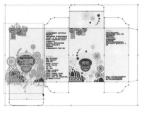

图10-163　　　　　　　　图10-164

（2）单击"符号"面板中的 按钮，将所选图形定义为符号，如图10-165所示。采用相同的方法，将包装盒侧面的图形和文字也创建为一个符号，如图10-166、图10-167所示。

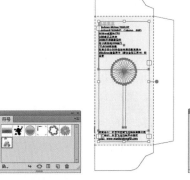

图10-165　　　图10-166　　　图10-167

（3）使用矩形工具 创建一个与包装盒正面相同大小的矩形，如图10-168所示。执行"效果>3D>凸出和斜角"命令，在打开的对话框中设置参数，如图10-169所示。

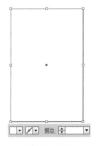
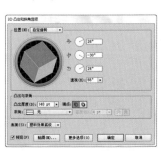

图10-168　　　　　　　　图10-169

（4）单击对话框底部的"更多选项"按钮，显示隐藏的选项。单击 按钮添加新的光源并稍微向下方移动，如图10-170所示，立方体效果如图10-171所示。

图10-170

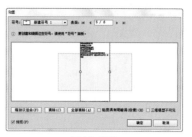

图10-174

图10-171

（5）单击对话框底部的"贴图"按钮，打开
"贴图"对话框。在"符号"下拉列表中选择自
定义的符号，为包装盒正面贴图。选择贴图后，
可以按住Shift键拖动控制点调整贴图的大小，如
图10-172、图10-173所示。

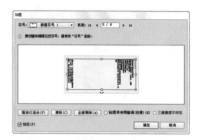

图10-175

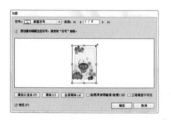

图10-172

图10-173

（6）单击 ▶ 按钮，切换到侧面，为侧面贴
图，如图10-174所示。将光标放在定界框外，按
住Shift键拖动鼠标旋转贴图，如图10-175所示。
关闭对话框。最后可以添加一个渐变颜色的背
景，效果如图10-176所示。

图10-176

10.9 拓展练习：3D 棒棒糖

用矩形工具 ▉ 创建一个矩形，按住Alt+Shift键拖动复制出一组图形，为它们填充不同的颜色，
如图10-177所示。将这组图形拖动到"符号"面板中，创建为符号，如图10-178所示。

图10-177

图10-178

用矩形工具 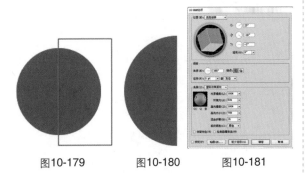 和椭圆工具 ⬭ 创建一个矩形和一个椭圆形，如图10-179所示。将它们选择，单击"路径查找器"面板中的 ⬜ 按钮，得到一个半圆形，如图10-180所示。为它添加"绕转"效果并贴图，如图10-181所示，制作出球形棒棒糖，如图10-182所示。

用直线段工具 ╱ 创建一条直线，无填色，描边为4pt，如图10-183所示。为它也添加"绕转"效果，如图10-184、图10-185所示。将这两个图形放在一处，组成完整的棒棒糖，如图10-186所示。该实例的具体操作方法，请参阅光盘中的视频教学录像。

图10-179   图10-180   图10-181

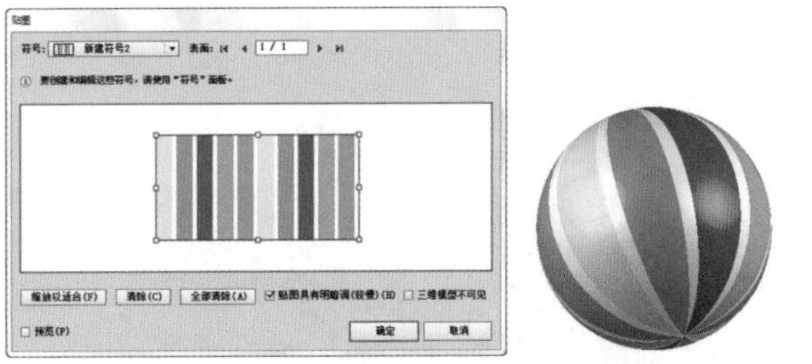

图10-183   图10-184 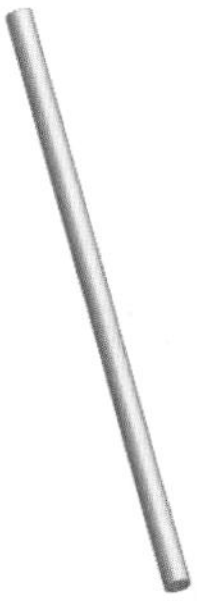   图10-185

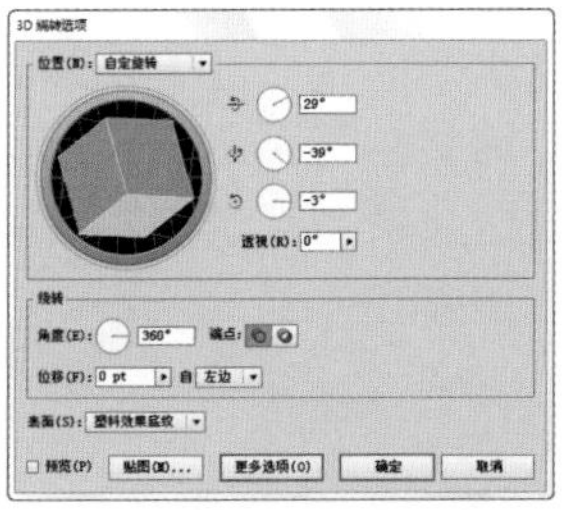

图10-182

图10-186

第11章

文字和图表设计：文字与图表的应用

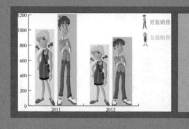  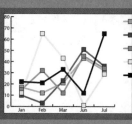 

11.1 关于字体设计

文字是人类文化的重要组成部分，也是信息传达的主要方式。字体设计以其独特的艺术感染力，广泛应用于视觉传达设计中，好的字体设计是增强视觉传达效果、提高审美价值的一种重要组成因素。

11.1.1 字体的创意方法

◎ 外形变化：在原字体的基础之上通过拉长或者压扁，或者根据需要进行弧形、波浪型等变化处理，突出文字特征，如图11-1所示。

◎ 笔画变化：笔画的变化灵活多样，如在笔画的长短上变化，或者在笔画的粗细上加以变化等，笔画的变化应以副笔变化为主，以避免因繁杂而不易识别，如图11-2所示。

图11-1　　　　　　　　　图11-2

◎ 结构变化：将文字的部分笔画放大、缩小，或者改变文字的重心、移动笔画的位置，都可以使字形变得更加新颖独特，如图11-3、图11-4所示。

图11-3　　　　　　　　　图11-4

11.1.2 创意字体的类型

◎ 形象字体：将文字与图画有机结合，充分挖掘文字的含义，再采用图画的形式使字体形象化，如图11-5、图11-6所示。

图11-5　　　　　　　　　图11-6

◎ 装饰字体：装饰字体通常以基本字体为原型，采用内线、勾边、立体、平行透视等变化方法，使字体更加活泼、浪漫，富于诗情画意，如图11-7所示。

◎ 书法字体：书法字体美观流畅、欢快轻盈，节奏感和韵律感都很强，但易读性较差，因此只适宜在人名、地名等短句上使用，如图11-8所示。

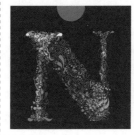

图11-7　　　　　　　　　图11-8

11.2 创建文字

Ilustrator的文字功能非常强大，它支持Open Type字体和特殊字型，可以调整字体大小、间距、控制行和列及文本块等，无论是设计各种字体，还是进行排版，Illustrator都能应对自如。

11.2.1 了解文字工具

Illustrator的工具面板中包含7种文字工具，如图11-9所示。文字工具 T 和直排文字工具 T 可以创建水平或垂直方向排列的点文字和区域文字；区域文字工具 T 和垂直区域文字工具 T 可以在任意的图形内输入文字；路径文字工具 和垂直路径文字工具 可以在路径上输入文字；修饰文字工具 可以创造性地修饰文字，创建美观而突出的信息。

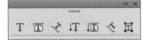

图11-9

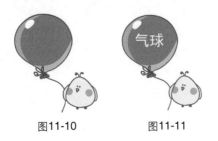

小知识：导入文字

其他程序创建的文本可以导入到Illustrator中使用。与直接拷贝其他程序中的文字然后粘贴到Illustrator中相比，导入文本可以保留字符和段落的格式。

● 将文本导入新文档中：执行"文件>打开"命令，选择要打开的文本文件，单击"打开"按钮，可将文本导入新建的文档中。

● 将文本导入当前文档中：执行"文件>置入"命令，在打开的对话框中选择要导入的文本文件，单击"置入"按钮，可将其置入到当前文档中。

11.2.2 创建与编辑点文字

点文字是指从单击位置开始，随着字符输入而扩展的一行或一列横排或直排文本。每一行的文本都是独立的，在对其进行编辑时，该行会扩展或缩短，但不会换行，如果要换行，需要按下回车键。点文字非常适合标题等文字量较少的文本。

（1）创建点文字

选择文字工具 ，在画板中单击设置文字插入点，单击处会出现闪烁的"I"形光标，如图11-10所示，此时输入文字即可创建点文字，如图11-11所示。按下Esc键或单击其他工具，可结束文字的输入。

图11-10　　　　图11-11

（2）编辑点文字

创建点文字后，使用文字工具 在文本中单击，可在单击处设置插入点，此时可继续输入文字，如图11-12、图11-13所示。在文字上单击并拖移鼠标选择文字，如图11-14所示，可以修改文字内容、字体、颜色等属性，如图11-15所示，也可以按下Delete键删除所选文字。

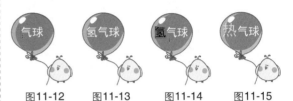

图11-12　　图11-13　　图11-14　　图11-15

小技巧：文字操作技巧

● 创建点文字时应尽量避免单击图形，否则会将图形转换为区域文字的文本框或者路径文字的路径。如果现有的图形恰好位于要输入文本的地方，可以先将该图形锁定或隐藏。

● 将光标放在文字上，双击可以选择相应的文字，三击可以选择整个段落；选择部分文字后，按住 Shift 键拖动鼠标，可以扩展或缩小选取范围；按下Ctrl+A键可以选择全部文字。

11.2.3 创建与编辑区域文字

区域文字也称段落文字。它利用对象的边界来控制字符排列，既可以横排，也可以直排，当文本到达边界时会自动换行。如果要创建包含一个或多个段落的文本，如用于宣传册之类的印刷品时，这种输入方式非常方便。

（1）创建矩形区域文字

选择文字工具 ，在画板中单击并拖出一个矩形框，如图11-16所示，放开鼠标后输入文字，文字就会被限定在矩形框的范围内，如图11-17所示。

图11-16　　　　图11-17

（2）创建图形化区域文字

选择区域文字工具，将光标放在一个封闭的图形上（光标变为状），如图11–18所示，单击鼠标，删除对象的填色和描边，如图11–19所示，输入文字，文字会限定在图形区域内，令整个文本呈现图形化的外观，如图11–20所示。

图11-18

图11-19

图11-20

（3）编辑区域文字

使用选择工具拖动定界框上的控制点，可以调整文本区域的大小，也可将它旋转，文字会重新排列，但文字的大小和角度不会改变，如图11–21所示。如果要将文字连同文本框一起旋转或缩放，可以使用旋转、比例缩放等工具来操作，如图11–22所示。使用直接选择工具选择并调整锚点改变图形的形状，文字会基于新图形自动调整位置，如图11–23所示。

图11-21

图11-22

图11-23

11.2.4 创建与编辑路径文字

路径文字是指在开放或封闭的路径上输入的文字，文字会沿着路径的走向排列。

（1）创建路径文字

选择路径文字工具或文字工具，将光标放在路径上（光标会变为状），如图11–24所示，单击鼠标设置文字插入点，如图11–25所示，输入文字即可创建路径文字，如图11–26所示。当水平输入文本时，文字的排列与基线平行；当垂直输入文本时，文字的排列与基线垂直。

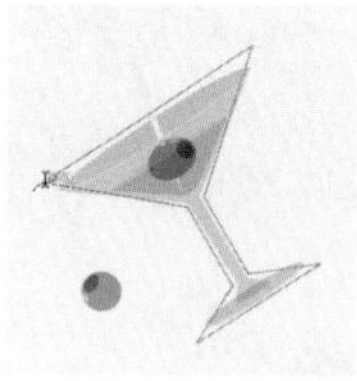
图11-24

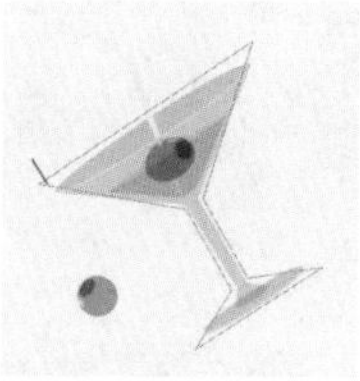
图11-25

图11-26

（2）编辑路径文字

使用选择工具选择路径文字，将光标放在文字中间的中点标记上，光标会变为状，如图11–27所示，单击并沿路径拖动鼠标可以移动文字，如图11–28所示；将中点标记拖动到路径的另一侧，可以翻转文字，如图11–29所示。如果修改了路径的形状，文字也会随之变化。

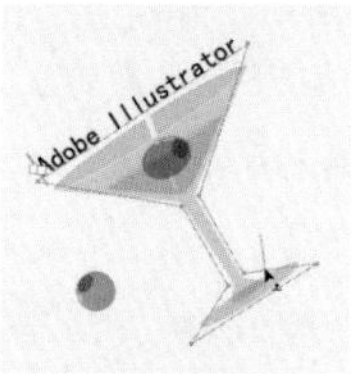

图11-27

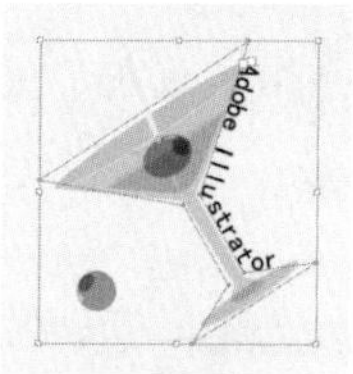

图11-28

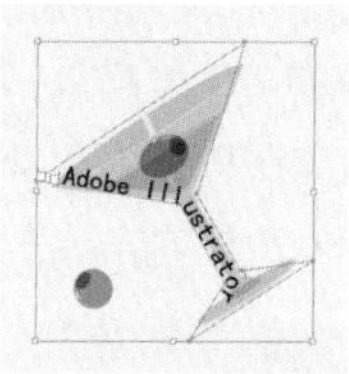

图11-29

小技巧：路径文字的五种变形样式

选择路径文本，执行“文字>路径文字>路径文字选项”命令，打开“路径文字选项”对话框，“效果”下拉列表中包含5种变形样式，可以对路径文字进行变形处理。

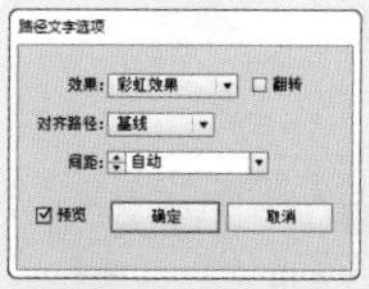

“路径文字选项”对话框

彩虹效果

倾斜效果

3D带状效果

阶梯效果

重力效果

提示：

使用文字工具时，将光标放在画板中，光标会变为 I 状，此时可创建点文字；将光标放在封闭的路径上，光标会变为 I 状，此时可创建区域文字；将光标放在开放的路径上，光标会变为 I 状，此时可创建路径文字。

11.3 编辑文字

在Illustrator中创建文字后，可以修改字符格式和段落格式，包括字体、颜色、大小、间距、行距和对齐方式等。

11.3.1 设置字符格式

字符格式是指文字的字体、大小、间距、行距等属性。创建文字之前，或者创建文字之后，都可以通过"字符"面板或控制面板中的选项来设置字符格式，如图11-30、图11-31所示。

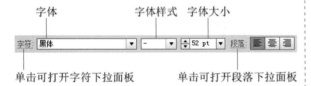

图11-30

图11-31

◎ **设置文字颜色**：选择文本后，可通过"颜色"和"色板"面板为文字的填色和描边设置颜色或图案，如图11-32所示是未使用填色和描边的效果，如图11-33所示是应用图案的效果。如果要为填色或描边应用渐变色，则需要先执行"文字>创建轮廓"命令，将文字转换为轮廓，然后才能填充渐变。

图11-32　　　　图11-33

◎ **字体系列/字体样式**：在"设置字体系列"下拉列表中可以选择一种字体。对于一部分英文字体，可在"设置字体样式"下拉列表中为它选择一种样式，包括Regular（规则的）、Italic（斜体）、Bold（粗体）和Bold Italic（粗斜体）等，如图11-34所示。

Regular　　Italic　　Bold　　Bold Italic

图11-34

◎ **设置字体大小** T：可以设置文字的大小。

◎ **设置行距** A：可设置行与行之间的垂直间距。

◎ **水平缩放** T/**垂直缩放** T：可设置文字的水平和垂直缩放比例。

◎ **字距微调** VA：使用文字工具在两个字符中间单击后，如图11-35所示，可在该选项中调整这两个字符的间距，如图11-36所示。

◎ **字距调整** VA：如果要调整部分字符的间距，可以将它们选中，再调整该参数，如图11-37所示。如果选择的是文本对象，则可调整所有字符的间距，如图11-38所示。

图11-35　　　　图11-36

图11-37

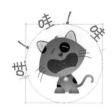
图11-38

◎ 调整空格和比例间距：如果要在文字之前或之后添加空格，可选择要调整的文字，然后在插入空格（左）▦或插入空格（右）▦选项中设置要添加的空格数；如果要压缩字符间的空格，可在比例间距▦选项中指定百分比。

◎ 设置基线偏移 A⁼₊：基线是字符排列于其上的一条不可见的直线，在该选项中可调整基线的位置。当该值为负值时文字下移；为正值时文字上移，如图11-39所示。

◎ 字符旋转 ⓣ：可以调整文字的旋转角度，如图11-40所示。

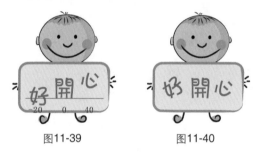
图11-39　　　　图11-40

◎ 特殊文字样式："字符"面板下面的一排"T"状按钮用来创建特殊的文字样式，效果如图11-41所示（括号内的a为按下各按钮后的文字）。其中全部大写字母 TT/小型大写字母 Tᴛ 可以对文字应用常规大写字母或小型大写字母；上标 T¹/下标 T₁ 可缩小文字，并相对于字体基线升高或降低文字；下划线 T/删除线 T̶ 可以为文字添加下划线，或者在文字的中央添加删除线。

全部大写字母（A）　　小型大写字母（A）
上标（a）　下标（a）　下划线（a）　删除线（a）
图11-41

◎ 语言：在"语言"下拉列表中选择适当的词典，可以为文本指定一种语言，以方便拼写检查和生成连字符。

◎ 锐化：可以使文字边缘更加清晰。

小提示　小技巧：文字编辑技巧

● 选择文本对象，在控制面板的设置字体系列选项内单击，当文字名称处于选择状态时，按下鼠标中间的滚轮，可以快速切换字体。

在选项内单击

滚动滚轮切换字体

● 按下Shift+Ctrl+>键可以将文字调大；按下Shift+Ctrl+<键可以将文字调小。

● 执行"文字>文字方向"下拉菜单中的"水平"和"垂直"命令，可以改变文本中所有字符的排列方向。

11.3.2　设置段落格式

段落格式是指段落的对齐、缩进、间距和悬挂标点等属性。在"段落"面板中可以设置段落格式，如图11-42所示。选择文本对象后，可以设置整个文本的段落格式；如果选择了文本中的一个或多个段落，则可单独设置所选段落的格式。

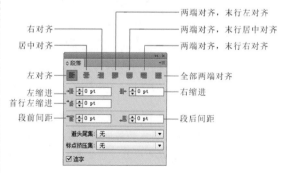
图11-42

◎ 对齐：选择文字对象，或者在要修改的段落中单击鼠标，插入光标，便可以修改段落的对齐方式。单击按钮，文本左侧边界的字符对齐，右侧边界的字符参差不齐；单击 按钮，每一行字符的中心都与段落的中心对齐，剩余的空间被均分并置于文本的两端；单击 按钮，文本右侧边界的字符对齐，左侧边界参差不齐；单击 按钮，文本中最后一行左对齐，其他行左右两端强制对齐；单击 按钮，文本中最后一行居中对齐，其他行左右两端强制对齐；单击 按钮，文本中最后一行右对齐，其他行左右两端强制对齐；单击 按钮，可在字符间添加额外的间距使其左右两端强制对齐。

◎缩进：缩进是指文本和文字对象边界的间距量，它只影响选中的段落。用文字工具单击要缩进的段落，在左缩进 选项中输入数值，可以使文字向文本框的右侧边界移动，如图11-43、图11-44所示；在右缩进 选项中输入数值，可以使文字向文本框的左侧边界移动，如图11-45所示；如果要调整首行文字的缩进，可以在首行左缩进 选项中输入数值。

图11-43　　　　图11-44　　　　图11-45

◎段落间距：在段前间距 选项中输入数值，可增加当前选择的段落与上一段落的间距，如图11-46所示；在段后间距 选项中输入数值，则增加当前段落与下一段落之间的间距，如图11-47所示。

图11-46　　　　　　图11-47

◎避头尾集：用于指定中文或日文文本的换行方式。

◎标点挤压集：用于指定亚洲字符和罗马字符等内容之间的间距，确定中文或日文排版方式。

◎连字：可在断开的单词间显示连字标记。

11.3.3 使用特殊字符

在Illustrator中，某些字体包含不同的字形，

如大写字母 A 包含花饰字和小型大写字母。要在文本中添加这样的字符，可先使用文字工具 选择文字，如图11-48所示，然后执行"窗口>文字>字形"命令，打开"字形"面板，单击面板中的字符，即可替换所选字符，如图11-49、图11-50所示。

图11-48　　　　图11-49　　　　图11-50

在默认情况下，"字形"面板中显示了所选字体的所有字形，在面板底部选择不同的字体系列和样式可更改字体。如果选择了 OpenType 字体，如图11-51所示，则可执行"窗口>文字>OpenType"命令，打开"OpenType"面板，按下相应的按钮，使用连字、标题替代字符和数字，如图11-52、图11-53所示。

图11-51　　　　图11-52　　　　图11-53

小知识：OpenType字体

OpenType字体是Windows和Macintosh操作系统都支持的字体文件，因此，使用OpenType字体以后，在这两个操作平台间交换文件时，不会出现字体替换或其他导致文本重新排列的问题。

11.3.4 串接文本

创建区域文本和路径文本时，如果输入的文字长度超出区域或路径的容许量，则多出的文字就会被隐藏，定界框右下角或路径边缘会出现一个内含加号的小方块，那些被隐藏的文字称为溢流文本，通过串接文本可以将它们导出到另外一个对象中，并使这两个文本之间保持链接关系。

单击田小方块，如图11-54所示，然后在空白处单击（光标会变为 状），可以将文字导出到一个与原始对象大小和形状相同的文本框中，如图11-55所示；如果单击并拖动鼠标，则可以导出到一个矩形文本框中，如图11-56所示；如果单击一个图形，则可将文字导出到该图形中，如图11-57所示。

图11-58

图11-59

图11-54　　　　图11-55

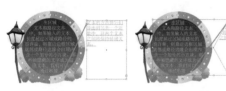

图11-56　　　　图11-57

图11-60

图11-61

小贴示　小技巧：串接两个独立的文本

选择两个独立的路径文本或者区域文本，执行"文字>串接文本>创建"命令，即可将它们链接成为串接文本。只有区域文本或路径文本可以创建串接文本，点文本不能进行串接。

小贴示　小技巧：调整文字与绕排对象的间距

选择文本绕排对象，执行"对象>文本绕排>文本绕排选项"命令，打开"文本绕排选项"对话框，通过设置"位移"值可以调整文本和绕排对象之间的间距。选择"反向绕排"，可围绕对象反向绕排文本。

"文本绕排选项"对话　　　　位移值为6pt

11.3.5 文本绕排

文本绕排是指让区域文本围绕一个图形、图像或其他文本排列，从而创建出精美的图文混排效果。创建文本绕排时，需要先将文字与用于绕排的对象放到同一个图层中，且文字位于下方，如图11-58所示，将它们选择，如图11-59所示，执行"对象>文本绕排>建立"命令，即可将文本绕排在对象周围，如图11-60所示。移动文字或对象时，文字的排列形状会随之改变，如图11-61所示。如果要释放文本绕排，可以执行"对象>文本绕排>释放"命令。

位移值为-6pt

选择"反向绕排"选项

11.3.6 修饰文字

创建文本后，使用修饰文字工具 单击一个文字，文字上会出现定界框，如图11-62所示，拖动控制点可以对文字进行缩放，如图11-63所示。

图11-62

图11-63

修饰文字工具 可以编辑文本中的任意一个文字，进行创造性地修饰，不只是缩放，还可进

行旋转、拉伸、移动等，从而生成美观而突出的信息，如图11-64、图11-65所示。

图11-64

图11-65

11.4 高级技巧：文字变形与属性设置技巧

（1）制作趣味卷曲字

创建文字后，按下Shift+Ctrl+O快捷键将文字转换为轮廓，使用旋转扭曲工具 在文字的边角处单击，可以让路径产生卷曲效果，如图11-66所示。单击时按住鼠标按键的时间越长，产生的旋转圈数越多。

图11-66

（2）文字结构的变形艺术

普通文字进行变形处理也可以成为具有美感的艺术字。例如下图文字很平常，没有什么特点，将其转换为轮廓后，就可以用锚点编辑工具修改路径，改变文字的结构和外观，如图11-67～图11-70所示。

Illustrator cs3

普通的文字

图11-67

转换为轮廓后修改文字结构

图11-68

填充渐变色

添加投影

图11-69

添加图形作为装饰

图11-70

（3）快速拾取文字属性

在没有选择任何文本的状态下，将吸管工具 放在一个文本对象上（光标会变为 状），单击鼠标，可拾取该文本的属性（包括字体、颜色、字距和行距等）；将光标放在另一个文本对象上，按住Alt键（光标变为 状）拖动鼠标，光标所到之处的文字都会应用拾取的文字属性，如图11-71所示。

图11-71

11.5 图表

图表可以直观地反映各种统计数据的比较结果，在工作中的应用非常广泛。

11.5.1 图表的种类

Illustrator提供了9个图表工具，即柱形图工具 、堆积柱形图工具 、条形图工具 、堆积条形图工具 、折线图工具 、面积图工具 、散点图工具 、饼图工具 、雷达图工具 ，它们可以创建9种类型的图表，如图11-72所示。

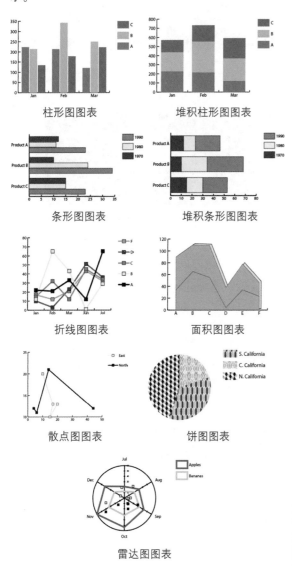

柱形图图表

堆积柱形图图表

条形图图表

堆积条形图图表

折线图图表

面积图图表

散点图图表

饼图图表

雷达图图表

图11-72

11.5.2 创建图表

（1）定义图表大小

选择任意一个图表工具，在画板中单击并拖出一个矩形框，即可创建该矩形框大小的图表。如果按住Alt键拖动，可以从中心绘制；按住 Shift 键，则可以将图表限制为一个正方形。如果要创建具有精确的宽度和高度的图表，可在画面中单击，打开"图表"对话框输入数值，如图11-73所示。

（2）输入图表数据

定义好图表的大小后，就会弹出图表数据对话框，如图11-74所示，单击一个单元格，然后在顶行输入数据，它便会出现在所选的单元格中，如图11-75所示。

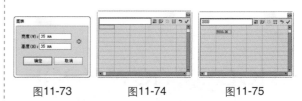

图11-73　　　　图11-74　　　　图11-75

单元格的左列用于输入类别标签，如年、月、日。如果要创建只包含数字的标签，则需要使用直式双引号将数字引起来。例如，2012年应输入"2012"，如果输入全角引号"2012"，则引号也会显示在年份中。数据输入完成后，单击 按钮即可创建图表，如图11-76、图11-77所示。

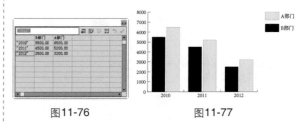

图11-76　　　　　　图11-77

图表数据对话框中还有几个按钮，单击导入数据按钮 ，可导入应用程序创建的数据；单击换位行/列按钮 ，可转换行与列中的数据；创建散点图图表时，单击切换x/y按钮 ，可以对调x轴和y轴的位置；单击单元格样式按钮 ，可在打开的"单元格样式"对话框中定义小数点后面包含几位数字，以及调整图表数据对话框中每一列数据间的宽度，以便在对话框中查看更多的数字，但不会影响图表；单击恢复按钮 ，可以将修改的数据恢复到初始状态。

提示：

> 选择一个单元格后，按下"↑、↓、←、→"键可以切换单元格；按下Tab键可以输入数据并选择同一行中的下一单元格；按下回车键可以输入数据并选择同一列中的下一单元格。

11.5.3 设置图表类型选项

选择一个图表，如图11-78所示，双击任意一个图表工具，打开"图表类型"对话框，在"类型"选项中单击一个图表按钮，即可将图表转换为该种类型，如图11-79、图11-80所示。

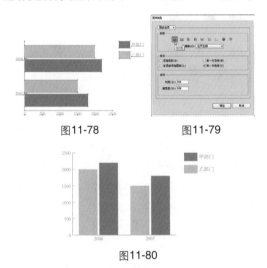

图11-78　　　　　图11-79

图11-80

◎ **添加投影**：选择该选项后，可以在图表中的柱形、条形或线段后面，以及对整个饼图图表应用投影，如图11-81所示。

◎ **在顶部添加图例**：默认情况下，图例显示在图表的右侧水平位置，选择该选项后，图例将显示在图表的顶部，如图11-82所示。

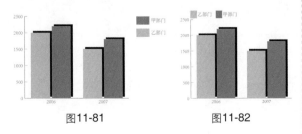

图11-81　　　　　图11-82

◎ **第一行在前**：当"簇宽度"大于 110%时，可以控制图表中数据的类别或群集重叠的方式。使用柱形或条形图时此选项最有帮助。如图11-83、图11-84所示是设置"簇宽度"为120%并选择该选项时的图表效果。

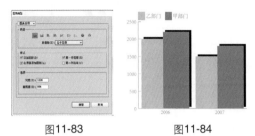

图11-83　　　　　图11-84

◎ **第一列在前**：可在顶部的"图表数据"窗口中放置与数据第一列相对应的柱形、条形或线段。该选项还决定"列宽"大于110%时，柱形和堆积柱形图中哪一列位于顶部。如图11-85、图11-86所示是设置"列宽"为120%并选择该选项时的图表效果。

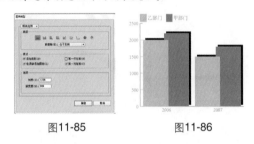

图11-85　　　　　图11-86

11.5.4 修改图表数据

创建图表后，如图11-87所示，如果想要修改数据，可以用选择工具 选择图表，然后执行"对象＞图表＞数据"命令，打开"图表数据"对话框，输入新的数据，如图11-88所示，单击对话框右上角的应用按钮 即可更新数据，如图11-89所示。

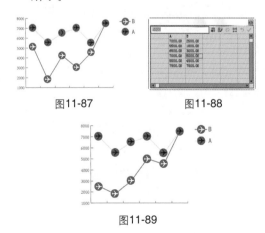

图11-87　　　　　图11-88

图11-89

11.6 路径文字实例：2012

（1）新建一个A4大小的文件。选择画笔工具，执行"窗口>画笔库>艺术效果>艺术效果_油墨"命令，打开该画笔库。选择如图11-90所示的画笔，绘制一条路径，如图11-91所示（蓝色部分是路径，黑色部分是画笔描边）。

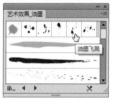
图11-90

图11-91

（2）选择"书法1"画笔，如图11-92所示，再绘制一条路径，如图11-93所示。

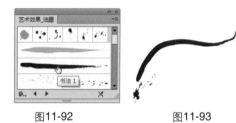
图11-92   图11-93

（3）修改描边颜色，再绘制几条路径，如图11-94所示。选择如图11-95所示的画笔，绘制一条路径，组成一个眼睛状图形，如图11-96所示。

图11-94   图11-95   图11-96

（4）在"图层"面板中新建"图层2"。用钢笔工具绘制数字"2"，使用选择工具按住Alt键向右侧拖动进行复制。用椭圆工具创建一个圆形，用直线段工具创建一条线段，它们组成数字"2012"，设置描边颜色为灰色，如图11-97所示。将"图层2"拖动到创建新图层按钮上复制，得到"图层2 复制"。在如图11-98所示的位置单击，将"图层2"锁定，这样使用"图层2复制"中的图形创建路径文字时，就不会受到"图层2"的影响了。

图11-97

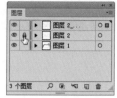
图11-98

（5）用选择工具选择路径"2"，选择路径文字工具，将光标放在路径上，光标变为状时单击，多次输入文字"2012"创建路径文字，如图11-99所示。将光标放在最前面的文字上，单击并拖动鼠标，选择文字，如图11-100所示，在控制面板中修改所选字符的颜色，如图11-101所示。采用同样的方法修改其他文字的颜色，如图11-102所示。

图11-99   图11-100   图11-101   图11-102

（6）在其他路径上创建路径文字，方法与文字"2"相同，如图11-103所示。

图11-103

11.7 文本绕排实例：宝贝最爱的动画片

（1）打开光盘中的素材文件，如图11-104所示。选择文字工具 **T**，在画板中单击并拖动鼠标创建一个矩形范围框，如图11-105所示，放开鼠标后输入文字，创建区域文字，如图11-106所示。

（3）执行"对象>文本绕排>文本绕排选项"命令，打开"文本绕排选项"对话框，设置"位移"为11pt，如图11-109所示，增加文字与绕排对象之间的距离，如图11-110所示。最后，用选择工具 ▶ 选择文字和小女孩，将它们移动到右侧的画板上，如图11-111所示。

图11-104　　　图11-105　　　图11-106

（2）按下Shift+Ctrl+[快捷键，将文字调整到最底层，如图11-107所示。选择文字和小女孩，执行"对象>文本绕排>建立"命令，创建文本绕排，文字会围绕在卡通周围排布，如图11-108所示。

图11-107　　　　　图11-108

图11-109　　　图11-110　　　图11-111

11.8 特效字实例：奇妙字符画

（1）打开光盘中的素材文件，如图11-112所示。选择小白兔，单击"透明度"面板中的"制作蒙版"按钮，创建不透明度蒙版。单击蒙版缩览图，如图11-113所示，进入蒙版编辑状态。

击设置插入点，如图11-115所示，连续按Ctrl+V键粘贴文本，直到文本布满画面，如图11-116所示。单击对象缩览图，结束蒙版的编辑，如图11-117所示。

图11-112　　　　　图11-113

（2）选择文字工具 **T**，在画板左上角单击，然后向右下方拖动鼠标创建一个与画板大小相同的文本框，输入文字，设置文字颜色为白色，大小为9pt，如图11-114所示。

（3）按下Ctrl+A快捷键，将文本全部选取，按下Ctrl+C快捷键复制，在最后一个文字后面单

图11-114

图11-115

图11-116　　　　　图11-117

（4）在"图层1"中将"图像"图层拖动到面板底部的 按钮上进行复制，如图11-118所示。通过两张图像的重叠，使字符变得更加清晰，效果如图11-119所示。

图11-118　　　　　　　图11-119

11.9 特效字实例：海报设计

（1）按下Ctrl+N快捷键打开"新建文档"对话框，在"配置文件"下拉列表中选择"打印"，在"大小"下拉列表中选择"A4"，创建一个A4大小的CMYK模式文件。

（2）选择文字工具 T，在画板中单击输入文字，按下Esc键结束文字的输入，在控制面板中设置字体及大小，如图11-120所示。再用同样方法输入其他文字，如图11-121所示。

图11-120　　　　　　　图11-121

（3）按下Ctrl+A快捷键全选，按下Shift+Ctrl+O快捷键将文字创建轮廓，如图11-122所示。按下Shift+Ctrl+G快捷键取消编组。使用选择工具 ▶ 分别选取每个文字，填充不同的颜色，如图11-123所示。

图11-122　　　　　　　图11-123

（4）选取文字"平"，按下Ctrl+C快捷键复制，按下Ctrl+F快捷键贴在前面，如图11-124所示。执行"窗口>色板库>图案>基本图形>基本图形_纹理"命令，载入"纹理"图案库。单击面板右上角的 ▼ 按钮，在面板菜单中选择"小列表视图"命令，选择面板中的"点铜版雕刻"图案，用该图案填充文字，如图11-125、图11-126所示。

图11-124　　　　图11-125　　　　图11-126

（5）在"透明度"面板中设置混合模式为"变亮"，如图11-127、图11-128所示。

图11-127　　　　　　　图11-128

（6）按住Shift键选择文字"面"、"设"和"赛"，按下Ctrl+C快捷键复制，按下Ctrl+F快捷键贴在前面。单击"基本图形_纹理"面板底部的 ◀ 按钮，切换到"基本图形_点"面板，用"波浪形粗网点"图案填充文字，如图11-129、图11-130所示。

图11-129

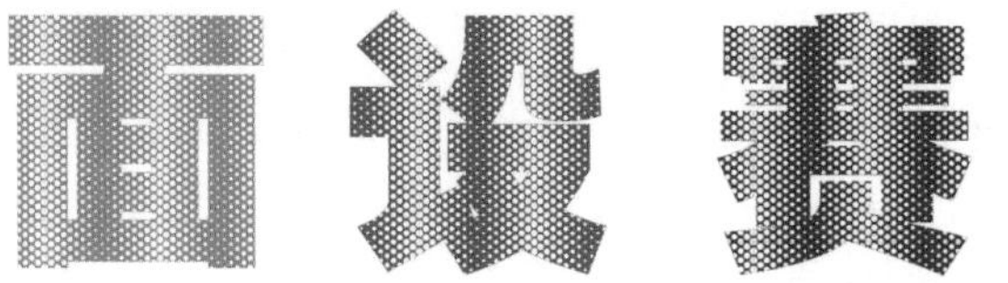

图11-130

（7）复制文字“计”并粘贴到前面，为它填充“波浪形细网点”图案，如图11—131、图11—132所示。

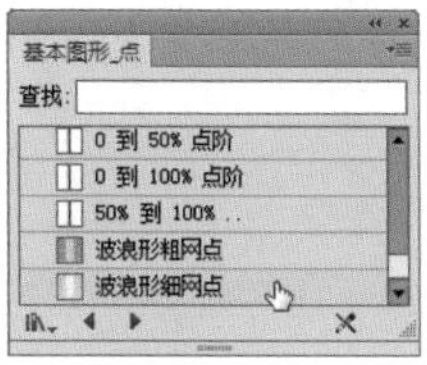

图11-131

图11-132

（8）复制文字“大”并粘贴到前面，单击两次“基本图形_点”面板底部的按钮，切换到“基本图形_线条”面板，为文字填充“波浪形粗线”图案，如图11—133、图11—134所示。再用同样方法将字母填充“波浪形粗网点”图案，效果如图11—135所示。

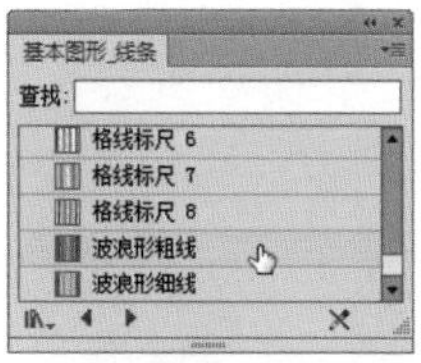

图11-133

图11-134

图11-135

（9）选择椭圆工具，按住Shift键绘制一个圆形，设置填充颜色为黄色，描边颜色为青色，描边粗细为15pt，如图11—136所示。设置混合模式为“正片叠底”，如图11—137、图11—138所示。

图11-136

图11-137

图11-138

（10）使用选择工具将圆形向右拖动，在放开鼠标前按住Alt+Shift键，可在水平方向复制出一个新的圆形，如图11—139所示。将描边颜色设置为红色，如图11—140所示。

（11）用同样方法制作出更多的圆形，分别调整填充或描边的颜色，使画面更加丰富，如图11—141所示。

图11-139

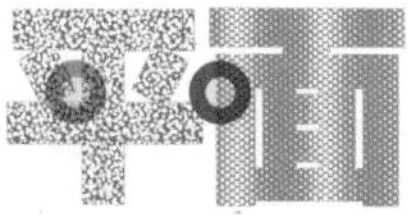

图11-140

图11-141

（12）在“符号”面板中选择“矢量污点”符号，如图11—142所示。将其直接拖到画面中，如图11—143所示，单击“符号”面板底部的按钮，断开符号的链接，如图11—144所示。将填充颜色设置为品红色，将光标放在定界框的右上角，按住Shift键向右拖动鼠标，将图形旋转90°，如图11—145所示。

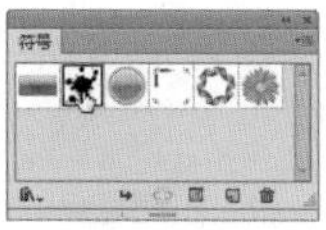

图11-142

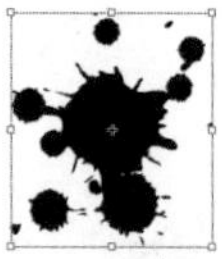

图11-143

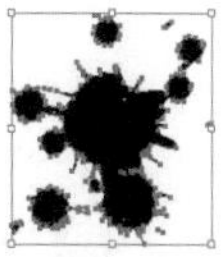

图11-144

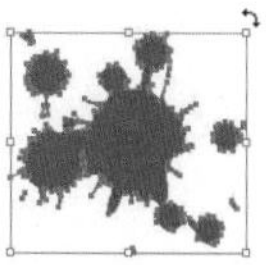

图11-145

（13）在画面左侧输入大赛相关信息，最终效果如图11—146所示。

图11-146

11.10 图表实例：替换图例

（1）打开光盘中的素材文件。使用选择工具 选择女孩素材，如图11-147所示，执行"对象>图表>设计"命令，打开"图表设计"对话框，单击"新建设计"按钮，将它保存为一个新建的设计图案，如图11-148所示，单击"确定"按钮关闭对话框。选择男孩，也将它定义为设计图案，如图11-149、图11-150所示。

图11-147　　图11-148　　图11-149　　图11-150

（2）选择柱形图工具 ，在画板中单击并拖出一个矩形范围框，放开鼠标后，在弹出的对话框中输入数据，如图11-151所示（年份使用直式双引号，如2012年应输入"2012"），单击 按钮创建图表，如图11-152所示。

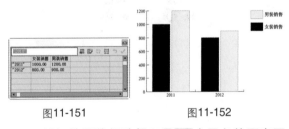

图11-151　　　　　　　　图11-152

（3）使用编组选择工具 在黑色的图表图例上单击三下，选择这组图形，如图11-153所示。执行"对象>图表>柱形图"命令，打开"图表列"对话框，单击新建的设计图案，在"柱形图类型"选项下拉列表中选择"垂直缩放"，如图11-154所示，单击"确定"按钮关闭对话框，使用女孩替换原有的图形，如图11-155所示。

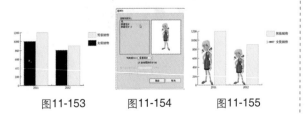

图11-153　　　图11-154　　　图11-155

（4）使用编组选择工具 在灰色的图表图例上单击三下，如图11-156所示。执行"对象>图表>柱形图"命令，用男孩替换该组图形，如图11-157、图11-158所示。

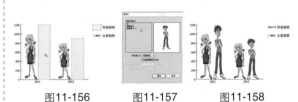

图11-156　　　图11-157　　　图11-158

（5）使用编组选择工具 拖出一个选框选中右上角的图例，如图11-159所示，双击旋转工具 ，打开"旋转"对话框，将图形旋转90°，如图11-160、图11-161所示。

图11-159　　　　图11-160　　　　图11-161

（6）移动图形位置，如图11-162所示。用编组选择工具 选择文字，然后修改颜色，如图11-163所示。最后，用矩形工具 在人物后面创建几个矩形，高度与人物相同，如图11-164所示。

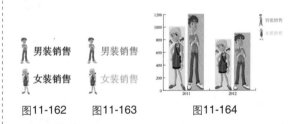

图11-162　　　图11-163　　　图11-164

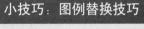
小技巧：图例替换技巧

　　在使用自定义的图形替换图表图形时，可以在"图表列"对话框的"列类型"选项下拉列表中选择如何缩放与排列图案。

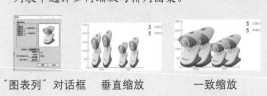

"图表列"对话框　　垂直缩放　　一致缩放

小贴示　小技巧：图例替换技巧

●选择"垂直缩放"选项，可根据数据的大小在垂直方向伸展或压缩图案，但图案的宽度保持不变；选择"一致缩放"选项，可根据数据的大小对图案进行等比缩放。

选择"截断设计"选项

选择"缩放设计"选项

●选择"重复堆叠"选项，对话框下面的选项被激活。在"每个设计表示"文本框中可以输入每个图案代表几个单位。例如，输入100，表示每个图案代表100个单位，Illustrator会以该单位为基准自动计算使用的图案数量。单位设置完成后，需要在"对于分数"选项中设置不足一个图案时如何显示图案。选择"截断设计"选项，表示不足一个图案时使用图案的一部分，该图案将被截断；选择"缩放设计"选项，表示不足一个图案时图案将被等比缩小，以便完整显示。

●选择"局部缩放"选项，可对局部图案进行缩放。

11.11　文字拓展练习：毛边字

　　如图11-165所示为一个毛边效果的特效字，它用到了图形编辑工具、"描边"面板、色板库等功能。可以使用光盘中的文字素材进行操作，如图11-166所示。先用刻刀工具 🗡 将文字分割开，如图11-167所示；然后为它们添加虚线描边，如图11-168、图11-169所示；用编组选择工具 ▶+ 选择各个图形，填充不同的颜色，最后创建一个矩形，填充图案，如图11-170～图11-172所示。

图11-167　　　　　图11-168

图11-169　　　　　图11-170

图11-165

图11-166

图11-171

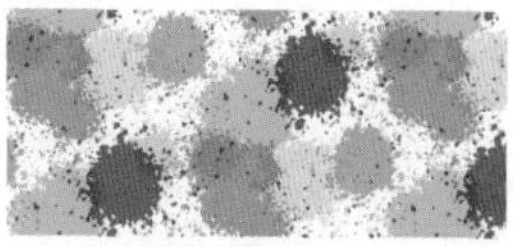

图11-172

11.12　图表拓展练习：用纯文本数据创建图表

　　文字处理程序创建的文本文件可以导入Illustrator中生成图表。例如图11-173所示为使用Windows的记事本创建的纯文本格式的文件，单击"图表数据"对话框中的导入数据按钮 🖼 并选择该文件，即可将其导入图表中，如图11-174所示，图11-175所示。

图11-173

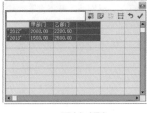

图11-174

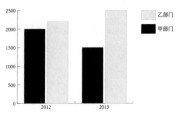

图11-175

提示：

在文本文件中，数据只能包含小数点或小数点分隔符（如应输入 732000，而不是 732,000），并且，该文件的每个单元格的数据应由制表符隔开，每行的数据应由段落回车符隔开。例如，在记事本中输入一行数据，数据间的空格部分需要按下Tab键隔开，再输入下一行数据（可按下回车键换行）。

11.13 图表拓展练习：将不同类型的图表组合在一起

在Illustrator中，除了散点图图表之外，可以将任何类型的图表与其他图表组合，创建更具特色的图表。打开光盘中的图表素材。选择编组选择工具 ，在蓝色柱形数据上单击三下鼠标，选择数据，如图11-176所示，双击工具面板中的图表工具，打开"图表类型"对话框，单击折线图按钮，即可将所选数据组改为折线图，如图11-177、图11-178所示。

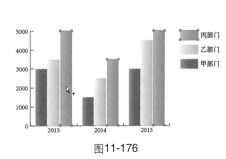

图11-176

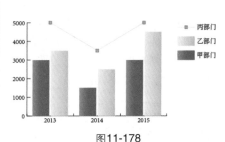

图11-177

图11-178

第12章

插画设计：画笔与符号

12.1 模版绘图实例：大嘴光盘设计

插画作为一种重要的视觉传达形式，以其直观的形象性、真实的生活感和艺术感染力，在现代设计中占有特殊的地位，插画已被广泛地运用于广告、传媒、出版、影视等领域，而且细分为儿童类、体育类、科幻类、食品类、数码类、纯艺术类、幽默类等多种专业类型。不仅如此，插画的风格也丰富多彩。

◎装饰风格插画：注重形式美感的设计。设计者所要传达的含义都是较为隐性的，这类插画中多采用装饰性的纹样，构图精致、色彩协调，如图12-1所示。

◎动漫风格插画：在插画中使用动画、漫画和卡通形象，增加插画的趣味性。采用较为流行的表现手法能够使插画的形式新颖、时尚，如图12-2所示。

图12-1　　　　　　　图12-2

◎矢量风格插画：能够充分体现图形的艺术美感，如图12-3、图12-4所示。

图12-3　　　　　　　图12-4

◎Mix & Match风格插画：Mix意为混合、掺杂，Match意为调和、匹配。Mix & Match风格的插画能够融合许多独立的、甚至互相冲突的艺术表现方式，使之呈现协调的整体风格，如图12-5所示。

◎儿童风格插画：多用在儿童杂志或书籍，颜色较为鲜艳，画面生动有趣。造型或简约，或可爱，或怪异，通常场景会比较Q，如图12-6所示。

图12-5　　　　　　　图12-6

◎涂鸦风格插画：具有粗犷的美感，自由、随意且充满了个性，如图12-7所示。

◎线描风格插画：利用线条和平涂的色彩作为表现形式，具有单纯和简洁的特点，如图12-8所示。

图12-7　　　　　　　图12-8

12.2 画笔面板与绘画工具

Illustrator的绘画工具包括画笔、斑点画笔、实时上色等工具。其中，画笔工具最灵活，它可以使用不同类型的画笔进行绘画，包括书法画笔、散点画笔、艺术画笔、图案画笔和毛刷画笔等。

12.2.1 画笔面板

"画笔"面板中保存了预设的画笔样式，可以为路径添加不同风格的外观。选择一个图形，如图12-9所示，单击"画笔"面板中的一个画笔，即可对其应用画笔描边，如图12-10、图12-11所示。

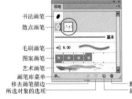

书法画笔
散点画笔
毛刷画笔
图案画笔
艺术画笔
画笔库菜单
移去画笔描边
所选对象的选项
删除画笔
新建画笔

图12-9　　　　图12-10　　　　图12-11

◎ **画笔类型**：画笔分为5类，分别是书法画笔、散点画笔、毛刷画笔、图案画笔和艺术画笔，如图12-12所示。书法画笔可模拟传统的毛笔创建书法效果的描边；散点画笔可以将一个对象（如一只瓢虫或一片树叶）沿着路径分布；毛刷画笔可创建具有自然笔触的描边；图案画笔可以将图案沿路径重复拼贴；艺术画笔可以沿着路径的长度均匀拉伸画笔或对象的形状，模拟水彩、毛笔、炭笔等效果。

书法画笔　　　　散点画笔　　　　毛刷画笔

图案画笔　　　　艺术画笔

图12-12

◎ **画笔库菜单**：单击该按钮，可在下拉列表中选择系统预设的画笔库。

◎ **移去画笔描边**：选择一个对象，单击该按钮可删除应用于对象的画笔描边。

◎ **所选对象的选项**：单击该按钮可以打开"画笔选项"对话框。

◎ **新建画笔**：单击该按钮，可以打开"新建画笔"对话框，选择新建画笔类型，创建新的画笔。如果将面板中的一个画笔拖至该按钮上，则可复制画笔。

◎ **删除画笔**：选择面板中的画笔后，单击该按钮可将其删除。

小知识：散点画笔与图案画笔的区别

散点画笔和图案画笔效果类似。它们之间的区别在于，散点画笔会沿路径散布，而图案画笔则会完全依循路径。

散点画笔　　　　　　图案画笔

小技巧：充分利用画笔库资源

Illustrator的画笔库中包含了各种类型的画笔，如各种样式的箭头、装饰线条、边框，以及能够模拟各种绘画线条的画笔等，使用它们可以制作边框和底纹，产生水彩笔、蜡笔、毛笔、涂鸦等丰富的艺术效果。

素材　　"艺术效果_油墨"　　绘制的涂鸦效果
　　　　　画笔库　　　　　　　艺术字

小贴示 小知识：设置"画笔"面板的显示方式

默认情况下，"画笔"面板中的画笔以列表视图的形式显示，即显示画笔的缩览图，不显示名称，只有将光标放在一个画笔样本上，才能显示它的名称。如果选择面板菜单中的"列表视图"选项，则可同时显示画笔的名称和缩览图，并以图标的形式显示画笔的类型。此外，也可以选择面板菜单中一个选项，单独显示某一类型的画笔。

查看画笔名称

以列表视图显示

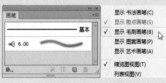
单独显示毛刷画笔

12.2.2 画笔工具

画笔工具 ✏ 可以在绘制线条的同时对路径应用画笔描边，生成各种艺术线条和图案。选择画笔工具 ✏，在"画笔"面板中选择一种画笔，如图12-13所示，单击并拖动鼠标即可绘制线条，如图12-14所示。如果要绘制闭合式路径，可在绘制的过程中按住Alt键（光标会变为✏状）。

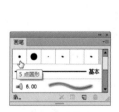
图12-13

图12-14

绘制路径后，保持路径的选择状态，将光标放在路径的端点上，如图12-15所示，单击并拖动鼠标可延长路径，如图12-16所示；将光标放在路径段上，单击并拖动鼠标可以修改路径的形状，如图12-17、图12-18所示。

图12-15

图12-16

图12-17

图12-18

小贴示 提示

用画笔工具绘制的线条是路径，可以使用锚点编辑工具对其进行编辑和修改，并可在"描边"面板中调整画笔描边的粗细。

12.2.3 斑点画笔工具

斑点画笔工具 🖌 可以绘制出用颜色或图案填充的、无描边的形状，并且，还能够与具有相同颜色（无描边）的其他形状进行交叉与合并。例如，打开一个便签图稿，如图12-19所示，用斑点画笔工具 🖌 绘制出一个心形，如图12-20所示，然后在里面用白色涂抹，所绘线条只要重合，就会自动合并为一个对象，如图12-21所示。

图12-19

图12-20

图12-21

12.3 创建与编辑画笔

单击"画笔"面板中的新建画笔按钮 🔲，打开"新建画笔"对话框，在该对话框中可以选择创建哪种类型的画笔。

12.3.1 创建书法画笔

在"新建画笔"对话框中选择"书法画笔"选项，如图12-22所示，单击"确定"按钮，打开如图12-23所示的对话框，设置选项后，单击"确定"按钮即可创建自定义的画笔，并将其保存在"画笔"面板中。

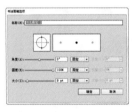

图12-22　　　　　　　图12-23

◎ 名称：可输入画笔的名称。

◎ 画笔形状编辑器：单击并拖动黑色的圆形调杆可以调整画笔的圆度，如图12-24所示，单击并拖动窗口中的箭头可以调整画笔的角度，如图12-25所示。

图12-24　　　　　　　图12-25

◎ 画笔效果预览窗：用来观察画笔的调整结果。如果将画笔的角度和圆度的变化方式设置为"随机"，则在画笔效果预览窗会出现三个画笔，中间显示的是修改前的画笔，左侧的是随机变化最小范围的画笔，右侧的是随机变化最大范围的画笔。

◎ 角度/圆度/大小：用来设置画笔的角度、圆度和直径。在这三个选项右侧的下拉列表中包含了"固定"、"随机"和"压力"等选项，它们决定了画笔角度、圆度和直径的变化方式。

 提示

如果要创建散点画笔、艺术画笔和图案画笔，必须先创建要使用的图形，并且该图形不能包含渐变、混合、画笔描边、网格、位图图像、图表、置入的文件和蒙版。

12.3.2 创建散点画笔

创建散点画笔前，先要创建画笔所使用的图形，如图12-26所示。选择图形后，单击"画笔"面板中的新建画笔按钮 ，打开"新建画笔"对话框，选择"散点画笔"选项，弹出如图12-27所示的对话框。

图12-26　　　　　　　图12-27

◎ 大小/间距/分布：可设置散点图形的大小、间距，以及图形偏离路径的距离。

◎ 旋转相对于：在该选项下拉列表中选择"页面"，图形会以页面的水平方向为基准旋转，如图12-28所示；选择"路径"，则会按照路径的走向旋转，如图12-29所示。

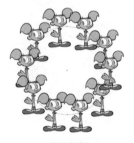
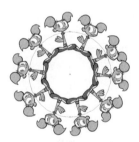

图12-28　　　　　　　图12-29

◎ 方法：可设定图形的颜色处理方法，包括"无"、"色调"、"淡色和暗色"、"色相转换"。如果想要了解各个选项的具体区别，可单击提示按钮 进行查看。

◎ 主色：用来设置图形中最突出的颜色。如果要修改主色，可选择对话框中的 工具，在下角的预览框中单击样本图形，将单击点的颜色定义为主色。

12.3.3 创建毛刷画笔

毛刷画笔可以创建具有自然毛刷画笔所画外观的描边，例如图12-30所示为使用各种不同毛刷画笔绘制的插图。在"新建画笔"对话框中选择"毛刷画笔"选项，打开如图12-31所示的对话框，可以创建毛刷类画笔。

图12-30　　　　　　　图12-31

12.3.4 创建图案画笔

图案画笔的创建方法与前面几种画笔有所不同，由于要用到图案，因此，在创建画笔前先要创建图案，并将其保存在"色板"面板中，如图12-32所示；然后单击"画笔"面板中的新建画笔按钮，在弹出的对话框中选择"图案画笔"选项，打开如图12-33所示的对话框。

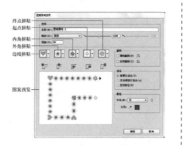

图12-32　　　　　　　图12-33

◎ 设定拼贴：单击拼贴选项右侧的·按钮，打开下拉列表可以选择图案，如图12-34、图12-35所示。

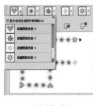

图12-34　　　　　　　图12-35

◎ 缩放：用来设置图案样本相对于原始图形的缩放程度。

◎ 间距：用来设置图案之间的间隔距离。

◎ 翻转选项组：用来控制路径中图案画笔的方向。选择"横向翻转"时，图案沿路径的水平方向翻转；选择"纵向翻转"时，图案沿路径的垂直方向翻转。

◎ 适合选项组：用来调整图案与路径长度的匹配程度。选择"伸展以适合"，可拉长或缩短图案以适合路径的长度，如图12-36所示；选择"添加间距以适合"，可在图案之间增加间距，使其适合路径的长度，图案保持不变形，如图12-37所示；选择"近似路径"，可在保持图案形状的同时，使其接近路径的中间部分，该选项仅用于矩形路径，如图12-38所示。

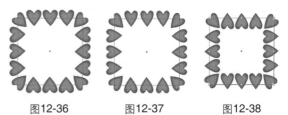

图12-36　　　　图12-37　　　　图12-38

12.3.5 创建艺术画笔

创建艺术画笔前，先要创建作为画笔使用的图形，并且图形中不能包含文字。选择对象后，单击"画笔"面板中的新建画笔按钮，在弹出的对话框中选择"艺术画笔"选项，即可打开对话框设置相应的选项内容。

12.3.6 移去画笔

在使用画笔工具绘制线条时，Illustrator会自动将"画笔"面板中的描边应用到绘制的路径上，如果不想添加描边，可单击面板中的移去画笔描边按钮。如果要取消一个图形的画笔描边，可以选择该图形，再单击移去画笔描边按钮。

12.3.7 将画笔描边扩展为轮廓

为对象添加画笔描边后，如果想要编辑描边线条上的各个图形，可以选择对象，执行"对象>扩展外观"命令，将画笔描边转换为轮廓，使描边内容从对象中剥离出来。

小技巧：画笔编辑与使用技巧

● 将画笔样本创建为图形：在"画笔"面板或者画笔库中，将一个画笔拖动到画面中，它就会成为一个可编辑的图形。

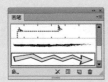
小技巧：画笔编辑与使用技巧

●将画笔描边创建为图形：使用画笔描边路径后，如果要编辑描边线条上的图形，可以选择对象，执行"对象>扩展外观"命令，将描边扩展为图形，再进行编辑操作。

●反转描边方向：选择一条画笔描边的路径，使用钢笔工具单击路径的端点，可以翻转画笔描边的方向。

●删除多个画笔：如果要删除一个或者几个画笔，可按住Ctrl键单击这些画笔，将它们选择，然后再将它们拖到删除画笔按钮 🗑 上。

●删除所有未使用的画笔：单击画笔库中的一个画笔，它就会自动添加到"画笔"面板中。如果要删除面板中所有未使用的画笔，可执行面板菜单中的"选择所有未使用的画笔"命令，将这些画笔选择，再单击 🗑 按钮进行删除。

12.4 高级技巧：缩放画笔描边

选择画笔描边的对象，如图12-39所示，双击比例缩放工具 ▣，打开"比例缩放"对话框，设置缩放参数并勾选"比例缩放描边和效果"选项，可以同时缩放对象和描边，如图12-40、图12-41所示；取消该选项的选择时，则仅缩放对象，描边比例保持不变，如图12-42所示。

通过拖动定界框上的控制点缩放对象时，描边的比例保持不变，如图12-43所示。如果想要单独缩放描边，不会影响对象，可在选择对象后，单击"画笔"面板中的所选对象的选项按钮 ▣，在打开的对话框中设置缩放比例，如图12-44、图12-45所示。

     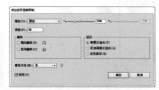

图12-39　图12-40　图12-41　图12-42　图12-43　图12-44　图12-45

12.5 高级技巧：修改画笔

如果要修改由散布画笔、艺术画笔或图案画笔绘制的画笔样本，可以将画笔拖动到画板中，再对图形进行修改，修改完成后，按住Alt键将画笔重新拖回"画笔"面板的原始画笔上，即可更新原始画笔，如图12-46、图12-47所示。如果文档中有使用该画笔描边的对象，则应用到对象中的画笔描边也会随之更新。

图12-46　　　　　　　　　　　图12-47

提示

如果只想修改使用画笔绘制的线条而不更新原始画笔，可以选择该线条，单击"画笔"面板中所选对象的选项按钮 ▤ ，在打开的对话框中修改当前对象上的画笔描边选项参数。

12.6 符号

在平面设计工作中，经常要绘制大量的重复的对象，如花草、地图上的标记等，Illustrator为这样的任务提供了一项简便的功能，它就是符号。将一个对象定义为符号后，可通过符号工具生成大量相同的对象（它们称为符号实例）。所有的符号实例都链接到"符号"面板中的符号样本，修改符号样本时，实例就会自动更新，而且使用符号不仅可以节省绘图时间，还能够显著地减小文件的大小。

12.6.1 符号面板

打开一个文件，如图12-48所示。这幅插画中用到了9种符号，它们保存在"符号"面板中，如图12-49所示。在该面板中还可以创建、编辑和管理符号。

图12-48　　　　　图12-49

◎ **符号库菜单 ▥▾**：单击该按钮，可以打开下拉菜单选择一个预设的符号库。

◎ **置入符号实例 ↪**：选择面板中的一个符号，单击该按钮，可以在画板中创建该符号的一个实例。

◎ **断开符号链接 ⛓**：选择画板中的符号实例，单击该按钮，可以断开它与面板中符号样本的链接，该符号实例就成为可单独编辑的对象。

◎ **符号选项 ▤**：单击该按钮，可以打开"符号选项"对话框。

◎ **新建符号 ▭**：选择画板中的一个对象，单击该按钮，可将其定义为符号。

◎ **删除符号 🗑**：选择面板中的符号样本，单击该按钮可将其删除。

12.6.2 创建符号组

Illustrator的工具面板中包含8种符号工具，如图12-50所示。符号喷枪工具 🖺 用于创建符号实例，其他工具用于编辑符号实例。在"符号"面板中选择一个符号样本，如图12-51所示，使用符号喷枪工具 🖺 在画板中单击即可创建一个符号实例，如图12-52所示；单击一点不放，可以创建一个符号组，符号会以单击点为中心向外扩散；单击并拖动鼠标，则符号会沿鼠标运行的轨迹分布，如图12-53所示。

图12-50　　　　　图12-51

图12-52　　　　　图12-53

如果要在一个符号组中添加新的符号，可以选择该符号组，然后在"符号"面板中选择另外的符号样本，如图12-54所示，再使用符号喷枪工具 🖺 在组中添加该符号，如图12-55所示。如果要删除符号，可按住Alt键在它上方单击。

图12-54　　　　　图12-55

小技巧：符号工具快捷键

使用任意一个符号工具时，按下键盘中的"]"键，可增加工具的直径；按下"["键，则减小工具的直径；按下"Shift+]"键，可增加符号的创建强度；按下"Shift+["键，则减小强度。此外，在画板中，符号工具光标外侧的圆圈代表了工具的直径，圆圈的深浅代表了工具的强度，颜色越浅，强度值越低。

12.6.3 编辑符号实例

编辑符号前，首先要选择符号组，然后在"符号"面板中选择要编辑的符号所对应的样本。如果一个符号组中包含多种符号，就需要选择不同的符号样本，再分别对它们进行处理。

◎ 符号位移器工具：在符号上单击并拖动鼠标可以移动符号，如图12-56、图12-57所示；按住Shift键单击一个符号，可将其调整到其他符号的上面；按住Shift+Alt快捷键单击，可将其调整到其他符号的下面。

图12-56　　　　　　　　图12-57

◎ 符号紧缩器工具：在符号组上单击或移动鼠标，可以聚拢符号，如图12-58所示；按住Alt键操作，可以使符号扩散开，如图12-59所示。

图12-58　　　　　　　　图12-59

◎ 符号缩放器工具：在符号上单击可以放大符号，如图12-60所示；按住Alt键单击则缩小符号，如图12-61所示。

图12-60　　　　　　　　图12-61

◎ 符号旋转器工具：在符号上单击或拖动鼠标可以旋转符号，如图12-62所示。旋转时，符号上会出现一个带有箭头的方向标志，通过它可以观察符号的旋转方向和旋转角度。

◎ 符号着色器工具：在"色板"或"颜色"面板中设置一种填充颜色，如图12-63所示，选择符号组，使用该工具在符号上单击可以为符号着色；连续单击，可增加颜色的浓度，如图12-64所示。如果要还原符号的颜色，可按住Alt键单击符号。

图12-62　　　　图12-63　　　　图12-64

◎ 符号滤色器工具：在符号上单击可以使符号呈现透明效果，如图12-65所示；按住Alt键单击可还原符号的不透明度。

◎ 符号样式器工具：在"图形样式"面板中选择一种样式，如图12-66所示，然后选择符号组，使用该工具在符号上单击，可以将所选样式应用到符号中，如图12-67所示；按住Alt键单击可清除符号中添加的样式。

图12-65　　　　图12-66　　　　图12-67

小技巧：使符号呈现透视效果

创建一组纵向排列的符号后，使用符号缩放器工具 按住Alt键单击后面的符号，将其缩小，再用符号位移器工具 移动符号的位置，就可以使它们的排列呈现透视效果。

12.6.4 同时编辑多种符号

如果符号组中包含多种类型的符号，则使用符号工具编辑符号时，仅影响"符号"面板中选择的符号样本所创建的实例，如图12-68所示。如果要同时编辑符号组中的多种实例或者所有实例，可先在"符号"面板中按住Ctrl键单击各个符号样本，将它们同时选择，再进行处理，如图12-68所示。

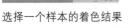

选择一个样本的着色结果　选择两个样本的着色结果

图12-68

12.6.5 一次替换同类的所有符号

使用选择工具 选择符号实例，如图12-69所示，在"符号"面板中选择另外一个符号样本，如图12-70所示，执行面板菜单中的"替换符号"命令，可以使用该符号替换当前符号组中所有的符号实例，如图12-71所示。

图12-69 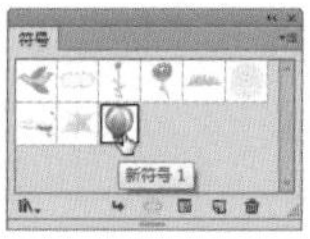　　　　图12-70　　　　图12-71

12.6.6 重新定义符号

如果符号组中使用了不同的符号，但只想替换其中的一种符号，可通过重新定义符号的方式来进行操作。首先将符号样本从"符号"面板拖到画板中，如图12-72所示；单击 按钮，断开符号实例与符号样本的链接，此时可以对符号实例进行编辑和修改，如图12-73所示；修改完成后，执行面板菜单中的"重新定义符号"命令，将它重新定义为符号，文档中所有使用该样本创建的符号实例都会更新，其他符号实例则保持不变，如图12-74所示。

图12-72　　　　图12-73　　　　图12-74

12.7 画笔描边实例：老磁带

（1）打开光盘中的素材文件，如图12-75所示。在"图层"面板中选择磁带最外侧的边框，如图12-76、图12-77所示，按下Ctrl+C快捷键复制，按下Ctrl+B快捷键粘贴到后方。

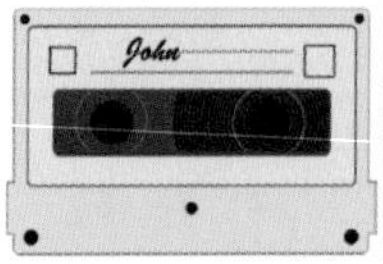

图12-75 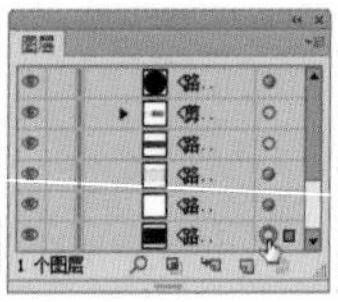　　　　图12-76　　　　图12-77

（2）拖动控制点将图形放大，再向左下角移动，如图12-78所示。执行"效果>风格化>羽化"命令，设置参数如图12-79所示，将图形的不透明度设置为40%，如图12-80、图12-81所示。

图12-78 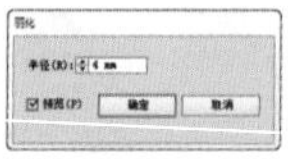　　　　图12-79 　　　　图12-80 　　　　图12-81

（3）使用选择工具 按住Shift键单击磁带中间的两个圆形滚轴，如图12-82所示。将描边设置为当前编辑状态。执行"窗口>画笔库>边框>边框_新奇"命令，打开该面板，选择"铁轨"样式，如图12-83所示，用它来描边路径，如图12-84所示。

图12-82　　　图12-83　　　图12-84

（4）选择磁带上方的五个黑色小圆点，如图12-85所示，为它们也添加"铁轨"描边，描边宽度设置为0.25pt，如图12-86所示。

图12-85　　　　　　图12-86

（5）为中间的椭圆边框添加"铁轨"描边，宽度设置为0.6pt，如图12-87所示。外侧椭圆和磁带边框描边宽度为0.5pt，如图12-88、图12-89所示。

图12-87　　　　图12-88　　　　图12-89

（6）按下X键将填色切换为当前编辑状态，为外侧边框填充图案，如图12-90、图12-91所示。图12-92所示为修改填充内容得到的另一种效果。

图12-90　　　　图12-91　　　　图12-92

12.8 自定义画笔实例：彩虹字

（1）新建一个210mm×297mm，CMYK模式的文件。双击矩形工具 ，打开"矩形"对话框，创建一个"2mm×1mm"大小的矩形，如图12-93所示。

（2）保持矩形的选择状态，单击右键打开快捷菜单，执行"变换>移动"命令，设置参数如图12-94所示，单击"复制"按钮，向下移动并复制一个矩形，这两个图形的间距正好可以再容纳两个矩形，以便为后面制作混合打下基础，如图12-95所示。

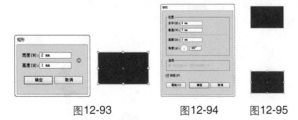

图12-93　　　　图12-94　　　图12-95

（3）连按两次Ctrl+D快捷键，得到如图12-96所示的四个矩形，修改矩形的颜色，如图12-97所示。按下Ctrl+A快捷键全选，按下Alt+Ctrl+B快捷键建立混合。双击混合工具 ，在打开的对话框中指定混合步数为2，如图12-98、

图12-99所示。当前的图形之间紧密排列，没有重叠也没有空隙。

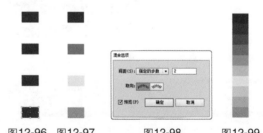

图12-96　图12-97　　　　图12-98　　　　图12-99

（4）单击"画笔"面板中的 按钮，在打开的对话框中选择"图案画笔"选项，如图12-100所示，单击"确定"按钮，弹出"图案画笔选项"对话框，如图12-101所示，单击"确定"按钮，将当前图形定义为画笔，如图12-102所示。

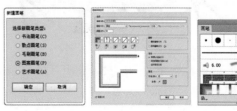

图12-100　　　　图12-101　　　　图12-102

（5）用钢笔工具 ✍ 绘制文字状的路径，如图12-103所示。选择路径，单击"画笔"面板中的"图案画笔1"，将图案画笔应用于路径，如图12-104所示。

图12-103

图12-104

（6）按下Ctrl+A快捷键全选，按下Ctrl+G快捷键编组。双击镜像工具 ⚖，打开"镜像"对话框，勾选"水平"选项，单击"复制"按钮，复制并翻转文字，作为倒影，如图12-105、图12-106所示。

图12-105

图12-106

（7）使用矩形工具 ▭ 创建一个矩形，填充黑白线性渐变，如图12-107、图12-108所示。

图12-107

图12-108

（8）选择渐变图形和下方的文字，如图12-109所示，单击"透明度"面板中的"制作蒙版"按钮，创建不透明度蒙版，然后将不透明度设置为60%，如图12-110、图12-111所示。

图12-109　　　　图12-110　　　　图12-111

（9）使用光晕工具 ◎ 在文字"m"上方单击并拖动鼠标，创建一个光晕图形，使用选择工具 ▶ 按住Alt键拖动它，将其复制到文字"i"上方，如图12-112所示。最后创建一个矩形，填充渐变颜色，作为背景，如图12-113所示。

图12-112

图12-113

12.9　符号实例：花样高跟鞋

（1）打开光盘中的素材文件，如图12-114所示。选择鞋面图形，单击"色板"面板中的图案，为鞋面图形填充图案，无描边，如图12-115、图12-116所示。

图12-114　　　图12-115　　　图12-116

（2）双击比例缩放工具 🔍，打开"比例缩放"对话框，设置缩放比例为50%，仅勾选"变换图案"选项，如图12-117所示，缩小图案，如图12-118所示。选择鞋帮，也为它填充图案，如图12-119、图12-120所示。

图12-117

图12-118

图12-119

图12-120

（3）鞋样制作完成后，就可以使用符号工具制作出花团，用来装饰鞋子了。执行"窗口>符号库>花朵"命令，打开该符号库，在白色雏菊符号上单击，该符号会加载到"符号"面板中，如图12-121、图12-122所示。

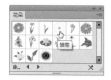

图12-121　　　　　　　图12-122

（4）选择符号喷枪工具，在鞋子上面单击鼠标创建符号组，符号数量围绕光标位置逐渐增多，如图12-123、图12-124所示；放开鼠标后符号组效果，如图12-125所示，按住Ctrl键在画面空白位置单击，取消符号组的选择。在鞋子上方按下鼠标，再创建一个新的符号组，如图12-126所示。

图12-123　　　图12-124　　　图12-125　　　图12-126

（5）选取这两个符号组，如图12-127所示，单击"花朵"面板中的紫菀符号，如图12-128所示，将该符号加载到"符号"面板中。打开"符号"面板菜单，选择"替换符号"命令，用紫菀符号替换画板中的雏菊符号，如图12-129所示。

图12-127　　　　图12-128　　　　图12-129

（6）使用符号紧缩器工具在符号上单击，使符号排列更加紧密，如图12-130所示。再使用符号喷枪工具单击，在符号组中继续添加符号，如图12-131所示。将符号组编辑完成后，根据符号的颜色，将鞋子的黑色改为紫色，如图12-132所示。

图12-130　　　图12-131　　　图12-132

（7）"花朵"符号库中包含各种花朵符号，如图12-133所示，用它们可以组成一个鞋子。制作时将面板中的花朵符号直接拖入到画面中，调整好角度与位置即可，如图12-134所示。

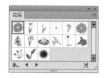

图12-133　　　　　　图12-134

（8）加载其他符号库，或者用系统提供的丰富的符号样本可以制作出不同的效果，如图12-135、图12-136所示。

图12-135　　　　　　图12-136

12.10 插画设计实例：圆环的演绎

（1）新建一个大小为297mm×210mm，CMYK模式的文件。用椭圆工具创建两个椭圆形。将它们选择，单击"对齐"面板中的按钮和按钮，进行对齐，如图12-137所示。将小一点的圆形向上移动，如图12-138所示，以便制作成圆环后，可以产生近大远小的透视效果。

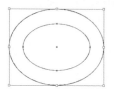
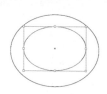

图12-137　　　　　　图12-138

（2）单击"路径查找器"面板中的 ▣ 按钮，两个圆形相减后可得到一个圆环，为它填充径向渐变和白色描边，如图12-139、图12-140所示。

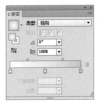

图12-139　　　　图12-140

（3）按住Alt键向上拖动环形进行复制，选择位于下面的图形，将填充颜色改为土黄色，无描边颜色，如图12-141所示。选择位于上面的环形，执行"效果>风格化>投影"命令，设置参数如图12-142所示，效果如图12-143所示。按下Ctrl+A快捷键全选，按下Ctrl+G快捷键编组。

图12-141　　　图12-142　　　图12-143

（4）复制编组后的圆环，用直接选择工具 ▸ 选择填充了黄色渐变的圆环，调整它的颜色，如图12-144、图12-145所示。

图12-144　　　　图12-145

（5）选择黄色圆环，单击"符号"面板中的 ▣ 按钮，在打开的对话框中设置名称为"黄色环形"，如图12-146所示，单击"确定"按钮，创建符号。用同样方法将红色环形也创建为符号，如图12-147所示。

 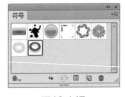

图12-146　　　　图12-147

（6）创建一个与画板大小相同的矩形，填充线性渐变，如图12-148所示。用极坐标网格工具 ⊛ 创建网格图形，如图12-149所示。

（7）单击"路径查找器"面板中的 ▣ 按钮，将网格图形分割成块。用直接选择工具 ▸ 选择图形并重新填色，设置描边颜色为灰色，粗细为1pt，如图12-150所示。

图12-148　　　图12-149　　　图12-150

（8）执行"效果>3D>旋转"命令，设置参数如图12-151所示，将图形放大，如图12-152所示。创建一个与画板大小相同的矩形，单击"图层"面板中的 ▣ 按钮创建剪切蒙版，将画板外的图形隐藏，如图12-153所示。

图12-151　　　图12-152　　　图12-153

（9）创建一个椭圆形，填充径向渐变，如图12-154所示，设置它的混合模式为"正片叠底"，如图12-155、图12-156所示。

图12-154　　　图12-155　　　图12-156

（10）按住Ctrl+Alt快捷键拖动网格图形进行复制，将它适当放大，并设置为无填充颜色，如图12-157所示。再次复制网格图形并放大，设置描边粗细为50pt，不透明度为25%，如图12-158所示。

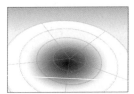 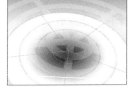

图12-157　　　　图12-158

（11）锁定"图层1"，新建"图层2"，如图12-159所示。单击"符号"面板中的"黄色环形"符号，用符号喷枪工具 由下至上拖动鼠标创建一组符号，如图12-160所示。

（12）用符号紧缩器工具 在符号组上拖动鼠标，将符号聚拢在一条垂线上，如图12-161所示。用符号移位器工具 移动符号的位置，按下"["键缩小工具的直径，再对个别符号的位置做出调整，如图12-162所示。

图12-159　　图12-160　　图12-161　　图12-162

提示

使用符号紧缩器工具 时按住Alt键拖动符号，可以增加符号间距，使其远离光标所在的位置。

（13）用符号缩放器工具 按住Alt键在符号上单击，将符号缩小，如图12-163所示。将前景色设置为棕红色，使用符号着色器工具 在符号上单击，改变符号的颜色，如图12-164所示。进一步调整符号的大小、位置和颜色，再将符号组缩小，如图12-165所示。

  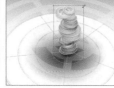

图12-163　　　图12-164　　　　图12-165

（14）再创建一组符号，注意符号的大小和摆放位置，应体现出空间感与层次感，如图12-166所示。复制符号组，用符号着色器工具 修改符号的颜色，按Shift+Ctrl+[快捷键将其移至底层，将符号组缩小，如图12-167所示。

图12-166　　　　　　　图12-167

（15）选择"符号"面板中的"红色环形"符号，在画面中创建一组符号，如图12-168所示。继续在画面中添加符号，将符号改为绿色，如图12-169所示。

图12-168　　　　　　　图12-169

（16）新建一个图层。创建一个椭圆形，填充径向渐变，如图12-170所示。设置它的混合模式为"颜色加深"，不透明度为60%，如图12-171、图12-172所示。

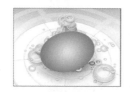 

图12-170　　　　　　　图12-171

图12-172

（17）复制圆形，由于它设置了"颜色加深"模式，符号的颜色也会变得更加鲜亮，呈现出玻璃镜面一样的光洁质感，如图12-173所示。用文字工具 T 输入文字，完成后的效果如图12-174所示。

图12-173　　　　　　　图12-174

12.11 画笔库拓展练习：水彩笔画

Illustrator的画笔库提供了丰富的画笔样式，可以模拟各种绘画效果。例如图12-175所示为一幅水彩笔画，它便是使用"毛刷画笔库"中的画笔绘制出来的，可以看到，作为矢量对象的路径同样可以惟妙惟肖地再现绘画笔触和色彩效果。

图12-175

该实例的制作方法是，先用钢笔工具绘制出小鸟轮廓，如图12-176所示；打开"毛刷画笔库"（执行"窗口>画笔库>毛刷画笔>毛刷画笔库"命令），选择"划线"、"蓬松形"画笔，将它们添加到"画笔"面板中，如图12-177所示，再用这两种画笔对路径进行描边，如图12-178所示。

图12-176

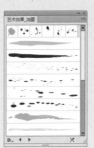

图12-177

图12-178

小技巧：水粉画

Illustrator的"艺术效果"画笔库提供了可以模拟绘画效果的画笔样本，使用画笔工具，配合画笔库中的样本可以轻松表现水彩、水粉、油画等绘画效果。在绘画过程中，还可以对一条笔画路径进行反复编辑，如平滑路径、改变路径形状、替换画笔样本。

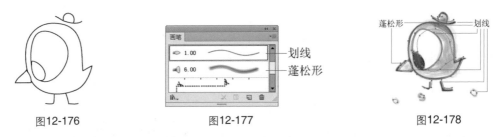

第13章

卡通和动漫设计：图像描摹与高级上色

13.1 关于卡通和动漫

卡通是英语"cartoon"的汉语音译。卡通作为一种艺术形式最早起源于欧洲。17世纪的荷兰，画家的笔下首次出现了含卡通夸张意味的素描图轴。17世纪末，英国的报刊上出现了许多类似卡通的幽默插图。随着报刊出版业的繁荣，到了18世纪初，出现了专职卡通画家。20世纪是卡通发展的黄金时代，这一时期美国卡通艺术的发展水平居于世界的领先地位，期间诞生了超人、蝙蝠侠、闪电侠、潜水侠等超级英雄形象。二次大战后，日本卡通正式如火如荼的展开，从手冢治虫的漫画发展出来的日本风味的卡通，再到宫崎骏的崛起，在全世界都造成了一股旋风。如图13-1所示为各种版本的多啦A梦趣味卡通形象。

图13-1

动漫属于CG（ComputerGraphics简写）行业，主要是指通过漫画、动画结合故事情节，以平面二维、三维动画、动画特效等表现手法，形成特有的视觉艺术创作模式。它包括前期策划、原画设计、道具与场景设计、动漫角色设计等环节。动漫及其衍生品有着非常广阔的市场，而且现在动漫也已经从平面媒体和电视媒体扩展到游戏机，网络，玩具等众多领域，如图13-2、图13-3所示。

图13-2

图13-3

小知识：CG

国际上习惯将利用计算机技术进行视觉设计和生产的领域通称为CG，它几乎囊括了当今电脑时代中所有的视觉艺术创作活动，如平面印刷品的设计、网页设计、三维动画、影视特效、多媒体技术、以计算机辅助设计为主的建筑设计，以及工业造型设计等。

13.2 图像描摹

图像描摹是从位图中生成矢量图的一种快捷方法。用这项功能可以让照片、图片等瞬间变为矢量插画，也可基于一幅位图快速绘制出矢量图。

13.2.1 描摹位图图像

在Illustrator中打开或置入一个位图图像，如图13-4所示，将它选择，在控制面板中单击"图像描摹"右侧的▼按钮，在打开的下拉列表中选择一个选项，如图13-5所示，即可按照预设的要求自动描摹图像，如图13-6所示。保持描摹对象的选择状态，单击控制面板中的▼按钮，在下拉列表中可以选择其他的描摹样式，修改描摹结果，如图13-7、图13-8所示。

图13-4　　　　图13-5　　　　图13-6

图13-7　　　　　图13-8

提示

如果要使用默认的描摹选项描摹图像，可以单击控制面板中的"图像描摹"按钮，或者执行"对象>图像描摹>建立"命令。

13.2.2 调整对象的显示状态

图像描摹的对象由原始图像（位图）和描摹结果（矢量图稿）两部分组成。默认情况下，只能看描摹结果，如图13-9所示。如果想要查看矢量轮廓，可以选择对象，在控制面板中单击"视图"选项右侧的▼按钮，打开下拉列表选择一个显示选项，如图13-10～图13-12所示。

图13-9　　　图13-10　　　图13-11　　　图13-12
描摹结果　　视图选项　　　轮廓　　　　源图像

13.2.3 扩展描摹的对象

选择图像描摹的对象，如图13-13所示，单击控制面板中的"扩展"按钮，可以将它转换为矢量图形。如图13-14所示为扩展后选择的部分路径段。如果想要在描摹对象的同时自动扩展对象，可以执行"对象>图像描摹>建立并扩展"命令。

图13-13　　　　　　图13-14

13.2.4 释放描摹的对象

描摹图像后，如果希望放弃描摹但保留置入的原始图像，可以选择描摹的对象，然后执行"对象>图像描摹>释放"命令。

13.3 实时上色

实时上色是一种为图形上色的高级方法。它的基本原理是通过路径将图稿分割成多个区域，每一个区域都可以上色，而不论它的边界是由单条路径还是多条路径确定的。上色过程就有如在涂色簿上填色，或是用水彩为铅笔素描上色。

13.3.1 创建实时上色组

选择图形及用于分割它的路径，如图13-15所示，执行"对象>实时上色>建立"命令，即可将它们创建为一个实时上色组。实时上色组中有两种对象，一种是表面，另一种是边缘。表面是一条边缘或多条边缘围成的区域，边缘则是一条路径与其他路径交叉后处于交点之间的路径。表面可以填色，边缘可以描边，如图13-16所示。实时上色组中每一条路径都可以单独编辑，移动或调整路径的形状时，填色和描边也会随之更改，如图13-17、图13-18所示。

图13-15　　图13-16　　图13-17　　图13-18

小技巧：不能转换为实时上色组该怎么办

有些对象不能直接转换为实时上色组。如果是文字对象，可执行"文字>创建轮廓"命令，将文字创建为轮廓，再将生成的路径转换为实时上色组。对于其他对象，可执行"对象>扩展"命令，将对象扩展，再转换为实时上色组。

13.3.2 为表面上色

在"颜色"、"色板"或"渐变"面板中设置颜色，如图13-19所示，选择实时上色工具，将光标放在对象上，检测到表面时会显示红色的边框，如图13-20所示，同时，工具上面会出现当前设定的颜色，如果是图案或颜色色板，可以按下"←"或"→"键，切换到相邻的颜色，单击鼠标即可填充颜色，如图13-21、图13-22所示。

图13-19　　图13-20　　图13-21　　图13-22

提示

对单个图形表面进行着色时不必选择对象，如果要对多个表面着色，可以使用实时上色选择工具，按住Shift键单击这些表面，将它们选择，再进行处理。

13.3.3 为边缘上色

如果要为边缘着色，可以使用实时上色选择工具单击边缘，将其选择（按住Shift键单击可以选择多个边缘），如图13-23所示，此时可在"色板"面板或其他颜色面板中修改边缘的颜色，如图13-24～图13-26所示。

图13-23　　图13-24　　图13-25　　图13-26

13.3.4 释放实时上色组

选择实时上色组，如图13-27所示，执行"对象>实时上色>释放"命令，可以释放实时上色组，对象会变为0.5pt黑色描边、无填色的普通路径，如图13-28所示。

13.3.5 扩展实时上色组

选择实时上色组，执行"对象>实时上色>扩展"命令，可以将其扩展为由多个图形组成的对象，用编组选择工具可以选择其中的路径进行编辑，如图13-29所示为删除部分路径后的效果。

图13-27　　图13-28　　图13-29

13.3.6 向实时上色组中添加路径

创建实时上色组后，可以向其中添加新的路径，从而生成新的表面和边缘。选择实时上色组和要添加到组中的路径，如图13-30所示，单击控制面板中的"合并实时上色"按钮。合并路径后，可以对生成的表面和边缘填色和描边，如图13-31所示；也可以修改实时上色组中的路径，实时上色区域会随之改变，如图13-32、图13-33所示。

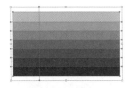

图13-30

图13-31

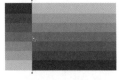

图13-32

图13-33

小技巧：实时上色对象的选择方法

实时上色选择工具可以选择实时上色组中的各个表面和边缘；选择工具可以选择整个实时上色组；直接选择工具可以选择实时上色组内的路径。

13.3.7 封闭实时上色组中的间隙

在进行实时上色时，如果颜色出现渗透，或在不应该上色的表面涂上了颜色，则可能是由于图稿中存在间隙，即路径之间有空隙，没有封闭成完整的图形。例如图13-34所示为一个实时上色组，如图13-35所示为填色效果。可以看到，由于顶部出现缺口，为其中的一个图形填色时，颜色也渗透到另一侧的图形中。

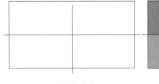

图13-34

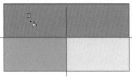

图13-35

选择实时上色对象，执行"对象>实时上色>间隙选项"命令，打开"间隙选项"对话框，在"上色停止在"下拉列表中选择"大间隙"，即可封闭路径间的空隙，如图13-36所示。如图13-37所示为重新填色的效果，此时空隙虽然存在，但颜色没有出现渗漏。

图13-36

图13-37

13.4 全局色

Illustrator中有一种叫做"全局色"的色板，它是一种非常特别的颜色，修改这种颜色时，文档中所有使用该颜色的对象都会与之同步更新。

双击"色板"中的一个色板，如图13-38所示，打开"色板选项"对话框，选择"全局色"选项即可将当前颜色设置为全局色，如图13-39所示。当图形填充了全局色后，如图13-40所示，双击"色板"中的全局色，在打开的"色板选项"对话框中调整颜色数值，文档中所有使用该色板的对象都会改变颜色，如图13-41～图13-43所示。

图13-38

图13-39

图13-40

图13-41

图13-42　图13-43

13.5 专色

印刷色由C（青色）、M（洋红色）、Y（黄色）、K（黑色）按照不同的百分比混合而成。专色是指在印刷时，不是通过印刷C、M、Y、K四色合成某种颜色，而是专门用一种特定的油墨来印刷该颜色。印刷时会有专门的色版对应。使用专色可以降低成本。例如，一个文件只需要印刷橙色，如果用四色来印的话，就需要两种油墨，黄色和红色混合构成橙色。如果用专色，只需橙色一种油墨即可。此外，专色还可以表现特殊的颜色，如金属色、荧光色、霓虹色等。

Illustrator提供了大量的色板库，包括专色、印刷四色油墨等。单击"色板"面板底部的 按钮，打开"色标簿"下拉菜单可以找到它们，如图13-44~图13-46所示。

图13-44 　　　　图13-45 　　　　图13-46

在Illustrator和其他绘图软件中，常用的颜色系统有PANTONE、TRUMATCH、FOCOLTONE、TOYO Color Finder、ANPA-COLOR、RIC Color Guide等，其中TRUMATCH、FOCOLTONE和ANPA COLORR是以印刷四色为基础发展而来的系统，其他的则属于专色系统。

使用专色可以使颜色更准确。但在计算机的显示器上无法精准地显示颜色，设计师一般通过标准颜色匹配系统的预印色卡来判断颜色在纸张上的准确效果，如PANTONE彩色匹配系统就创建了很详细的色卡。

小知识：PANTONE色卡

PANTONE的英文全名是 Pantone Matching System，简称为 PMS。1953年，Pantone 公司的创始人Lawrence Herbert开发了一种革新性的色彩系统，可以进行色彩的识别、配比和交流，从而解决了在制图、印刷行业无法精确配比色彩的问题。

印刷、出版、包装、纺织等行业常用PANTONE色卡来指导颜色配比。PANTONE的每个颜色都是有其唯一的编号，例如，PANTONE印刷色卡中颜色的编号以 3 位数字或 4 位数字加字母 C 或 U 构成（如pantone 100c 或 100u），字母 C 代表了这个颜色在铜版纸（coated）上的表现，字母 U 表示是这个颜色在胶版纸（uncoated）上的表现。每个PANTONE颜色均有相应的油墨调配配方，十分方便配色。

13.6 色彩实例：在 Kuler 网站创建和下载色板

（1）将电脑连接到互联网。打开"Kuler"面板，单击面板底部的 按钮，登录到 Kuler 网站，如图13-47所示。拖动颜色条上的滑块可以调整颜色，如图13-48所示。

（2）单击窗口左上角的"Save"按钮，如图13-49所示，可以将当前颜色组存储起来，如图13-50所示。

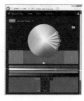 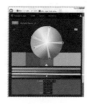

图13-47 　　　　　　图13-48

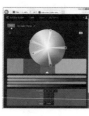 

图13-49 　　　　　　图13-50

（3）单击窗口顶部的"Cteate"命令，切换回主界面。单击窗口右上角的相机状图标，如图13-51所示，在弹出的对话框中选择自己电脑中的任意一张图片，如图13-52所示，单击"打开"按钮，将其上传到Kuler网站，这时Kuler会自动分析图片并从中提取主要颜色，如图13-53所示。

（4）单击"Save"按钮存储颜色。单击窗口顶部的"My Themes"命令，切换窗口，可以看到当前存储的两组色板，如图13-54所示。

图13-53　　　　　　图13-54

（5）单击"Kuler"面板底部的刷新按钮，即可将Kuler网站上的色板下载下来，如图13-55所示。"Kuler"面板中的色板是只读的，在绘图时可以直接使用，但要想修改其中的某些颜色，则先要将其添加到"色板"面板中，在该面板中进行修改。操作方法很简单，只需单击一组色板，打开面板菜单选择"添加到色板"命令即可，如图13-56、图13-57所示。

图13-51　　　　　　　　图13-52

图13-55　　　　图13-56　　　　图13-57

13.7　图像描摹实例：将照片转换为版画

（1）按下Ctrl+N快捷键，创建一个CMYK模式的空白文档。执行"文件>置入"命令，打开"置入"对话框，选择光盘中的照片素材，取消"链接"选项的勾选，如图13-58所示，单击"置入"按钮，然后在画板中单击并拖动鼠标，将图像嵌入到文档中，如图13-59所示。

提示

提示：使用"文件>置入"命令可以将位图图像置入到现有的文档中。置入文件时，取消"链接"选项的勾选，可以将图像嵌入到文档中。如果勾选"链接"选项，则图像实际并不存在于文档中，而只是与源文件建立了链接，这样不会过多地增加文件的大小。但是，如果源图像的存储位置发生了变化，或者被删除，则置入的图像也会从Illustrator文档中消失。

（2）使用选择工具 单击图像，将其选择，在"图像描摹"下拉列表中选择"3色"，如图13-60所示，对图像进行描摹，如图13-61所示。

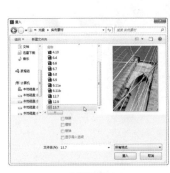

图13-58　　　　　　图13-59

图13-60　　　　　　　图13-61

（3）保持素材的选择状态，按下Ctrl+C快捷键复制，执行"编辑>贴在前面"命令，在原位粘贴图形，如图13-62所示。在"透明度"面板中设置混合模式为"正片叠底"，如图13-63、图13-64所示。

图13-62　　　图13-63　　　图13-64

（4）用矩形工具 创建一个与大桥素材大小相同的矩形，填充黄色，设置混合模式为"混

色"，如图13-65所示。再创建一个矩形，填充洋红色，设置混合模式为"正片叠底"，如图13-66所示。

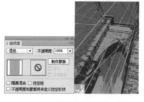

图13-65　　　　　　　图13-66

（5）在画面底部创建一个矩形，填充棕色，设置混合模式为"正片叠底"，如图13-67所示。最后，使用文字工具 T 输入一组文字，如图16-68所示。

图13-67　　　　　　　图13-68

13.8　图像描摹实例：用特定的颜色描摹图像

（1）Illustrator允许用户用指定的颜色来描摹图像。执行"文件>打开"命令，打开光盘中的图像素材，如图13-69所示。单击"色板"面板中的 按钮，打开"新建色板"对话框，拖动滑块调整颜色，如图13-70所示，单击"确定"按钮，创建一个色板，如图13-71所示。

图13-69　　　图13-70　　　图13-71

（2）单击"色板"面板中的 按钮，再创建几个色板，颜色值分别为R0/G0/B0、R0/G181/B237、R255/G220/B29、R255/G76/

B88，如图13-72所示。打开面板菜单，选择"将色板库存储为ASE"命令，如图13-73所示。将色板库保存到计算机桌面。

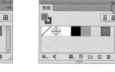

图13-72　　　　　　　图13-73

（3）执行"色板"面板菜单中的"打开色板库>其他库"命令，打开计算机桌面上保存的自定义色板库，如图13-74、图13-75所示。

图13-74　　　　　　　图13-75

（4）使用选择工具 ► 单击需要描摹的图像，如图13-76所示，打开"图像描摹"面板，在"模式"下拉列表中选择"彩色"，在"调板"下拉列表中选择当前打开的自定义色板库，单击"描摹"按钮，如图13-77所示，即可用该色板库中的颜色描摹图像，如图13-78所示。

图13-76　　　　　　　　　图13-77　　　　　　　　　图13-78

13.9 实时上色实例：飘逸的女孩

（1）选择椭圆工具 ⬭，按住Shift键创建一个圆形，用钢笔工具 ✎ 在它下面绘制一个图形，如图13-79所示。继续绘制人物的衣服，如图13-80所示。

图13-79　　　　　　图13-80

（2）绘制胳膊和头发，如图13-81、图13-82所示。绘制人物的五官、绘制两个椭圆形作为人物的耳环，如图13-83、图13-84所示。

图13-81　　图13-82　　图13-83　　图13-84

（3）单击"图层"面板中的 ▣ 按钮，新建一个图层，如图13-85所示。用钢笔工具 ✎ 绘制3个相互重叠的树叶状图形，作为人物的裙子，如图13-86～图13-88所示。

图13-85　　　　图13-86　　图13-87　　图13-88

（4）用选择工具 ► 将裙子选择，如图13-89所示。选择实时上色工具 ⬚，调整填充颜色，如图13-90所示，将光标放在如图13-91所示的图形上，单击鼠标填充颜色，如图13-92所示。

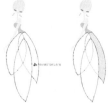

图13-89　　　图13-90　　　图13-91　　　图13-92

（5）修改颜色，如图13-93所示，为裙子填充该颜色，如图13-94所示。采用同样的方法为裙子的其他部分填充颜色，如图13-95所示。在控制面板中设置图形为无描边颜色，如图13-96所示。

图13-93　　　图13-94　　　图13-95　　　图13-96

（6）用钢笔工具 ✎ 绘制一条闭合式路径作为飘带，如图13-97所示。用实时上色工具 ⬚ 为飘带填充颜色，然后取消它的描边，如图13-98

所示。单击"图层"面板中的按钮 ▢ 新建一个图层，用椭圆工具 ⬭ 绘制一组圆形，填充不同的颜色，如图13-99所示。

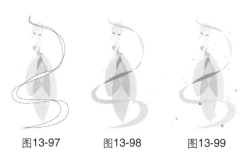

图13-97　　　图13-98　　　图13-99

（7）选择"图层1"，如图13-100所示，用椭圆工具 ⬭ 绘制几个椭圆形，如图13-101所示。选择这几个椭圆形，按下Ctrl+G快捷键编组，图形效果如图13-102所示。

图13-100　　　图13-101　　　图13-102

13.10 卡通设计实例：绘制一组卡通形象

（1）按下Ctrl+N快捷键创建一个大小为640px×480px，RGB颜色模式的文档。选择椭圆工具 ⬭，按住Shift键创建一个圆形，填充径向渐变，如图13-103、图13-104所示。

图13-103　　　　　图13-104

（2）再创建两个小一点的正圆形，作为卡通精灵的耳朵，将耳朵选择，按下Ctrl+[快捷键移动到后面，如图13-105所示。用圆角矩形工具 ▢ 制作精灵的脖子，如图13-106所示。

图13-105　　　　　图13-106

（3）用椭圆工具 ⬭ 创建一个椭圆形，用直接选择工具 ▷ 向上拖动圆形最下面的锚点，改变椭圆的形状，如图13-107所示，按下Shift+Ctrl+[快捷键将图形移至底层。创建几个椭圆形，作为卡通精灵的眼睛，如图13-108所示。

图13-107　　　　　图13-108

（4）将组成眼睛的圆形选择，按下Ctrl+G快捷键编组。选择镜像工具 ◪，按下Alt键在面部的中心位置单击，在打开的对话框中单击"复制"按钮，将眼睛复制到右侧，如图13-109所示。用钢笔工具 ✎ 绘制一个闭合式路径，填充为黑色，作为精灵的嘴巴，如图13-110所示。按下Ctrl+A快捷键将图形全部选择，按下Ctrl+G快捷键编组。

图13-109　　　　　图13-110

（5）单击"符号"面板中的新建符号按钮 ▢，将精灵定义为符号，如图13-111所示。按下Delete键删除画面中的精灵，然后将"符号"面板中的精灵样本拖动到画板中，用选择工具 ▷，按住Shift+Alt键拖动进行复制，然后连续按下Ctrl+D快捷键，复制出六个精灵，如图13-112所示。

图13-111

图13-112

（6）用钢笔工具 ⬚ 绘制卡通精灵的头发，如图13-113所示，第一个精灵就制作完成了。下面来制作第二个精灵。用椭圆工具 ⬚ 创建一些大小不一的椭圆形，填充为橙色，作为卷曲的头发和麻花辫，如图13-114所示。

图13-113　　　　　图13-114

提示

由于组成麻花辫的图形较多，在制作完成后最好将图形编组，以便于进行后面的操作。

（7）下面来制作第三个精灵。用钢笔工具 ⬚ 绘制精灵的头发，如图13-115所示。选择铅笔工具 ⬚ ，在靠近嘴角的发梢处绘制一条开放式路径，如图13-116所示。

图13-115　　　　　图13-116

（8）选择多边形工具 ⬚ ，按住Shift键在第四个精灵的头顶创建一个三角形（可按下"↓"键减少边数）。选择选择工具 ⬚ ，将光标放在定

界框的一边，按住Alt键向三角形的中心拖动，调整三角形的宽度，如图13-117所示，然后复制三角形，如图13-118所示。将左侧的两个三角形复制到右侧，再将这些图形调整到头部后面，如图13-119所示。

图13-117　　　　图13-118　　　　图13-119

（9）用钢笔工具 ⬚ 在第五个精灵头上绘制一顶帽子，如图13-120所示。继续绘制一个闭合式路径，填充为灰色，如图13-121所示。

图13-120　　　　　　图13-121

（10）用铅笔工具 ⬚ 在第六个精灵头上绘制一个帽子，如图13-122所示。再绘制几条开放式路径穿过帽子，选择帽子和黑色的路径，如图13-123所示。

（11）单击"路径查找器"面板中的 ⬚ 按钮，用线条分割帽子图形，如图13-124所示。为分割后的图形填充不同的颜色，如图13-125所示。如图13-126所示为将这几个卡通形象放在一个背景上的效果。

图13-122　　图13-123　　图13-124　　图13-125

🔍卡通角色

图13-126

13.11 拓展练习：制作名片和三折页

新建一个大小为55mm×90mm、CMYK模式的文档，如图13-127所示。将"13.9实时上色实例：飘逸的女孩"中的人物拷贝并粘贴到当前文件中，按下Ctrl+G快捷键编组。在名片上输入姓名、职务、公司名称、地址、邮编、电话等信息。选择矩形工具 ▢ ，在画板左上角单击，打开"矩形"对话框，设置矩形的大小为"55mm×90mm"，如图13-128所示。单击"确定"按钮，创建一个与画板大小相同的矩形，按下Shift+Ctrl+[快捷键将矩形移动到底层，按下Ctrl+A快捷键全选，单击控制面板中的水平居中对齐按钮 ↔ ，将人物和文字对齐到画面的中心，如图13-129所示。

图13-127　　　　　　　　　　图13-128　　　　　　　　　图13-129

制作好名片后，可以将它作为主要图形元素制作出三折页，如图13-130所示。详细的制作方法，请参阅光盘中的视频文件。

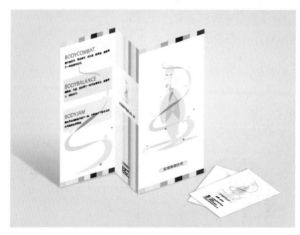

图13-130

第14章

网页和动画设计：AI与其他软件的协作

14.1 关于网页和动画设计

(1) 网页设计

版面设计、色彩、动画效果以及图标设计等是网页设计的要素。网页的版面设计应充分借鉴平面设计的表现方法和表现形式，根据内容的主次关系将不同的图形、图像和文字元素进行编排、组合。合理规划版面，利用动静结合、虚实变化、疏密有致的手法，形成具有鲜明特色的页面效果，同时还应兼顾网页的功能性、实用性和艺术性，如图14-1、图14-2所示。

图14-1 恰当的留白使页面协调均衡　图14-2 将信息分类使之规范化和条理化

色彩对视觉效果的影响非常明显，一个网页设计的成功与否，在某种程度上取决于设计者对色彩的把握与运用。一般情况下，同类色可以产生统一、协调的视觉效果，能够增强页面的一致性。对比色可以产生醒目的视觉效果，由多种色彩组成的页面通常采用面积对比、色相对比和纯度对比来协调对比关系，使其在对比中存在协调。如图14-3、图14-4所示。

图14-3 橙色是一种快乐、健康、勇敢的色彩　图14-4 蓝色象征着和平、安静、纯洁、理智

(2) 动画设计

人的眼睛有一种生理现象，叫做"视觉暂留性"，即看到一幅画或一个物体后，影像会暂时停留在眼前，1/24秒内不会消失。动画便是利用这一原理，将静态的、但又是逐渐变化的画面，以每秒20幅的速度连续播放，便会给人造成一种流畅的视觉变化效果。

动画分为两种，一种是用Maya、3ds Max等制作的三维动画，另一种是用Flash等软件制作的二维动画。三维动画是通过动画软件创造出虚拟的三维空间，再将模型放在这个三维空间的舞台上，从不同的角度用灯光照射，并赋予每个部分动感和强烈的质感而得到的效果；二维动画主要是用手工逐幅绘制的，因而画面具有绘画的艺术美感，如图14-5、图14-6所示为动画角色设定稿。

图14-5 电影《马达加斯加》角色设计　图14-6 动画人物设定

14.2 Illustrator 网页设计工具

网页包含许多元素，如HTML文本、位图图像和矢量图形等。在Illustrator中，可以使用切片来定义图稿中不同Web元素的边界。例如，如果图稿包含需要以JPEG格式进行优化的位图图像，而图像其他部分更适合作为GIF文件进行优化，可以使用切片工具 ✂ 划分出切片以隔离图像，再执行"文件>存储为Web和设备所用格式"命令，打开"存储为Web和设备所用格式"对话框，对不同的切片进行优化，如图14-7所示，使文件变小。创建较小的文件非常重要，一方面Web服务器能够更高效地存储和传输图像，另一方面用户也能够更快地下载图像。

在"属性"面板中，还可以指定图像的URL链接地址，设置图像映射区域，如图14-8所示。创建图像映射后，在浏览器中将光标移至该区域时，光标会变为👆状，浏览器下方会显示链接地址。

图14-7　　　　　　　图14-8

小技巧：如何选择文件格式

不同类型的图像应使用不同的格式存储才能利于使用。通常位图使用JPEG格式；如果图像中含有大面积的单色、文字和图形等选择GIF格式可获得理想的压缩效果，这两种格式都可将图像压缩成为较小的文件，比较适合在网上传输；文本和矢量图形可使用SVG格式，简单的动画则可保存为SWF格式。

小知识：Web 安全色

不同的电脑平台（Mac、PC等）以及浏览器有着不同的调色板，这意味着在Illustrator画板上看到的颜色在其他系统上的 Web 浏览器中有可能会出现差别。为了使颜色能够在所有的显示器上看起来一模一样，在制作网页时，就需要使用Web安全色。在"颜色"面板菜单中选择"Web安全RGB（W）"命令，可以让面板中只显示Web安全色。

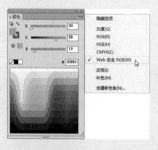

14.3 Illustrator 动画制作工具

Illustrator强大的绘图功能为动画制作提供了非常便利的条件，画笔、符号、混合等都可以简化动画的制作流程，Illustrator本身也可以制作简单的图层动画。

使用图层创建动画是将每一个图层作为动画的一帧或一个动画文件，再将图层导出为Flash帧或文件，就可以使之动起来了。此外，也可以执行"文件>导出"命令，打开"导出"对话框，在"保存类型"下拉列表中选择*.SWF格式，将文件导出为SWF格式，以便在Flash中制作动画。

14.4 软件总动员

在实际工作中，设计项目往往要靠多个软件协同处理。例如，有些商业插画的装饰图形用Illustrator绘制，图片合成则在Photoshop中完成。因此，了解各个软件之间的相互关系是非常必要的。

14.4.1 Illustrator与Photoshop

Illustrator与Photoshop是互补性非常强的两个软件，Illustrator是矢量图领域的翘楚，Photoshop则是位图领域的绝对霸主，它们之间一直有着良好的兼容性，PSD、EPS、TIFF、AI、JPEG等都是它们通用的文件格式。

Photoshop文件以PSD格式保存后，在Illustrator中打开时，图层和文字等都可以继续编辑。例如，图14-9所示为一个Photoshop图像文件，在Illustrator中执行"文件>打开"命令打开该文件，会弹出一个对话框，勾选"将Photoshop图层转换为对象"选项，然后单击"确定"按钮打开文件，图层、文字等都可以编辑，如图14-10所示。此外，矢量图形可以直接从Illustrator拖入Photoshop，或者从Photoshop拖入Illustrator中。

图14-9　　　　　　　图14-10

14.4.2　Illustrator与Flash

Flash是一款大名鼎鼎的网络动画软件，也是目前使用最为广泛的动画制作软件之一。它提供了跨平台，高品质的动画，其图像体积小，可嵌入字体与影音文件，可用于制作网页动画、多媒体课件、网络游戏、多媒体光盘等。

从Illustrator中可以导出与从Flash导出的SWF文件的品质和压缩相匹配的SWF文件。在进行导出操作时，可以从各种预设中进行选择以确保获得最佳的输出效果，并且可以指定如何处理符号、图层、文本以及蒙版。例如，可以指定将Illustrator符号导出为影片剪辑还是图形，或者可以选择通过Illustrator图层来创建SWF符号。

14.4.3　Illustrator与InDesign

InDesign是专业的排版软件，它几乎能制作所有的出版物，还可以将内容快速地发布到网络上。InDesign中虽然也有一些矢量工具，但功能较为简单。如果需要绘制复杂的图形，可以在Illustrator中完成，再将其直接拖入InDesign中使用，图形在InDesign中还可以继续编辑。

14.4.4　Illustrator与Acrobat

Adobe Acrobat用于编辑和阅读PDF格式文档。PDF是一种通用文件格式，它支持矢量数据和位图数据，具有良好的文件信息保存功能和传输能力，已成为网络传输的主要格式。在Illustrator中不仅可以编辑PDF文件，还可以将文件以PDF格式保存。

在Illustrator中执行"文件>置入"命令，可以置入PDF格式的文件；执行"文件>存储"命令，打开"存储为"对话框，在"保存类型"下拉列表中选择"＊.PDF"选项，可以将文件保存为PDF格式。

14.4.5　Illustrator与AutoCAD

AutoCAD是美国Autodesk公司出品的计算机辅助设计软件，用于二维绘图、建筑施工图、工程机械图和基本的三维设计。Illustrator支持大多数AutoCAD数据，包括3D对象、形状和路径、外部引用、区域对象、键对象（映射到保留原始形状的贝塞尔对象）、栅格对象和文本对象。

在Illustrator中执行"文件>置入"命令，可以导入从2.5版至2007版的AutoCAD文件。在导入的过程中，可以指定缩放、单位映射（用于解释AutoCAD文件中的所有长度数据的自定单位）、是否缩放线条粗细、导入哪一种布局以及是否将图稿居中等。如图14-11所示为导入AutoCAD文件时的对话框，如图14-12所示为导入的平面图。

图14-11　　　　　　　图14-12

在Illustrator中执行"文件>导出"命令，可以将图形输出为DWG格式。在Auto CAD中打开这样的文件后，文件中单色填充图形的颜色、路径和文字可以继续编辑，如果图形填充了图案，则在Auto CAD中会以系统默认的图案将其替换。

14.4.6　Illustrator与3ds Max

3ds Max是国内使用率最高的三维动画软件，它也支持AI格式。将Illustrator中创建的路径保存为AI格式后，可以在3ds Max中导入，在打开时可以设置所有路径合并为一个对象或保持各自独立并处在不同的图层中。输入后的路径可继续编辑或通过Extrude、Bevel、Lathe等修改命令创建为模型。在3ds Max中创建的二维线形对象可以输出为AI格式的文件，在Illustrator中可以打开继续使用。

14.5　高级技巧：巧用智能对象

将Illustrator中的图形置入或拖入Photoshop时，图形会转换为智能对象。智能对象是一个嵌入在Photoshop文档中的文件，在"图层"面板中它的名称为"智能对象"，缩览图上带有图状图标，如图14-13所示。双击该图层时，会运行Illustrator并打开原始的图形文件，对其进行修改并保存后，如图14-14所示，Photoshop中的智能对象也会自动更新为与之相同的效果，如图14-15所示。

图14-13　　　　　　图14-14

图14-15

14.6　动画实例：舞动的线条

（1）新建一个文件，使用矩形工具▨创建一个矩形，填充为洋红色，如图14-16所示。单击"图层"面板底部的按钮，新建一个图层，如图14-17所示。使用椭圆工具⬭创建一个椭圆形，设置描边为白色，宽度为1pt，如图14-18所示。

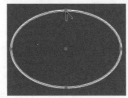　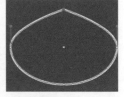

图14-19　　　　　　图14-20

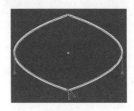

图14-21

　　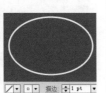

图14-16　　　　图14-17　　　　图14-18

（2）选择转换锚点工具▷，将光标放在椭圆上方的锚点上，如图14-19所示，单击鼠标，将其转换为角点，如图14-20所示。在下方锚点上也单击一下，如图14-21所示。

（3）选择旋转工具◯。将光标放在图形正下方，与其间隔大概一个图形的距离，如图14-22所示，按住Alt键单击，弹出"旋转"对话框，设置角度为60°，单击"复制"按钮，复制图形，如图14-23、图14-24所示。

图14-22　　　　　图14-23　　　　　图14-24

（4）按下4下Ctrl+D快捷键，复制出一组图形，如图14-25所示。使用选择工具 ▶ 按住Ctrl键单击这几个图形（不包括背景的矩形），将它们选取，按下Ctrl+G快捷键编组，双击旋转工具 ↻，在弹出的对话框中设置角度为90°，单击"复制"按钮，复制图形，如图14-26、图14-27所示。

图14-25　　　　　图14-26　　　　　图14-27

（5）选择这两组图形，按下Ctrl+G快捷键编组，按下Ctrl+C快捷键复制，按下Ctrl+F快捷键粘贴到前面，执行"效果>扭曲和变换>收缩和膨胀"命令，设置参数如图14-28所示，效果如图14-29所示。

图14-28　　　　　　　　图14-29

（6）按下Ctrl+C快捷键复制这组添加了效果的图形，按下Ctrl+F快捷键粘贴到前面。打开"外观"面板，双击"收缩和膨胀"效果，如图14-30所示，在弹出的对话框中修改效果参数，如图14-31、图14-32所示。

图14-30

图14-31

图14-32

（7）采用相同的方法，再复制出3组图形，每复制出一组，便修改它的"收缩和膨胀"效果参数，如图14-33～图14-38所示。最后两组图形可按住Shift键拖动定界框上的控制点，将图形适当缩小。

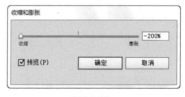

图14-33　　　　　　　　图14-34

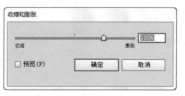

图14-35　　　　　　　　图14-36

图14-37　　　　　　　　图14-38

（8）打开"图层"面板菜单，选择"释放到图层（顺序）"命令，将它们释放到单独的图层上，如图14-39、图14-40所示。

图14-39

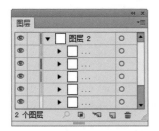

图14-40

（9）执行"文件>导出"命令，打开"导出"对话框，在"保存类型"下拉列表中选择Flash（*.SWF）选项，如图14-41所示；单击"导出"按钮，弹出"SWF选项"对话框，在"导出为"下拉列表中选择"AI图层到SWF帧"，如图14-42所示；单击"高级"按钮，显示高级选项，设置帧速率为8帧/秒，勾选"循环"选项，使导出的动画能够循环不停地播放；勾选"导出静态图层"选项，并选择"图层1"，使其作为背景出现，如图14-43所示；单击"确定"按钮导出文件。按照导出的路径，找到该文件，双击它即可播放该动画，可以看到画面中的线条不断变化，效果生动、有趣。

图14-41

图14-42

图14-43

小技巧：将对象释放到图层

执行"图层"面板菜单中的"释放到图层（顺序）"命令，可以将对象释放到单独的图层中，如果执行面板菜单中的"释放到图层（累积）"命令，则释放到图层中的对象是递减的，这样每个新建的图层中将包含一个或多个对象。

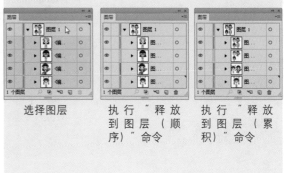

选择图层　　执行"释放到图层（顺序）"命令　　执行"释放到图层（累积）"命令

14.7 动画拓展练习：用符号制作滑雪动画

用图14-44所示的素材可以制作出一个滑雪者从山上向下滑行的动画。该图稿中包含两个图层，"图层1"是雪山背景，"图层2"中有三个不同的滑雪者，首先对这三个滑雪者进行混合（用"对象>混合>建立"命令操作），生成多个滑雪者，如图14-45所示；再执行"对象>混合>扩展"命令，扩展混合对象；然后执行"图层"面板菜单中的"释放到图层（顺序）"命令，将对象释放到单独的图层中，如图14-46所示；再用这些图形制作动画。为了减小文件大小，笔者已将滑雪者创建为符号。详细制作过程，请参阅光盘中的视频录像。

图14-44

图14-45

图14-46

第15章

跨界设计：综合实例

15.1 折叠彩条字

○菜鸟级 ○玩家级 ● 专业级

实例类型：字体设计类

难易程度：★★★☆☆

实例描述：本实例使用倾斜工具将文字变形，再创建为轮廓，逐一制作折叠效果。其中涉及复制和缩放对象；调整锚点的位置改变路径形状；填充渐变颜色表现笔划的明暗变化等。

1 选择文字工具 **T**，按下Ctrl+T快捷键打开"字符"面板，设置字体和大小，如图15-1所示；在画面中单击，输入文字，如图15-2所示。

图15-1　　　　　　图15-2

2 双击工具箱中的倾斜工具 **📐**，打开"倾斜"对话框，设置倾斜角度为38°，如图15-3、图15-4所示。

图15-3　　　　　　图15-4

3 按下Shift+Ctrl+O快捷键，将文字创建为轮廓，再按下Shift+Ctrl+G快捷键取消编组，如图15-5所示。使用选择工具 **▶** 选取字母，分别填充橙黄色、蓝色和绿色，如图15-6所示。

图15-5　　　　　　　　　图15-6

4 按住Alt键向右拖动字母"P"进行复制，如图15-7所示；按住Shift键拖动定界框的一角，将文字成比例缩小，再适当调整位置，如图15-8所示。

图15-7　　　　　　　　图15-8

5 使用直接选择工具 **▷** 单击文字下方的路径段，如图15-9所示；向左下方拖动，直到与另一字母的底边对齐，如图15-10所示；将填充颜色设置为黄色，如图15-11所示。

图15-9　　　　　图15-10　　　　　图15-11

6 使用矩形工具 **▭** 创建两个矩形，宽度与字母的笔划一致，双击渐变工具 **▨**，打开"渐变"面板调整颜色，分别以橙色和黄色渐变填充矩形，如图15-12～图15-14所示。

图15-12

图15-13　　　　　　图15-14

7 接着制作字母"L"的折叠效果。绘制三个矩形，填充蓝色渐变，如图15-15、图15-16所示。选取第二、三个矩形，连续按下Ctrl+[快捷键将其向下移动，直到移至字母"L"下方，如图15-17所示。

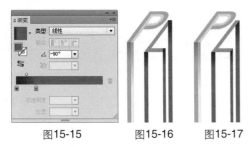

图15-15　　　　图15-16　　　　图15-17

8 使用选择工具 ▶ 单击选取字母"L"，按住Alt键向右拖动，进行复制。将字母填充黄色，按住Shift键拖动定界框的右下角，将字母成比例放大，如图15-18所示。绘制矩形表现折叠效果，并填充略深一些的黄色渐变，如图15-19所示。

图15-18　　　　图15-19

9 用同样方法制作字母"A"的折叠效果，如图15-20所示。使用直接选择工具 ▶ 选取矩形左下角的锚点，如图15-21所示。将锚点向上拖动（按住Shift键可保持垂直方向），如图15-22、图15-23所示。

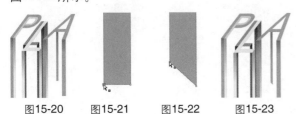

图15-20　　图15-21　　图15-22　　图15-23

10 绘制水平方向的矩形，用同样方法调整锚点，效果如图15-24所示。

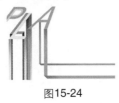

图15-24

11 选取字母"A"，按住Shift+Alt组合键向右拖动进行复制，如图15-25所示。使用直接选择工具 ▶ 调整锚点位置，效果如图15-26所示。

图15-25　　　　　　图15-26

12 绘制字母下方的折叠图形，如图15-27所示。制作字母"Y"的折叠效果时，要将第二、第三个绿色矩形移至最底层（按下Shift+Ctrl+[快捷键），如图15-28所示。

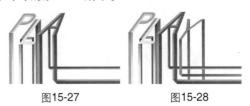

图15-27　　　　　　图15-28

13 复制字母"Y"，制作折叠字效果，如图15-29所示。

图15-29

14 使用钢笔工具 ✎ 在字母笔划的交叠处绘制图形，如图15-30所示。填充黑色到透明渐变，在设置该渐变时，将两个滑块都设置为黑色，单击右侧滑块，设置不透明度为0%，如图15-31所示，效果如图15-32所示。

图15-30　　　　　　图15-31

图15-32

⑮ 在其他字母上也制作出笔划交叠效果。绘制一个与画面大小相同的矩形作为背景，填充浅灰色，并在画面右下方输入文字，效果如图15-33所示。

图15-33

15.2 炫彩 3D 字

○菜鸟级 ○玩家级 ●专业级

实例类型：特效类

难易程度：★★★☆☆

实例描述：本实例使用3D效果制作立体字，再根据字的外形绘制花纹图案，为花纹添加内发光效果，使字体时尚，具有装饰性。

❶打开光盘中的素材文件，如图15-34所示。选择数字"3"，执行"对象>3D效果>凸出和斜角"命令，打开"3D凸出和斜角选项"对话框，指定X轴、Y轴和Z轴的旋转参数，设置凸出厚度为40pt，单击按钮添加新的光源，并调整光源的位置，如图15-35所示。制作出立体字效果，如图15-36所示。

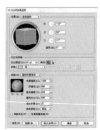

图15-34

图15-35　　图15-36

❷ 选择字母"D"。再次执行"凸出和斜角"命令，设置参数如图15-37所示，效果如图15-38所示。选择数字"3"，按下Ctrl+C快捷键复制，按下Ctrl+F快捷键粘贴到前面，如图15-39所示。

图15-37　　　　图15-38　　　图15-39

❸ 在"外观"面板中选择"3D凸出和斜角"属性，如图15-40所示。将其拖到面板底部的按钮上删除，如图15-41所示。将填充颜色设置为蓝色，如图15-42所示。

图15-40　　　　　　图15-41

图15-42

❹ 执行"效果>3D>旋转"命令，打开"3D旋转选项"对话框，参考第（1）步操作中X轴、Y轴和Z轴的旋转参数进行设置，如图15-43所示，使蓝色数字贴在3D字表面，如图15-44所示。

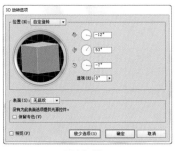

图15-43

图15-44

5 在"图层1"眼睛图标右侧单击，锁定该图层，单击按钮 新建"图层2"，如图15-45所示。使用钢笔工具 绘制如图15-46所示的图形。再分别绘制紫色、绿色和橙色的图形，如图15-47、图15-48所示。

图15-45

图15-46

图15-47

图15-48

6 选择橙色图形，执行"效果>风格化>内发光"命令，设置参数如图15-49所示，效果如图15-50所示。

图15-49

图15-50

7 再绘制一个绿色图形，按下Shift+Ctrl+E快捷键应用"内发光"效果，如图15-51所示。选择橙色图形，按住Alt键拖动进行复制，调整角度和大小，分别填充蓝色、紫色，使画面丰富起来，如图15-52所示。继续绘制花纹，丰富画面，如图15-53、图15-54所示。

图15-51

图15-52

图15-53

图15-54

8 在字母"D"上绘制花纹图形，填充不同的颜色，用同样方法为部分图形添加内发光效果，如图15-55～图15-60所示。

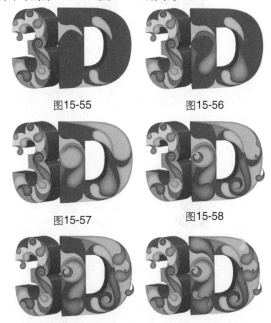

图15-55　　　　　图15-56

图15-57　　　　　图15-58

图15-59　　　　　图15-60

15.3 拼贴布艺字

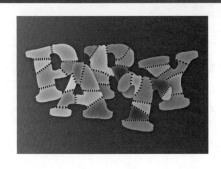

○菜鸟级 ○玩家级 ●专业级

实例类型：特效类

难易程度：★★★★☆

实例描述：将文字分割成块面，制作成绒布效果，再自定义一款笔刷，制作缝纫线。

1 选择文字工具 T，在画面中单击输入文字，在控制面板中设置字体和大小，如图15-61所示。按下Shift+Ctrl+O快捷键将文字创建为轮廓，如图15-62所示。

图15-61 　　　　　　图15-62

2 选择刻刀工具 🖊️，在文字上划过，将文字切成六部分，如图15-63、图15-64所示。

图15-63 　　　　　　图15-64

3 文字切开后依然位于一个组中，按下Shift+Ctrl+G快捷键取消编组。选择上方的图形，将填充颜色设置为黄色，如图15-65所示。改变其他图形的颜色，如图15-66所示。

图15-65 　　　　　　图15-66

4 按下Ctrl+A快捷键全选，执行"效果>风格化>内发光"命令，设置不透明度为55%，模糊参数为2.47mm，选择"边缘"选项，如图15-67、图15-68所示。

图15-67 　　　　　　图15-68

5 执行"效果>风格化>投影"命令，设置不透明度为70%，X、Y位移参数为0.47mm，如图15-69、图15-70所示。

图15-69 　　　　　　图15-70

6 执行"效果>扭曲和变换>收缩和膨胀"命令，设置参数为5，使布块的边线呈现不规则的变化，如图15-71、图15-72所示。

图15-71 　　　　　　图15-72

7 将"图层1"拖动到面板底部的 🗋 按钮上，复制该图层，如图15-73所示。图层后面依然有 ■ 状图标显示，说明该图层中的内容处于选取状态。打开"外观"面板，在"投影"属性上单击将其选取，如图15-74所示。按住Alt键单击面板底部的 🗑️ 按钮，删除"投影"属性，如图15-75所示，去除当前所选对象的投影效果。

图15-73 　　　　图15-74 　　　　图15-75

8 双击"外观"面板中的"内发光"属性，打开"内发光"对话框，将模式修改为"正片叠底"，颜色设置为黑色，模糊参数设置为4.23mm，选择"中心"选项，如图15-76、图15-77所示。

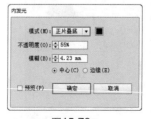

图15-76 　　　　　　图15-77

❾ 单击"外观"面板中的"不透明度"属性，弹出"透明度"面板，将不透明度参数设置为35%，如图15-78、图15-79所示。

图15-78　　　　　图15-79

下面我们来画一组类似缝纫线的图形，将它创建为画笔，在绘制路径时，应用该画笔就会产生缝纫线的效果了。

❶ 先绘制一个粉色的矩形，这个图形只是作为背景衬托。使用圆角矩形工具 ▢ 创建一个图形，填充黑色，如图15-80所示。使用椭圆工具 ◯ 按住Shift键绘制圆形，填充白色，按下Ctrl+[快捷键移动到黑色图形后面，如图15-81所示。

图15-80

图15-81

❷ 使用选择工具 ▸ 按住Shift+Alt组合键向下拖动白色圆形将其复制，如图15-82所示。选取这一个黑色圆角矩形和两个白色圆形，按下Ctrl+G快捷键编组。按住Shift+Alt组合键拖动图形进行复制，如图15-83所示。

图15-82

图15-83

❸ 按两次Ctrl+D快捷键执行"再次变换"命令，生成两个新的图形，如图15-84所示。使用矩形工具 ▢ 绘制一个矩形，将这四个组图形包含在内，同时，在右侧要多出一部分，以使缝纫线不断重复时能够有一个均衡的距离。该矩形无填充与描边颜色，它只代表一个单位图案的范围，如图15-85所示。

图15-84

图15-85

❹ 将粉色图形删除，选取剩余的图形，如图15-86所示。打开"画笔"面板，单击面板底部的 ▢ 按钮，弹出"新建画笔"对话框，选择"图案画笔"选项，如图15-87所示。单击"确定"按钮，弹出"图案画笔选项"对话框，使用系统默认参数即可，如图15-88所示。单击"确定"按钮，将图形创建为画笔，如图15-89所示。

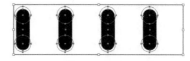

图15-86

 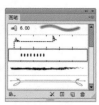

图15-87　　　　图15-88　　　　图15-89

❺ 使用钢笔工具 ✎ 沿文字切割处绘制一条路径，如图15-90所示。单击"画笔"面板中自定义的画笔，如图15-91所示。用它描边路径，效果如图15-92所示。

图15-90　　　　图15-91　　　　图15-92

6 在控制面板中设置描边粗细为0.25pt，使缝纫线变小，符合文字的比例。继续绘制路径，应用笔刷效果，使每个布块之间都有缝纫线连接，如图15-93所示。一个布块文字就制作完成了，将文字全部选取，按下Ctrl+G快捷键编组。用上述方法制作出更多的布块文字，如图15-94所示。

图15-93　　　　　　　　图15-94

15.4　创意鞋带字

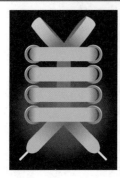

○菜鸟级　○玩家级　●专业级

实例类型：特效类

难易程度：★★★★☆

实例描述：以巧妙的构思，独特的创意，用鞋带组成一个"美"字。这个实例简单有趣，在制作时要运用好渐变来表现明暗，再以图案表现质感，以简单图形的加、减生成新的图形等等。鞋子其他部分的处理则尽量简化，以轮廓来表现，使画面主次分明，让人过目不忘。

1 使用矩形工具 ▭ 绘制一个矩形，填充径向渐变，如图15-95、图15-96所示。

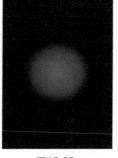

图15-95　　　　　　图15-96

2 打开"图层"面板，单击▶按钮展开图层列表，在"路径"子图层前单击，将其锁定，如图15-97所示。在同一位置分别创建一大、一小两个圆形，如图15-98所示。选取这两个圆形，按下"对齐"面板中的 按钮和 按钮，将图形对齐，再按下"路径查找器"面板中的 按钮，使大圆与小圆相减，形成一个环形，如图15-99所示。

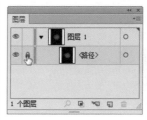

图15-97　　　　图15-98　　　　图15-99

3 将圆环填充为蓝色。再以同样方法制作一个细一点、小一点的圆环，如图15-100所示。选取这两个图形，进行水平与垂直方向的对齐，如图15-101所示。

图15-100　　　　　　　图15-101

4 保持图形的选取状态，按下Alt+Ctrl+B快捷键建立混合，双击混合工具 ，打开"混合选项"对话框，设置间距为5，如图15-102、图15-103所示。

图15-102　　　　　　　　图15-103

⑤　再创建两个圆形，位置稍错开一点，如图15-104所示。选取这两个圆形，按下"路径查找器"面板中的 按钮，使两圆相减，形成一个月牙形，如图15-105所示。

图15-104　　　　　　图15-105

⑥　将月牙形填充为浅蓝色，无描边颜色，作为蓝色图形的高光，如图15-106所示。执行"效果>风格化>羽化"命令，设置半径为0.3mm，使图形边缘变得柔和，如图15-107、图15-108所示。

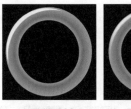 

图15-106　　　　　　图15-107

图15-108

⑦　使用选择工具 按住Alt键拖动高光图形进行复制，将复制后的图形放在圆环的右下方，调整一下角度，填充为深蓝色，如图15-109、图15-110所示。选取圆环图形，按下Ctrl+G快捷键编组。按住Shift+Alt组合键向下拖动图形进行复制，如图15-111所示。连续按两次Ctrl+D快捷键执行"再次变换"命令，再复制出两个图形，如图15-112所示。

图15-109　　　图15-110　　图15-111 图15-112

⑧　选取这四个图形，再次编组。双击镜像工具 ，打开"镜像"对话框，选择"垂直"选项，单击"复制"按钮，如图15-113所示。镜像并复制图形，然后将其向右侧移动，如图15-114所示。

图15-113　　　　　　图15-114

⑨　单击"图层"面板底部的 按钮，新建一个图层，锁定"图层1"，如图15-115所示。使用钢笔工具 在水平方向的两个鞋眼之间绘制鞋带，填充为线性渐变，如图15-116、图15-117所示。

图15-115　　　　图15-116　　　　图15-117

⑩　复制绿色鞋带，根据鞋眼的位置排列好，使用直接选择工具 适当调整锚点的位置，使每个鞋带都有些小变化，如图15-118所示。再用钢笔工具 画出鞋带打结的部分，填充为深绿色，如图15-119所示。继续绘制图形，填充线性渐变，如图15-120、图15-121所示。

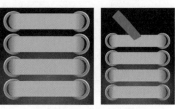

图15-118　　　　　　图15-119

227

图15-120　　　　图15-121

⑪ 选取这两个图形，按下Shift+Ctrl+[快捷键将其移至底层，如图15-122所示。再绘制另一个鞋带扣，如图15-123所示。绘制一条竖着的鞋带，如图15-124所示。将其移至底层，如图15-125所示。

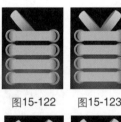

图15-122　　图15-123

图15-124　　图15-125

⑫ 分别绘制左右两侧的鞋带，如图15-126、图15-127所示。选取所有绿色鞋带图形，如图15-128所示，按下Ctrl+G快捷键编组，按下Ctrl+C快捷键复制，按下Ctrl+F快捷键粘贴到前面，单击"路径查找器"面板中的▣按钮，将图形合并在一起，如图15-129所示。

图15-126　图15-127　图15-128　图15-129

⑬ 单击"色板"右上角的▼≡按钮打开面板菜单，选择"打开色板库>图案>基本图形_纹理"命令，选择"菱形"图案，如图15-130所示。为鞋带添加纹理，如图15-131所示。单击鼠标右键打开快捷菜单，选择"变换>缩放"命令，设置等比缩放参数为50%，选择"变换图案"选项，使图形的大小保持不变，只缩小内部填充的图案，如图15-132、图15-133所示。

图15-130　　　　图15-131

图15-132　　　　图15-133

⑭ 设置图形的混合模式为"叠加"，如图15-134、图15-135所示。

图15-134　　　　图15-135

⑮ 锁定该图层，再新建一个图层，拖到"图层2"下方，如图15-136所示。使用钢笔工具绘制鞋的轮廓，如图15-137～15-139所示。

图15-136　　　图15-137　图15-138　图15-139

⑯ 绘制鞋头，填充为洋红色，如图15-140所示。复制该图形，原位粘贴到前面，填充"菱形"图案，在画面下方输入文字，效果如图15-141所示。

图15-140　　　图15-141

15.5 舌尖上的美食

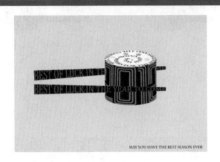

○菜鸟级 ○玩家级 ●专业级

实例类型：平面设计类

难易程度：★★★☆☆

实例描述：用路径文字、封套扭曲文字制作成寿司和筷子，制作方法简单，画面生动有趣，充满创意。

❶ 打开光盘中的素材文件，如图15-142所示。使用钢笔工具绘制一个图形，如图15-143所示。按下Ctrl+C快捷键复制该图形，在以后的操作中会使用。

图15-142

图15-143

❷ 按下Ctrl+A快捷键选取数字与图形，执行“对象>封套扭曲>用顶层对象建立”命令，使数字的外观与顶层图形的外观一致，如图15-144所示。按下Ctrl+B快捷键将之前复制的图形粘贴到后面，填充为黑色，如图15-145所示。

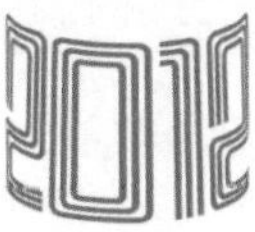

图15-144

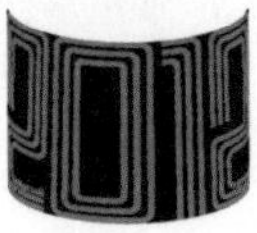

图15-145

❸ 使用螺旋线工具绘制一个螺旋线，如图15-146所示。使用直接选择工具选取路径下方的锚点，调整位置，改变路径形状，如图15-147所示。

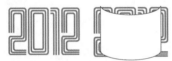

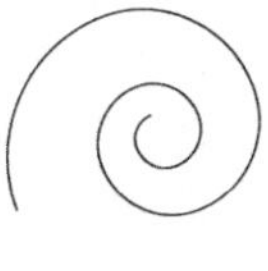

图15-146

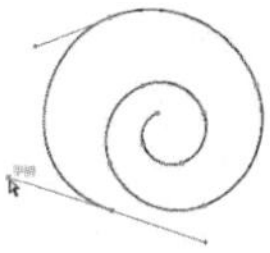

图15-147

❹ 选择路径文字工具，在路径上单击，输入文字，在“字符”面板中设置字体及大小，如图15-148、图15-149所示。

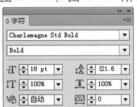

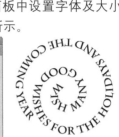

字符
Charlemagne Std Bold
Bold
18 pt
(21.6
100%
100%
自动
0

图15-148

图15-149

❺ 按下Shift+Ctrl+O快捷键将文字创建为轮廓，如图15-150所示。使用选择工具调整定界框，使文字外观成为椭圆形，再将其移动到寿司上方，如图15-151所示。

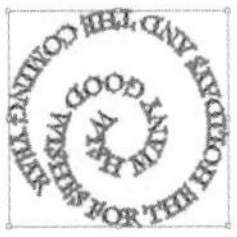

图15-150

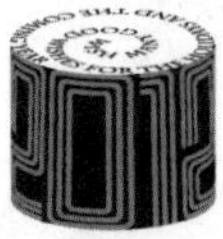

图15-151

❻ 使用文字工具在画面中输入文字，如图15-152所示。使用钢笔工具在文字上面绘制一个筷子图形，如图15-153所示。按下Ctrl+C快捷键复制筷子图形。

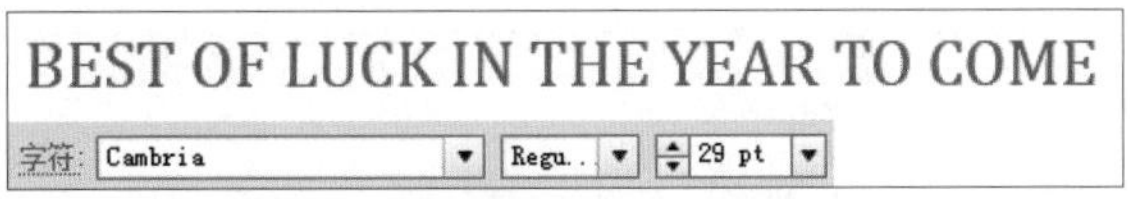

BEST OF LUCK IN THE YEAR TO COME
字符:
Cambria
Regu..
29 pt

图15-152

图15-153

❼ 使用选择工具选取文字和筷子图形，按下Alt+Ctrl+C快捷键建立封套扭曲，使文字的外观呈现出筷子的形状，如图15-154所示。按下Ctrl+B快捷键将复制的图形粘贴到后面，如图15-155所示。

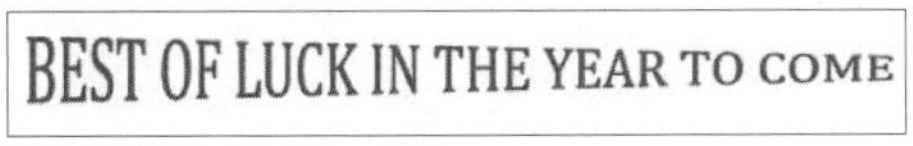

BEST OF LUCK IN THE YEAR TO COME

图15-154

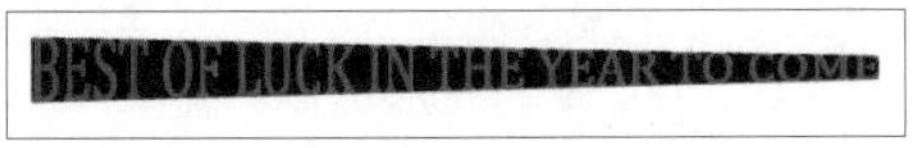

图15-155

8 选取组成筷子的图形，按下Ctrl+G快捷键编组。按住Alt键拖动编组图形进行复制，按下Shift+Ctrl+[快捷键将图形移至底层，再适当调整一下位置。使用矩形工具 ▣ 绘制一个矩形，填充黄色，将其移至底层作为背景，如图15-156所示。在寿司上面绘制一个白色的椭圆形，连续按下Ctrl+[快捷键将其向后移动到文字后面，再绘制一些彩色的小圆形作为装饰，如图15-157所示。

 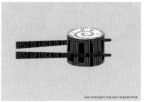

图15-156　　　　　　　图15-157

15.6 包装设计

○菜鸟级 ○玩家级 ●专业级

实例类型：插画设计类

难易程度：★★★★☆

实例描述：本实例在绘制瓶帖时使用了波纹效果、收缩和膨胀效果、扩展外观等。制作边框时，载入了画笔库中的样本，并对样本进行色相转换，使其能符合瓶贴的整体色系，同时也增强装饰性。制作立体展示图时，通过剪切蒙版将瓶贴多余的部分隐藏，并使用渐变图形、设置混合模式来表现瓶贴的明暗，使其与瓶子的色调一致。

15.6.1 绘制瓶贴

1 选择直线段工具 ╱ ，在画面中单击弹出"直线段工具选项"对话框，设置长度为194mm，角度为180°，如图15-158所示。，单击"确定"按钮，新建一条直线，如图15-159所示。

图15-158　　　　　　图15-159

2 执行"效果>扭曲和变换>波纹效果"命令，设置参数如图15-160所示，制作出折线效果，如图15-161所示。执行"对象>扩展外观"命令，将效果扩展为路径，可以像路径一样进行编辑。

图15-160　　　　　　　图15-161

3 使用选择工具 ▶ 按住Shift+Alt组合键向下拖动折线进行复制，将光标放在定界框外，按住Shift键拖动鼠标将其旋转180°，如图15-162所示。使用直接选择工具 ▷ 按住鼠标拖动创建选框，选取左侧两个端点，如图15-163所示。

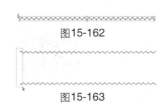

图15-162

图15-163

4 单击控制面板中的连接所选终点按钮 ，自动在两点之间连接直线，如图15-164所示；用同样方法连接右侧两个端点，如图15-165所示，形成一个闭合式路径。

图15-164

图15-165

⑤ 选择多边形工具 ⬡，在画面中单击弹出"多边形"对话框，设置半径为36mm，边数为23，如图15-166所示，单击"确定"按钮，创建多边形，如图15-167所示。

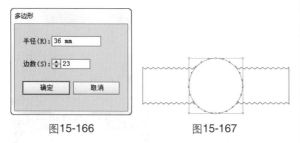

图15-166　　　　　　　图15-167

⑥ 执行"效果>扭曲和变换>收缩和膨胀"命令，设置参数为9%，如图15-168、图15-169所示。

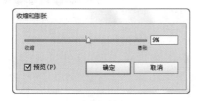

图15-168

图15-169

⑦ 执行"对象>扩展外观"命令，将效果扩展为路径，如图15-170所示。按下Ctrl+A快捷键选取这两个图形，单击控制面板中的水平居中对齐按钮 ⬛ 和垂直居中对齐按钮 ⬛，将图形对齐。单击"路径查找器"面板中的联集按钮 ⬛，将图形合并，设置填充颜色为黑色，描边颜色为淡黄色，描边宽度为11pt，如图15-171所示。

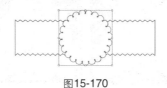

图15-170

图15-171

⑧ 使用椭圆工具 ⬭ 按住Shift键绘制圆形，填充为淡黄色。使用选择工具 ▶ 按住Alt键拖动圆形进行复制，排列在图形的边缘位置，如图15-172所示。创建一个圆角矩形，如图15-173所示。

图15-172　　　　　　　图15-173

⑨ 绘制一条直线。执行"窗口>画笔库>边框>边框_几何图形"命令，加载该画笔库，单击"三角形"画笔，如图15-174所示、图15-175所示。

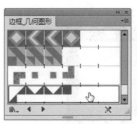

图15-174　　　　　　　图15-175

提示

单击"画笔"面板中的画笔库菜单按钮 ▥，在打开的菜单中也可以选择Illustrator提供的画笔库。选择一个画笔库后，会打开单独的面板；选择其中的一个画笔，它会自动添加到"画笔"面板中，通过"画笔"面板可以对其选项进行编辑，如缩放、翻转或修改颜色等。载入的画笔库面板仅提供样本的使用，不具备其他功能。

⑩ 双击"画笔"面板中的"三角形"画笔，如图15-176所示。打开"图案画笔选项"对话框，在"方法"下拉列表中选择"色相转换"，如图15-177所示。单击"确定"按钮，弹出一个提示框，按下"应用于描边"按钮，如图15-178所示。将描边颜色设置为淡绿色，描边宽度为0.4pt，如图15-179所示。

图15-176

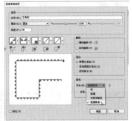
图15-177

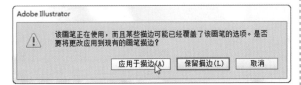
图15-178

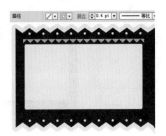
图15-179

⑪ 复制该直线到图形下方，按住Shift键拖动定界框将其旋转180°，如图15-180所示。

图15-180

⑫ 使用直线段工具 ／ 按住Shift键绘制一条垂线。执行"窗口>画笔库>边框>边框_新奇"命令，加载该画笔库，单击"小丑"画笔，如图15-181、图15-182所示。

图15-181

图15-182

⑬ 双击"画笔"面板中的"小丑"画笔，打开"图案画笔选项"对话框，在"方法"下拉列表中选择"色相转换"，如图15-183所示。单击"确定"按钮，将描边颜色设置为淡绿色，描边宽度为0.25pt，如图15-184所示。用同样方法复制该直线到图形右侧。

图15-183

图15-184

⑭ 使用选择工具 ▶ 按住Shift键选取淡黄色图形及四个图案边框，按住Shift+Alt组合键拖动，复制到瓶贴右侧，如图15-185所示。

图15-185

15.6.2 绘制卡通形象

❶ 使用钢笔工具 ✐ 绘制一个卡通形象，运用抽象图形来表达产品特性，如图15-186所示。用椭圆工具 ◯ 绘制眼睛，用铅笔工具 ✐ 绘制嘴巴，如图15-187所示。

图15-186

图15-187

❷ 绘制眼球和牙齿，让表情生动起来，如图15-188所示；绘制手及袖口图形，如图15-189所示。

图15-188　　　　　图15-189

❸ 使用铅笔工具 🖊 绘制一条曲线，连接手与身体，如图15-190所示；执行"对象>路径>轮廓化描边"命令，将路径转换为轮廓，设置与身体相同的填充与描边颜色，如图15-191所示。

图15-190　　　　　图15-191

❹ 用同样方法制作其他手臂，效果如图15-192所示。

图15-192

❺ 执行"窗口>符号库>其他库"命令，载入光盘中的符号库素材，如图15-193所示。将面板中的符号直接拖入画面中，装饰在卡通形象上，如图15-194所示。

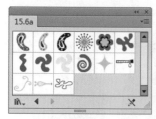 

图15-193　　　　　图15-194

15.6.3 制作文字

❶ 选择文字工具 T，按下Ctrl+T快捷键打开"字符"面板，设置字体、大小及水平缩放参数，如图15-195所示；在画面中单击，输入文字"豆逗"，如图15-196所示。

图15-195　　　　　图15-196

❷ 输入文字"辣椒酱"，设置字体为黑体，大小为15pt，字距为200，如图15-197所示。文字"净含量"的大小为7.3pt，如图15-198所示。

图15-197　　　　　图15-198

❸ 在瓶贴的左侧输入产品介绍，用带有花纹的装饰线进行分割（花纹来自加载的"符号"面板），如图15-199所示。右侧输入其他相关信息，可复制卡通形象装饰在文字后面。条码是使用矩形工具 ▦ 绘制的，如图15-200所示。按下Ctrl+A快捷键选取瓶贴图形，按下Ctrl+G快捷键编组。

图15-199　　　　　图15-200

❹ 用同样方法制作瓶口的小标签，以红色背景衬托，效果如图15-201所示。根据产品口味变换包装的颜色，制作出红色系、紫色系的瓶贴效果，如图15-202、图15-203所示。这也是系列化包装的一个体现，形成一种统一的视觉形象，上架陈列效果强烈，容易识别和记忆。

图15-201

图15-202

图15-203

15.6.4 制作立体展示图

1 打开光盘中的素材文件，红色玻璃瓶位于一个单独的图层中，并处于锁定状态，如图15-204所示。使用钢笔工具 ✎ 绘制瓶子的轮廓，如图15-205所示。

图15-204　　　　图15-205

2 将瓶贴选取，复制粘贴到瓶子文档中，如图15-206所示。选取瓶子轮廓，按下Shift+Ctrl+[快捷键将其移至顶层，如图15-207所示。

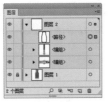

图15-206　　　　图15-207

3 单击"图层"面板底部的 ▣ 按钮，建立剪切蒙版，将瓶子以外的图形隐藏，如图15-208、图15-209所示。

图15-208　　　　图15-209

4 在瓶盖上绘制一个椭圆形，填充灰色，设置不透明度为50%，使瓶贴有明暗变化，如图15-210、图15-211所示。

图15-210　　　　图15-211

5 根据瓶贴的外形用钢笔工具 ✎ 绘制一个图形，填充线性渐变，渐变颜色的设置应参照瓶子的明暗，如图15-212、图15-213所示。

图15-212　　　　图15-213

6 设置混合模式为"正片叠底"，使瓶贴产生明暗变化，如图15-214、图15-215所示。

图15-214　　　　图15-215

7 用同样方法，将其他瓶贴贴在瓶子上，效果如图15-216所示。

图15-216

15.7 手机外壳设计

○菜鸟级 ○玩家级 ●专业级

实例类型：工业设计类

难易程度：★★★★★

实例描述：本实例使用圆角矩形工具、钢笔工具和多边形工具绘制手机外壳图形，通过路径查找器对图形进行分割、挖空、合并等操作。通过蒙版对手机外壳进行遮罩，以显示出手机的屏幕。

15.7.1 绘制轮廓

① 打开光盘中的素材文件，如图15-217、图15-218所示。我们将在此基础上进行手机外壳的正面与背景设计。

图15-217   图15-218

② 锁定"图层1"，新建一个图层，如图15-219所示。使用圆角矩形工具 ▢ 创建一个略大于手机的图形，如图15-220所示。

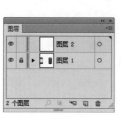 

图15-219   图15-220

③ 按下Ctrl+C快捷键复制圆角矩形，按下Ctrl+F快捷键粘贴到前面。使用钢笔工具 ✐ 绘制一条弧线，如图15-221所示。使用选择工具 ▶ 按住Shift键单击圆角矩形，将它与弧线一同选取，单击"路径查找器"面板中的分割按钮 ⬚ ，用弧线将圆角矩形分割为两部分，如图15-222所示；使用编组选择工具 ▶⁺ 选取大一点的图形，如图15-223所示，按下Delete键将其删除。

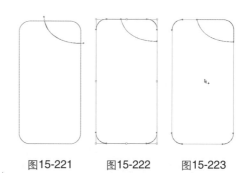

图15-221   图15-222   图15-223

④ 绘制一个椭圆形，如图15-224所示，将其与圆角矩形一同选取，如图15-225所示。单击"路径查找器"面板中的减去顶层按钮 ⬚ ，形成挖空效果，显示出手机的摄像头，如图15-226所示。

图15-224   图15-225   图15-226

⑤ 按下Ctrl+[快捷键将该图形向下移动，如图15-227所示。使用编组选择工具 ▶⁺ 选取椭圆形，如图15-228所示。按住Ctrl键切换为选择工具 ▶ ，将光标放在定界框外，拖动鼠标旋转图形，如图15-229所示。

图15-227　　　图15-228　　　图15-229

⑥ 分别绘制一个圆形和一个三角形（用多边形工具 ⬡），如图15-230所示，用选择工具 ▶ 选取三角形，调整宽度，如图15-231所示。

图15-230　　　　图15-231

⑦ 选取这两个图形，按下Ctrl+G快捷键编组，放在手机左上角，按住Shift键在定界框外拖动鼠标，将其逆时针旋转45°，如图15-232所示。使用钢笔工具 ✐ 绘制胳膊，再分别用圆角矩形工具 ▢ 和直线段工具 ╱ 绘制手臂，如图15-233所示。

图15-232　　　　图15-233

⑧ 使用圆角矩形工具 ▢ 按住↑键（增加圆角半径）拖动鼠标绘制图形，使用直接选择工具 ▷ 按住鼠标拖动创建选框，选取上面的锚点（这是两个重叠的锚点），如图15-234所示。将锚点向下拖动，如图15-235所示。

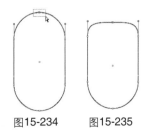

图15-234　　　　图15-235

⑨ 再分别调整左右两个方向线，如图15-236所示。用钢笔工具 ✐ 和矩形工具 ▢ 绘制出鞋子的其他部分，如图15-237所示。

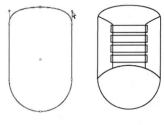

图15-236　　　图15-237

⑩ 按下Ctrl+;快捷键显示参考线。使用选择工具 ▶ 按住Shift键选取耳朵、手臂和鞋子图形，如图15-238所示；选择镜像工具 ◁，按住Alt键在参考线上单击，弹出"镜像"对话框，选择"垂直"选项，单击"复制"按钮，如图15-239所示。镜像并复制图形，如图15-240所示。

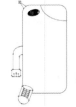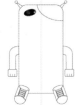

图15-238　　　　图15-239　　　　图15-240

⑪ 分别绘制一个圆角矩形和一条直线，如图15-241所示；选取直线，执行"效果>扭曲和变换>波纹效果"命令，设置参数如图15-242所示。制作出折线效果，如图15-243所示。执行"对象>扩展外观"命令，将效果扩展为路径。

图15-241　　　　　图15-242　　　　　图15-243

⑫ 使用选择工具 ▶ 按住Alt键拖动折线进行复制，如图15-244所示。将光标放在定界框外，按住Shift键拖动鼠标将折线旋转180°，如图15-245所示。选取这三个图形，按下Ctrl+G快捷键编组。

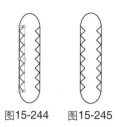

图15-244　　图15-245

⑬ 用钢笔工具 ✎ 绘制右侧的眼睛，如图15-246所示。使用选择工具 ▶ 按住Shift键选取耳朵、身体、手臂和鞋子图形，如图15-247所示。单击"路径查找器"面板中的联集按钮 ⬛，将图形合并，再按下Shift+Ctrl+[快捷键移至底层，如图15-248所示。

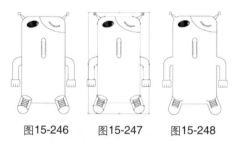

图15-246　　　图15-247　　　图15-248

15.7.2 制作正面

① 单击"色板"中的灰色，为图形填充颜色，如图15-249、图15-250所示。

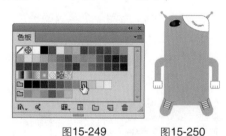

图15-249　　　　图15-250

② 执行"效果>风格化>内发光"命令，设置发光颜色为白色，其他参数设置如图15-251所示。效果如图15-252所示。

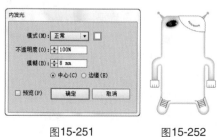

图15-251　　　　图15-252

③ 执行"效果>风格化>投影"命令，设置参数如图15-253所示。效果如图15-254所示。

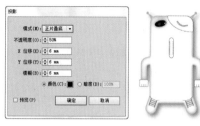

图15-253　　　　图15-254

④ 选取手臂图形，如图15-255所示。双击吸管工具 🖋，打开"吸管选项"对话框，勾选"外观"选项，如图15-256所示。使吸管能够拾取对象的全部外观并加以应用。使用吸管工具 🖋 在身体图形上单击，可将"内发光"和"投影"效果应用到手臂图形，如图15-257所示。

图15-255　　　　图15-256　　　　图15-257

⑤ 双击"外观"面板中的"内发光"属性，如图15-258所示。打开"内发光"对话框，设置模糊参数为4mm，如图15-259、图15-260所示。

图15-258　　　　　　　图15-259

图15-260

⑥ 将头部右侧的图形填充绿色，设置混合模式为"正片叠底"；在鞋子上绘制两个图形，填充洋红色，设置混合模式为"正片叠底"，不透明度为80%，如图15-261～图15-263所示。

图15-261　　　　　　图15-262

图15-263

⑦ 将右侧眼睛图形填充黑色，嘴巴填充深紫色。用圆角矩形工具 ▢ 绘制眼镜，填充深紫色，描边为洋红色。用钢笔工具 ✎ 绘制镜架，如图15-264所示。通过镜像与复制的方式制作出眼镜的另外一半，如图15-265所示。

图15-264　　　　　　图15-265

⑧ 绘制一个矩形，填充蓝色渐变，连续按下Ctrl+[快捷键将它移至嘴巴图形下方，如图15-266所示；使用选择工具 ▸ 按住Shift+Alt组合键向下拖动矩形进行复制，如图15-267所示；连续按下Ctrl+D快捷键重复移动与复制操作，如图15-268所示。用钢笔工具 ✎ 在胳膊上绘制条纹图形。用星形工具 ☆ 绘制海魂衫上面的口袋，并用白色折线进行装饰，如图15-269所示。

图15-266　　图15-267　　图15-268　　图15-269

15.7.3 制作背面

① 选取外壳图形、手臂条纹和鞋面图形，按住Alt键拖动，复制到手机正面图形上，如图15-270所示。

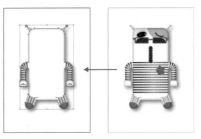

图15-270

② 选择外壳图形，如图15-271所示。单击"透明度"面板中的"制作蒙版"按钮，取消"剪切"选项的勾选。单击蒙版缩览图进入蒙版编辑状态，如图15-272所示。

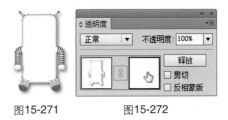

图15-271　　　　　　图15-272

③ 在手机屏幕上绘制一个黑色的圆角矩形，在Home键上绘制圆形，通过蒙版的遮罩作用对外壳图形进行挖空，显示出底层手机屏幕的效果，如图15-273、图15-274所示。

图15-273　　　　　　图15-274

④ 最后，解除"图层1"的锁定，分别绘制粉色和蓝色图形作为背景，按下Shift+Ctrl+[快捷键移至底层，如图15-275所示。这款嘻哈海魂衫风格的手机外壳就制作完了。还可以修改外壳图形的填充和发光颜色，制作出蓝色外星人、绿色小士兵效果，如图15-276、图15-277所示。

图15-275　　　　　　　　　图15-276　　　　　　　　　图15-277

15.8 平台玩具设计

○菜鸟级 ○玩家级 ●专业级

实例类型：工业设计类

难易程度：★★★★☆

实例描述：用"绕转"命令、"凸出和斜角"命令制作出立体的玩具模型，再设计一款图案，定义为符号，作为贴图应用到玩具表面。

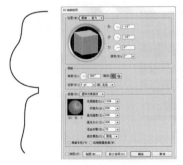

1 使用钢笔工具 ✍ 绘制一条路径，如图15-278所示。设置描边颜色为白色，执行"效果>3D>绕转"命令，打开"3D绕转选项"对话框，设置参数如图15-279所示。制作出立体的玩具模型效果，如图15-280所示。

图15-278　　　图15-279　　　图15-280

2 再绘制一条路径，如图15-281所示。按下Alt+Shift+Ctrl+E快捷键打开"3D绕转选项"对话框，设置参数如图15-282所示。制作出玩具的胳膊，如图15-283所示。

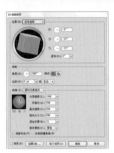

图15-281　　　图15-282　　　图15-283

3 使用选择工具 ▶ 按住Alt键拖动胳膊进行复制，按下Shift+Ctrl+[快捷键将其移至底层，如图15-284所示。双击"外观"面板中的"3D绕转"属性，如图15-285所示。打开"3D绕转选项"对话框，调整X、Y、Z轴的旋转角度，如图15-286所示。制作另一只胳膊，如图15-287所示。

图15-284　　　　　　图15-285

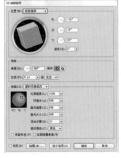

图15-286　　　　　　图15-287

④ 再制作出玩具的两条腿，如图15-288所示。它的3D效果参数与头部是一样的，制作时可先绘制出腿部路径，然后使用吸管工具 🖊 在玩具的头部单击，为腿部复制相同的效果。

⑤ 绘制耳朵，如图15-289所示。将描边设置为无，只保留白色的填充就可以了。执行"效果>3D>凸出和斜角"命令，设置参数如图15-290所示，使耳朵产生一定的厚度，如图15-291所示。

图15-288　　　　图15-289

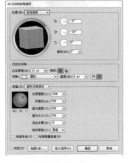

图15-290　　　　　图15-291

⑥ 保持耳朵图形的选取状态，选择镜像工具 🔳，按住Alt键在画面中单击，打开"镜像"对话框，选择"垂直"选项，单击"复制"按钮，如图15-292所示。镜像并复制耳朵图形，再按下Shift+Ctrl+[快捷键将其移至底层，如图15-293所示。

图15-292　　　　　图15-293

⑦ 使用矩形工具 🔳 绘制一个矩形，如图15-294所示。使用选择工具 ▶ 按住Shift+Alt键向下拖动矩形进行复制，如图15-295所示。按下Ctrl+D快捷键执行"再次变换"命令，复制出更多的矩形，如图15-296所示。给每个矩形填充不同的颜色，如图15-297所示。

图15-294

图15-295

图15-296

图15-297

⑧ 选取这些矩形，通过移动与复制操作，制作出更多的图形，如图15-298所示。选取所有矩形，将其拖入到"符号"面板中，同时弹出"符号选项"对话框，如图15-299所示。单击"确定"按钮，将图形创建为符号，在"符号"面板中显示了刚刚创建的符号，如图15-300所示。

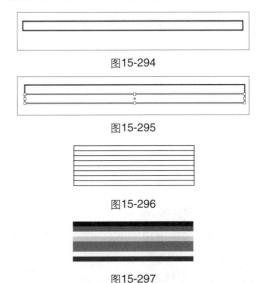

图15-298　　　　　图15-299

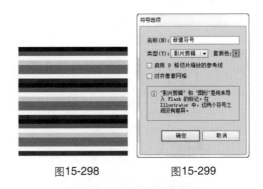

图15-300

⑨ 选择玩具的头部和身体图形，双击"外观"面板中的"3D绕转"属性，打开"3D绕转选项"对话框，勾选"预览"选项，单击"贴图"按钮，打开"贴图"对话框，单击▶按钮，选择要贴图的面，切换到7/9表面时，玩具的身体部分显示为红色参考线，这正是我们要贴图的区域，如图15-301、图15-302所示。

图15-301　　　　　　图15-302

⑩ 单击▼按钮，在"符号"下拉面板中选择自定义的符号，记住要勾选"贴图具有明暗调"选项，使贴图在三维对象上呈现明暗变化，如图15-303、图15-304所示。

图15-303　　　　　　图15-304

⑪ 不要关闭对话框，继续单击▶按钮，切换到9/9表面，为头部做贴图，如图15-305、图15-306所示。

⑫ 用同样方法给四肢做贴图，如图15-307所示。选择耳朵图形，将填充颜色设置为黄色。再用椭圆工具◯画一个圆形的鼻子，用吸管工

具🖊在耳朵上单击，复制耳朵图形的效果到鼻子上，再给鼻子填充深红色，完成平台玩具的制作，效果如图15-308所示。

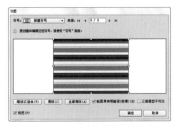

图15-305　　　　　　图15-306

图15-307　　　图15-308

⑬ 符号库中提供了丰富的符号，可以用这些符号来制作衣服的贴图，再给玩具设计出不同的表情和发型，如图15-309所示。

图15-309

15.9 唯美风格插画

○菜鸟级 ○玩家级 ●专业级

实例类型：插画设计类

难易程度：★★★★★

实例描述：本实例使用位图图像作为素材，导入到Illustrator中，用丰富的图形对人物及背景进行装饰。画面构图生动，色彩协调，体现出矢量插画的装饰美感。涉及的功能主要有：用变形工具扭曲图形；改变图案库中样本的颜色；使用渐变网格表现明暗；制作剪切蒙版对图像进行遮罩等。

15.9.1 制作上衣

1 打开光盘中的素材文件，如图15-310、图15-311所示。

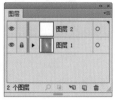

图15-310　　　　图15-311

2 执行"文件>置入"命令，选择光盘中的PSD素材文件，取消"链接"选项的勾选，如图15-312所示。单击"置入"按钮，将图像置入文档中，如图15-313所示。

图15-312　　　　图15-313

3 双击矩形网格工具 ▦，在打开的对话框中设置参数，如图15-314所示。单击"确定"按钮，创建一个网格图形，如图15-315所示。

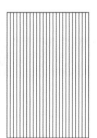

图15-314　　　　图15-315

4 单击"路径查找器"面板中的分割按钮 ▦，将网格图形分割成单独的矩形，用编组选择工具 ▸ 选取矩形，填充为洋红色，再将所有矩形的描边颜色设置为无，如图15-316所示。使用钢笔工具 ✎ 绘制衣服，如图15-317所示。

图15-316　　　　图15-317

5 使用选择工具 ▸ 按住Alt键拖动这一组条纹图形，复制到人物衣服上，按下Ctrl+[快捷键将其移至衣服图形后面，按住Shift键将衣服图形一同选取，如图15-318所示；按下Ctrl+7快捷键建立剪切蒙版。单击"图层2"前面的 ▶ 图标，展开图层，在"剪切组"的"编组"子图层后面单击，如图15-319所示。选取条纹图形，如图15-320所示。

图15-318　　　图15-319　　　图15-320

6 双击变形工具 ⬙，在打开的对话框中设置工具的大小，如图15-321所示。在条纹图形上拖动鼠标，根据衣服的结构对条纹进行变形处理，如图15-322所示。

图15-321　　　　图15-322

7 当前图层的颜色为默认的红色，在选择图形时边缘及定界框都显示为红色，与背景的颜色相近，编辑时不能看得很清晰。我们将图层颜色改变一下，双击"图层2"，打开"图层选项"对话框，在"颜色"下拉列表中选择"绿色"，如图15-323所示。在"图层2"的子图层中找到右侧衣服图形，在该图层后面单击，将其选取，如图15-324所示。

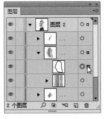

图15-323　　　　　图15-324

⑧ 按下Ctrl+C快捷键复制，按下Ctrl+F快捷键粘贴到前面，如图15-325所示，将图形填充白色。使用网格工具  在图形上单击，添加网格点，填充浅灰色，如图15-326所示。

图15-325　　　　图15-326

⑨ 设置该图形的混合模式为"正片叠底"，表现衣服的暗部，如图15-327、图15-328所示。

图15-327　　　　　图15-328

⑩ 使用钢笔工具 在左侧手臂下方绘制一个图形，通过渐变网格表现明暗，15-329所示。设置混合模式为"正片叠底"，使其与衣服能够融合在一起，如图15-330所示。

图15-329　　　　图15-330

⑪ 绘制如图15-331所示的图形，按下Ctrl+C快捷键复制，在下面的操作中会用到。执行"窗口>色板库>图案>自然>自然_叶子"命令，载入该图案库，选择"野花颜色"，如图15-332所示。用该图案填充图形，如图15-333所示。

图15-331　　　图15-332　　　图15-333

⑫ 应用图案库中的图案后，该图案会自动添加到"色板"中，双击"色板"中的"野花颜色"图案，如图15-334所示，进入图案的编辑状态，在蓝色框内单击，选取图案的背景，如图15-335所示。

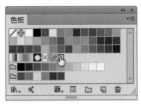

图15-334　　　　　图15-335

⑬ 在"颜色"面板中将颜色设置为浅蓝色，如图15-336所示。单击文档窗口左上角的 ◁ 按钮或在画面空白处双击，退出图案编辑模式，效果如图15-337所示。

图15-336　　　　　图15-337

⑭ 执行"效果>风格化>内发光"命令，设置参数如图15-338所示，效果如图15-339所示。

图15-338　　　　　图15-339

⑮ 按下Ctrl+F快捷键将上面复制的图形粘贴到前面。在"渐变"面板中调整渐变颜色，填充线性渐变，用该图形来表现手臂的投影，如图15-340、图15-341所示。

图15-340

图15-341

⑯ 使用铅笔工具 ✐ 在衣服边缘绘制图形，如图15-342、图15-343所示。

图15-342

图15-343

⑰ 使用魔棒工具在其中的一个图形上单击，可将与其相似的图形全部选取，如图15-344所示，按下Ctrl+G快捷键编组，按下Ctrl+[快捷键向下移动，直到移至衣服下方，如图15-345所示。

图15-344

图15-345

15.9.2 表现背景

❶ 将"符号"面板中的金鱼拖入画面中，如图15-346、图15-347所示。

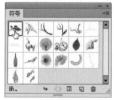

图15-346

图15-347

❷ 设置混合模式为"叠加"，如图15-348、图15-349所示。

图15-348

图15-349

❸ 使用选择工具 ▶ 按住Alt键拖动金鱼进行复制，调整大小，分布在画面不同位置。将"符号"面板中的其他装饰图形拖入画面中，调整大小与角度，注意图形的前后排列位置，如图15-350～图15-353所示。

图15-350

图15-351

图15-352

图15-353

❹ 将鹦鹉放在人物肩膀上，鹿角和蛇装饰在人物头发上，连续按下Ctrl+[快捷键将其向后移动，移至人物下方，如图15-354所示。

图15-354

❺ 使用钢笔工具 ✐ 绘制发丝路径（从发根向发梢绘制），填充为线性渐变，如图15-355、图15-356所示。

图15-355

图15-356

❻ 在人物面部绘制一个装饰图形，填充为白色，用渐变网格 ▦ 表面图形的明暗，如图15-357所示。执行"效果>风格化>投影"命令，添加投影，效果如图15-358所示。

图15-357　　　　图15-358

7 用"符号"面板中的其他样本装饰人物的手臂和衣服，使画面细节更加丰富，效果如图15-359所示。

图15-359

8 选择矩形工具 ▭，在画面左上角单击，打开"矩形"对话框，设置宽度与高度，如图15-360所示，单击"确定"按钮，创建一个与文档大小相

同的矩形。单击"图层"面板底部的 ▣ 按钮，创建剪切蒙版，如图15-361所示，将画面以外的图形遮罩，完成后的效果如图15-362所示。

图15-360　　　　　　　图15-361

图15-362

15.10 超写实人物

○菜鸟级 ○玩家级 ●专业级

实例类型：插画设计类

难易程度：★★★★★

实例描述：在本实例中，将通过渐变网格来绘制一幅写实效果的人物肖像。渐变网格在Illustrator中算是比较复杂的功能了，它首先要求操作者熟练掌握路径和锚点的编辑方法，其次还要具备一定的造型能力，能够通过网格点这种特殊的形式塑造对象的形态。

15.10.1 制作面部

1 新建一个大小为"203mm×260mm"，模式为RGB的文件。创建一个与画板大小相同的矩形，填充黑色作为背景。用钢笔工具 ✎ 绘制人物的轮廓，如图15-363所示。在"图层"面板中将人物分为"皮肤"、"五官"、"头发"三部分，每一部分放在一个单独的图层中，并使图层名称与内容相对应，如图15-364所示。

图15-363　　　　　　　图15-364

245

② 先进行皮肤颜色的设置，为了不影响其他图层，可以将它们锁定，另外，头发图形遮挡了脸颊，先将其隐藏。皮肤部分由三个图形组成，分别是面部、颈部和肩部，如图15-365所示。为皮肤着色，设置为无描边颜色，面部和肩部用不同颜色进行填充，颈部则使用渐变颜色填充，如图15-366、图15-367所示。

图15-365

图15-366

图15-367

③ 在制作面部明暗效果之前，将颈部和肩部所在的子图层锁定，先从面部的暗部区域着手。选择网格工具，在眼窝处单击添加网格点，设置为棕黑色，如图15-368所示。该网格点使得脸上的大部分区域变暗，而我们只是要将眼窝的凹陷效果表现出来即可，因此，在这个网格点周围再添加四个网格点，使用接近皮肤的颜色进行着色，如图15-369所示，其中眉骨处的网格点颜色最浅。

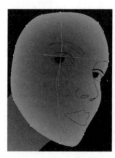
图15-368

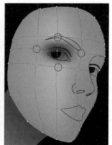
图15-369

提示

如果已经选择了网格点，但是无法设置网格点的颜色，可以按下X键将当前的编辑状态切换到填充模式。

④ 再来表现另一处眼窝，同样先添加一个深色网格点，如图15-370所示，在它旁边也就是鼻

梁处添加一个浅色网格点，如图15-371所示。继续添加网格点，表现出嘴部和颧骨的效果，可以移动网格点的位置，使颜色的表现更加到位，如图15-372所示。

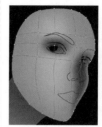
图15-370

图15-371

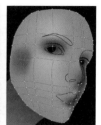
图15-372

⑤ 选择套索工具，通过绘制选区的方式选择面部边缘的网格点，使用赭石颜色进行着色，如图15-373所示。进一步刻画面部细节，表现颧骨、鼻梁和眼窝等处的明暗效果，通过移动网格点的位置来改变明暗区域的形状，如图15-374所示。

图15-373

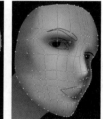
图15-374

⑥ 鼻子的塑造比较复杂，网格点也较为密集，如图15-375所示，要恰当地安排网格点的位置以体现出鼻子的结构，网格点的颜色设置也很重要，以能够更好地表现鼻子的明暗与虚实变化为准，完成的面部网格效果如图15-376所示。为了使网格图形不至于太复杂，鼻孔部分可以使用图形来单独表现。选择颈部图形，执行"效果>风格化>羽化"命令，设置参数如图15-377所示，使图形边缘变得柔和。

图15-375

图15-376

图15-377

⑦ 执行"效果>风格化>内发光"命令，设置发光颜色和参数如图15-378所示，使颈部图形的颜色有所变化，如图15-379所示。用网格工具编辑肩部图形，效果如图15-380所示。

图15-378　　　　图15-379

图15-380

15.10.2 制作眼睛

① 选择"五官"图层，将"皮肤"图层锁定，如图15-381所示。选择眼睛图形，调整渐变颜色，如图15-382所示。执行"效果>风格化>羽化"命令，设置参数如图15-383所示，效果如图15-384所示。

图15-381　　　　图15-382

图15-383　　　　图15-384

② 将眼白图形填充为灰色，如图15-385所示。用网格工具表现颜色的变化，如图15-386所示。

图15-385　　　　图15-386

③ 基于眼白图形绘制一个位置略靠下的图形，填充为线性渐变，如图15-387、图15-388所示，按下Ctrl+[快捷键将该图形后移一层，仅在眼白下面露出一圈较亮的部分，效果如图15-389所示。

图15-387　　　图15-388　　　图15-389

④ 画出上眼睑，填充黑色，按下Alt+Shift+Ctrl+E快捷键打开"羽化"对话框，设置羽化半径为0.53mm，效果如图15-390所示。制作眼球时使用了网格工具，在黑色的眼球图形中间单击，设置网格点为灰绿色，如图15-391所示。创建一个黑色的圆形，添加羽化效果，设置羽化半径为1.15mm，如图15-392所示。

图15-390　　　　图15-391

图15-392

⑤ 用极坐标网格工具 ⊛ 创建一个网格图形，描边颜色为白色，粗细为0.1pt，无填充颜色，如图15-393所示。用直接选择工具 ▷ 选择最外面的椭圆形路径，如图15-394所示，按下Delete键删除，将该图形选择，在"透明度"面板中设置混合模式为"叠加"，如图15-395所示。

图15-393　　　　图15-394　　　　图15-395

⑥ 绘制一个白色的圆形作为眼球的高光，添加"羽化"效果（参数为0.3mm）。绘制睫毛形成的暗部区域（羽化半径为0.5mm），效果如图15-396所示。将双眼皮部分用渐变颜色填充，如图15-397、图15-398所示。

图15-396　　　　图15-397　　　　图15-398

⑦ 再绘制一个图形来表现双眼皮的高光，填充为线性渐变，如图15-399、图15-400所示。

图15-399　　　　　　图15-400

⑧ 用钢笔工具 ✐ 绘制眼睫毛，如图15-401所示。在眼睛下面绘制一个图形（羽化半径为1.67mm），填充线性渐变，以加深这部分皮肤的颜色，如图15-402、图15-403所示。

图15-401

图15-402　　　　　　图15-403

⑨ 用同样的方法制作右眼，如图15-404、图15-405所示。

图15-404　　　　　　图15-405

15.10.3 制作眉毛

① 执行"窗口＞符号库＞毛发和毛皮"命令，在打开的面板中选择"黑色头发3"符号，如图15-406所示。使用符号喷枪工具 📷 创建一组符号，如图15-407所示。

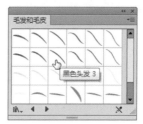

图15-406　　　　　　图15-407

② 用符号紧缩器工具 🐾 在符号组上单击，使符号聚集在一起；用符号缩放器工具 ⟐ 按住Alt键在符号上单击，将符号缩小；用符号移位器工具 🐾 移动符号，用符号旋转器工具 ⟐ 旋转符号，效果如图15-408所示。用符号喷枪工具 📷 在符号组上单击，增加符号数量，如图15-409所示。调整符号的大小和密度，将填充颜色设置为棕色，使用符号着色器工具 🐾 改变符号的颜色，用符号滤色器工具 🐾 将眉梢一端的符号减淡，效果如图15-410所示。

图15-408　　　　　　图15-409

图15-410

③ 再制作出如图15-411所示的四组眉毛，将它们重叠排列，组成一条完整的眉毛，为了使衔接部分更加自然，每一组眉毛都设置了不透明度（50%～70%），效果如图15-412所示。

图15-411   图15-412

④ 在眉头处创建一个图形（羽化半径为3mm），填充为棕黑色渐变，设置混合模式为"正片叠底"，如图15-413所示。在眼眉末端创建一个白色图形表现眉骨的高光，设置不透明度为40%，如图15-414所示。

图15-413   图15-414

⑤ 下面来制作鼻孔。为左侧的鼻孔图形填充线性渐变，如图15-415所示，右侧则使用黑色填充，再添加羽化效果使边缘柔和，大一点的图形的羽化半径为1mm，小图形为0.59mm，效果如图15-416所示。

图15-415   图15-416

15.10.4 制作嘴唇

① 用网格工具 表现嘴唇的颜色和结构，如图15-417所示，效果如图15-418所示。

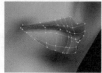
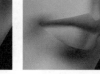

图15-417   图15-418

② 绘制唇缝图形（羽化半径为0.7mm），填充为黑色，如图15-419所示。绘制嘴角图形（羽化半径为1mm），填充为深棕色，将该图形移动到嘴唇图形的最后面，如图15-420所示。

图15-419   图15-420

③ 为了使嘴唇的边线更加柔和，可在边缘位置绘制如图15-421所示的图形，上面图形的混合模式设置为"混色"，不透明度为40%，下面的图形为"柔光"模式，两个图形均需添加"羽化"效果，如图15-422所示。完成五官的制作，效果如图15-423所示。

图15-421   图15-422   图15-423

15.10.5 制作头发

① 将"五官"图层锁定，选择"头发"图层，如图15-424所示，为头发图形填充为径向渐变，如图15-425所示。为该图形添加"羽化"效果（羽化半径为8mm），如图15-426所示。

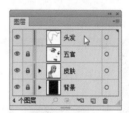

图15-424

图15-425   图15-426

② 单击"画笔"面板底部的 ⚡ 按钮，选择"艺术效果>艺术效果_油墨"命令，打开该面板。选择"干油墨2"，如图15-427所示，将其加载到"画笔"面板中，双击"画笔"面板中的"干油墨2"样本，打开"艺术画笔选项"对话框，在"方法"下拉列表中选择"淡色和暗色"，如图15-428所示，关闭对话框。用画笔工具 ✎ 绘制头发，将描边颜色设置为土黄色，粗细为0.5pt，如图15-429所示。

图15-427　　　　图15-428　　　　图15-429

③ 也可以用钢笔工具 ✎ 绘制头发，调整描边粗细和不透明度，来体现发丝的变化，如图15-430、图15-431所示。

图15-430　　　　　图15-431

④ 根据头发的走势继续绘制发丝，如图15-432所示。逐渐添加更多浅色的发丝，如图15-433、图15-434所示。

图15-432　　　　图15-433　　　　图15-434

⑤ 选择"书法1"样本，如图15-435所示，将描边粗细设置为0.25pt，绘制纤细轻柔的发丝，如图15-436、图15-437所示。

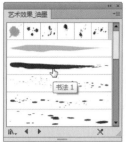

图15-435　　　　图15-436　　　　图15-437

⑥ 深入刻画靠近肩膀和面部的发丝，如图15-438、图15-439所示。

图15-438　　　　图15-439

⑦ 在头发上添加一些不同颜色的图形来表现头发的层次感，绘制一个如图15-440所示的图形，添加"羽化"效果（参数为5mm），混合模式为"正片叠底"，不透明度为55%，效果如图15-441所示。再进一步刻画头发。

图15-440　　　　图15-441

⑧ 在人物眼睛上面添加眼影，在高光位置添加白色-透明的径向渐变，创建一个与画板大小相同的矩形，单击"图层"面板中的 ⬚ 按钮，将画面以外的头发隐藏，如图15-442、图15-443所示。解除所有图层的锁定。打开光盘中的素材，将图像复制粘贴到人物文档中，作为人物的背景，效果如图15-444所示。

图15-442　　　　　　图15-443　　　　图15-444